储能科学与工程新兴领域
"十四五"高等教育教材

储能系统设计与应用

编著　别朝红　宋政湘　王　楠　王　丰
　　　孟永庆　孟锦豪　孙丽琼　项　彬
主审　武建文　李相俊

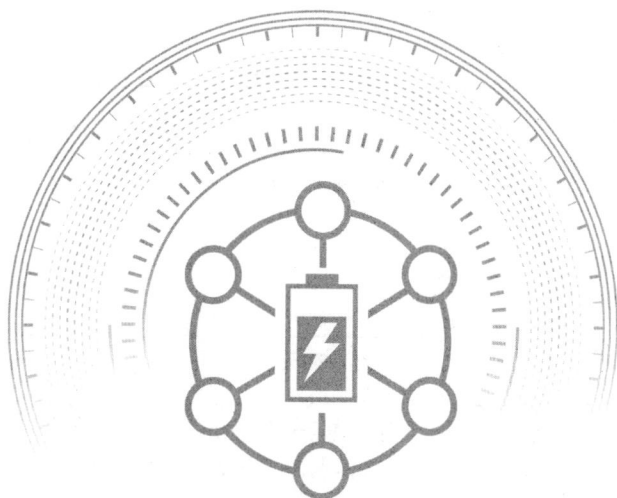

中国电力出版社
CHINA ELECTRIC POWER PRESS

内 容 提 要

本教材由储能系统的基本概念、储能系统的设计以及储能系统的应用三大部分组成，共分为 8 章。其主要内容包括储能系统设计导论、电池储能系统的组成原理、储能系统中的电池状态估计、储能系统的均衡模式、储能系统中电池管理系统设计、电池储能功率变换系统（PCS）设计、储能系统安全状态监测和储能系统在电力系统中的典型应用。本教材详细讲述了储能系统设计的基本理论，以及如何在实际应用中实现储能系统的具体功能。

本教材既可作为能源动力类、电气类和自动化类专业的本科教材，也可作为相关专业研究生的参考教材，同时可作为相关工程技术人员的参考用书。

图书在版编目（CIP）数据

储能系统设计与应用 / 别朝红等编著. -- 北京：中国电力出版社，2024. 12. -- ISBN 978-7-5198-9702-4

Ⅰ. TK02

中国国家版本馆 CIP 数据核字第 2025X54L72 号

出版发行：中国电力出版社
地　　址：北京市东城区北京站西街 19 号（邮政编码 100005）
网　　址：http://www.cepp.sgcc.com.cn
责任编辑：雷锦
责任校对：黄　蓓　王海南
装帧设计：郝晓燕
责任印制：吴　迪

印　　刷：三河市万龙印装有限公司
版　　次：2024 年 12 月第一版
印　　次：2024 年 12 月北京第一次印刷
开　　本：787 毫米×1092 毫米　16 开本
印　　张：17.5
字　　数：337 千字
定　　价：59.00 元

能源是经济的命脉，能源安全事关经济社会发展全局，积极发展清洁能源，是立足新发展阶段、贯彻新发展理念、构建新发展格局、推动高质量发展的重要举措。

目前，我国正加快经济社会的全面绿色转型，其中能源的绿色转型是基础和关键。储能技术是建设新型电力系统、推动能源绿色低碳转型、实现"双碳"目标的战略支撑，已经成为发展新质生产力的新动能。储能技术是将能量通过物理或化学手段储存起来，并在需要时以特定形式释放和使用的技术。其核心价值是在时间和空间两个维度上，实现能量的灵活存取，从而优化能源系统的供需动态。储能技术作为新能源发展的核心支撑在促进能源生产消费、开放共享、灵活交易、协同发展，推动能源革命和能源新业态发展等方面发挥着至关重要的作用。创新突破的储能技术将成为带动全球能源格局革命性、颠覆性变化的重要引领技术，世界主要发达国家纷纷加强储能人才培养和技术储备，大力发展储能产业，抢占能源战略突破的制高点。

2020 年 1 月，教育部、国家发展和改革委员会、国家能源局联合发布了《储能技术专业学科发展行动计划（2020—2024 年）》，对储能相关学科建设、多学科人才交叉培养、产教融合等多方面提出了一系列推进举措。2020 年 3 月，教育部批准西安交通大学在国内率先创办储能科学与工程专业，西安交通大学委托我负责专业的筹建，我们组建了多学科交叉的专业建设团队，编写了全国首部《储能科学与工程本科专业知识体系与课程设置》，获批国家首批储能技术产教融合创新平台，构建了实施学科交叉、机制创新、产教融合的储能高端人才培养新模式。截至目前，全国共有 84 所高校设置了储能科学与工程专业，有 7 所大学先后获批建设国家储能技术产教融合创新平台。

由于储能科学与工程专业具有较强的综合性、系统性、应用性和学科交叉性，所以对储能技术人才的培养要求很高。从我国储能人才现状来看，不仅领军人才、复合型创新人才紧缺，骨干工程人才和基础人才的存量也严重不足，人才短缺已经严重制约储能技术的创新、产业发展和升级。开展储能科学与工程新兴领域专业的研究与建设，加快培养储能领域"高精尖缺"人才，增强产业关键核心技术攻关和自主创新能力，以产-教-研-学-用融合发展推动储能技术和产业高质量发展，是我国有关高校进行储能科学与工程专业建设的核心任务。

2021 年 6 月，教育部发布了《关于推荐新兴领域教材研究与实践项目的通知》，推进布局未来战略性新兴领域人才培养，深化新工科建设。教育部高等学校能源动力类专业教学指导委员会委托我牵头申报了"储能科学与工程新兴领域基础教材的研究与建设"项目。该项目于 2021 年 10 月获批，经过历时近 1 年的深入工作，于 2022 年 7 月通过教育部组织的专家评估，项目完成质量和水平获评优秀。

为了完善储能科学与工程专业的教材体系，加强储能人才培养和技术储备，根据教育部 2023 年 3 月发布的《关于组织开展战略性新兴领域"十四五"高等教育教材体系建设工作的通知》，2023 年 4 月，由西安交通大学牵头，联合上海交通大学、哈尔滨工业大学、天津大学、南京航空航天大学、武汉理工大学、中国石油大学（北京）、南方科技大学、东南大学的 11 名院士以及多位专家学者，在已有工作的基础上，申报了教育部战略性新兴领域"十四五"高等教育教材体系建设（储能科学与工程）项目，并于同年 11 月获批。项目在深入调研国内外储能领域教材建设现状的基础上，结合储能科学与工程专业学科交叉性强、基础知识广泛、实践要求高等特点，策划并编写了储能科学与工程新兴领域"十四五"高等教育系列教材。申报项目时规划的 16 种教材的名称与主编信息如下。

序号	教材名称	主编	主编单位
1	储能导论	何雅玲　院士	西安交通大学
2	储能热流科学基础	陶文铨　院士	西安交通大学
3	电力系统与储能	王锡凡　院士	西安交通大学
4	热能储存与转化利用	宣益民　院士	南京航空航天大学
5	储能功能材料	韩杰才　院士	哈尔滨工业大学
6	氢能技术	张清杰　院士	武汉理工大学
7	氢储能零碳智慧能源系统与经济性	管晓宏　院士	西安交通大学
8	储能与综合能源系统	黄　震　院士	上海交通大学
9	液流电池长时储能	徐春明　院士	中国石油大学（北京）
10	储能化学基础与应用	赵天寿　院士	南方科技大学
11	电力储能系统控制与保护	王成山　院士	天津大学

序号	教材名称	主编	主编单位
12	储能系统设计与应用	别朝红　教授	西安交通大学
13	储能系统并网技术	刘进军　教授	西安交通大学
14	储能电池基础	肖　睿　教授	东南大学
15	可再生能源利用与存储技术	廖　强　教授	重庆大学
16	储能半导体器件	徐友龙　教授	西安交通大学

储能科学与工程涉及的知识浩若星辰大海。本系列教材希望能给读者一个关于储能科学与工程的比较完整的知识框架，使读者掌握一个基本完善的知识体系。本系列教材各具特色，涉及储能科学与工程的各个方面，倾注了各位主编和参编专家、学者的心血，可以满足相关读者对储能科学与工程不同方面知识的学习要求。

作为教育部战略性新兴领域"十四五"高等教育教材体系建设（储能科学与工程）项目的负责人和《储能导论》的主编，我谨代表项目建设团队向支持系列教材顺利出版的教育部、国家发展和改革委员会、国家能源局等各领导部门，向参与系列教材编写的各位专家学者，向负责系列教材出版的高等教育出版社、中国电力出版社等单位的领导、编辑，一并表示衷心的感谢，并致以崇高的敬意。惟愿本系列教材的出版，能有益于培养读者宽广扎实的专业基础知识、过硬的分析及创新能力，为我国培养储能科学与工程高精尖专业人才提供重要支撑，不负所托！

盼望各位读者朋友对本系列教材的不足之处提出宝贵意见，以期不断完善，你们的意见和建议是我们不断进步的动力！

中国科学院院士

储能科学与工程项目负责人

2024 年 10 月

前　言

随着我国碳达峰、碳中和目标的提出，电力系统正由以传统化石燃料为主向以可再生能源为主的新型电力系统快速转变。与传统电网相比，新型电力系统具有安全高效、清洁低碳、柔性灵活和智慧融合的特征。这一转变要求电网形态由传统的"源网荷"三要素变化为"源网荷储"四要素。因此，储能系统成为新型电力系统稳定安全运行的重要组成和实现方式，其开发与应用技术是新型电力系统的核心支撑技术。

储能系统通过大规模充放电，可以实现电能在时间和空间上的转移，具有灵活调节、快速响应和主动支撑等优势。它可用于削峰填谷和提高新能源比例，有效地满足新能源大规模接入和用户用能方式升级带来的系统平衡新需求。同时，储能系统还能支撑新型电力系统多时间尺度的功率和电量供需平衡，是解决新能源发电随机性、波动性、功率不平衡和季节不均衡等问题的有效措施，对于提高电力系统的安全性，增强电网经济性以及稳定性具有重要意义。

根据这一发展趋势，我国将储能技术列入战略性新兴领域，并开展了战略性新兴领域"十四五"高等教育教材建设工作，《储能系统设计与应用》是储能领域中的一本重要教材。本教材由储能系统的基本概念、储能系统的设计以及储能系统的应用三大部分组成。第 1 章系统介绍了储能系统的主要概念及发展概况；第 2~7 章讲述了储能系统的组成原理、电池状态估计方法、均衡模式、管理系统设计、功率变换系统设计及安全状态监测；第 8 章以新型电力系统为背景，介绍了储能系统的在发电侧、电网侧及用户侧的典型应用。本教材详细介绍了储能系统设计的理论与技术，并给出了储能系统的具体应用，既做到了理论、技术与实际紧密结合，同时又根据行业发展全面地反映了储能设计应用领域的新理念、新技术和新方法。本教材面向本科生储能系统设计方向的课程，同时考虑到行业特点和实用性，可为行业提供参考和培训。

本教材由西安交通大学别朝红、宋政湘、王楠等多位教师和企业人员合作编写。其中，别朝红、宋政湘编写第 1 章，宋政湘还负责编写第 2、5章，并协助完成其余各章的编写工作，王楠、项彬编写第 2 章，孟锦豪编写第 3、7 章，孙丽琼负责编写第 4 章，王丰负责编写第 6 章，孟永庆负责编写第 8 章。此外，赵天阳、庞哲远、周飞帆、刘文超、杨智鹏、王铁栋、杨程等人也参与了本教材的资料查阅、收集和格式整理等工作。在编写过程中，我们得到了许多同仁的关怀和支持，参阅了许多同行专家的论著和文献。同时，北京航空航天大学武建文教授、中国电力科学研究院李相俊教授审阅了全稿，并提出了许多宝贵的意见和建议，我们对此表示衷心的感谢。最后还要感谢中国电力出版社对本教材出版给予的关注、支持和帮助。

由于时间仓促、作者水平所限，书中错误在所难免，敬请同行和广大读者批评指正。

编者　别朝红　宋政湘

2024 年 12 月

常 用 符 号 说 明

1. 设备名称

文字符号	中文名称	文字符号	中文名称
G	发电机	S	可控开关
M	电动机	L	电感
TV	电压互感器	PCS	储能变流器
TA	电流互感器	GMR	巨磁阻
Bat	电池	—	—

2. 英文缩写

英文缩写	中文名称	英文缩写	中文名称
SOC	电荷状态	MCU	微控制器
SOH	健康状态	PCS	功率变换系统
SOP	功率状态	BMS	电池管理系统
SOE	能量状态	BMU	电池管理单元
SOF	功能状态	BCU	电池簇控制管理单元
AC	交流电	BAU	BMS 管理主机
DC	直流电	—	—

3. 物理量

英文表示符号	中文名称	英文表示符号	中文名称
Q	电容量	t	时间
W	能量	R	电阻
P	功率	C	电容
U	电压	E	电压源
I	电流	B	磁感应强度

目 录

综合资源

第 1 章

储能系统设计导论

能源是人类社会进步的根基，面对化石燃料的持续减少以及温室效应带来的环境问题，能源转型已迫在眉睫。随着"双碳"战略的深入实施，可再生能源占比越来越高。作为能源的载体，传统的电力系统已难以适应大量可再生能源的接入需求，因此，包含储能系统的新型电力系统应运而生。本章介绍了新型电力系统的基本概念与特点，并在此基础上界定了储能在新型电力系统中电源侧、电网侧与用户侧的作用。储能技术形式多样，本章还根据电力储能的特点，介绍了主要的储能系统种类和特点，并结合新型电力系统需求和技术方向，给出了未来的发展趋势。

1.1 新型电力系统与储能

能源是人类发展的核心要素，也是人类文明进步的基石。特别是电能的出现，使得科技水平得到了前所未有的提升。因此，电力行业作为国民经济的基础产业，与人民群众的日常生活和经济社会发展大局息息相关。虽然电能极大地促进了社会发展和科技进步，但一直以来，电能的获取主要依赖传统燃烧化石燃料的方式，长期应用会导致环境恶化，尤其是温室效应愈发明显，已开始危及人类生存。

随着全球气候变化问题日益严重，各国纷纷出台政策促进低碳发展。自 20 世纪 90 年代以来，利用清洁能源的呼声日渐高涨，其目的是以新能源和可再生能源（包括水能、生物质能、太阳能、风能、地热能、海洋能和氢能等）逐步代替化石能源，从而保证人类能源的可持续供应。作为负责任的大国，我国在 2022 年向世界宣布了碳达峰、碳中和的"双碳"目标。

电力系统作为电能重要的生产、输送和配给网络，在"双碳"目标的实现过程中，其电能生产方式正逐步从以传统化石燃料为主转变为以新能源为主。截至 2023 年，我国发电装机容量为 29.19 亿 kW。其中，火电装机规模为 13.90 亿 kW，占总装机的 47.6%；已经低于 50%，风电、光伏装机规模实现快速增长，两者总装机占比达到 36%。具体来说，并网风电装机容量从 2016 年的 1.49 亿 kW 增加至 2023 年的 4.41 亿 kW，年复合增长率达 16.82%；并网太阳能发电装机容量从 2016 年的 0.77 亿 kW 增加至 2023 年的 6.09 亿 kW，年复合增长率达 34.28%。由此可见，新能源产业发展迅速，电力系统正快速转型。

新能源规模接入电网也会给电力系统的运行与发展带来挑战如图 1-1 所示。以太阳能和风能为代表的新能源发电系统依赖自然资源提供能量。然而，由于天气的变化和地理环境的限制，新能源发电的稳定性存在一定问题。新能源发电的输出特性会因气候变化出现波动，导致发电量不稳定。传统电网调控的主要模式是"源随荷动"，但在大量新能源装机的情况下，日内的电源侧难以跟随负荷变化进行调节，严重影响了电网的安全和传输效率。同时，新能源发电与负荷之间还存在季节性不匹配的问题，导致季节性电量平衡的难题。如果仍采用传统方案进行源荷匹配，可能会出现供需不平衡的情况，将严重影响电网的安全运行。因此，随着新能源发电和新型负荷的大规模接入，电力系统的控制对象扩展到"源、网、荷、储"各个环节，整体控制的方式会发生变化，难度和逻辑也大大增加。因此，太阳能、风能等新能源发电系统的随机性和波动性将改变现有的单向平衡模式，"源荷互动"成为必需，给现有电力系统的管理控制带来挑战。

传统电力系统的电源主体是各种火力发电设备。这些设备通过燃煤、石油和天然气等化石燃料燃烧产生蒸汽，进而推动汽轮机，汽轮机再带动旋转型的同步发电机发电。由于同步发电机是旋转机械设备，它自身具备较高的转动惯量，能够为电力系统提供稳定的短时能量缓冲。当电力系统发生波动时，依靠发电机自身的转动惯量即可短时抑制电网频率、电压等变化速率，从而维持系统频率和电压的稳定性。然而，新能源接入电网的发电主要方式不再依赖旋转机械，而是通过电力电子装置实现逆变和整流。因此，新能源系统严重缺乏传统同步发电机的转动惯量，很难自主支撑电力系统的电压和频率，导致系统的惯量水平急剧下降，增加了系统频率大幅波动甚至失稳的风险。这也成为现有电力系统控制的挑战。如 2019 年 8 月 9 日，由于系统惯量不足，英国发生了大停电事故，持续时间超过 2h，波及范围达 100 万人以上，造成了严重的社会经济损失。

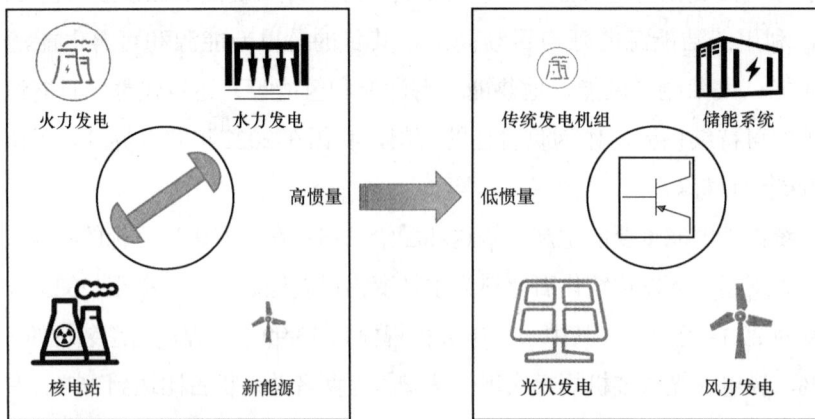

图 1-1　电力系统面临的主要问题示意图

构建以储能为核心支撑部件的新型电力系统，是解决新能源高比例并网所带来问题的重要方法。新型电力系统是以确保能源电力安全为基本前提，以满足经济社会高质量发展的电力需求为首要目标，以高比例新能源供给消纳体系建设为主线任务，以"源网荷储"多向协同、灵活互动为坚强支撑，以坚强、智能和柔性电网为枢纽平台，以技术创新和体制机制创新为基础保障的新时代电力系统。新型电力系统具有安全高效、清洁低碳、柔性灵活和智慧融合的特征。其中，安全高效是基本前提，清洁低碳是核心目标。

新型电力系统要求电网形态由传统的"源网荷"三要素向"源网荷储"四要素转变，这里"储"指的就是电力储能技术。电力储能技术特指通过机械、电化学以及其他方法将能量存储起来，在需要时再通过机械、电化学等方法将能量转变为电能，为用电设备提供电能的技术。储能技术可进行大规模容量充放电，并用于削峰填谷、提高新能源比例，能满足新能源大规模接入和用户用能方式升级带来的系统平衡新需求，支持新型电力系统多时间尺度的功率和电量供需平衡，是解决新能源发电随机性、波动性、功率不平衡和季节不均衡等问题的有效措施，对于提高电力系统的安全性，增强电网经济性以及稳定性具有重要意义。

国家能源局、国家发展改革委等各个部门相继出台了多条政策，以支持储能的健康快速发展。目前，电力储能技术已成为保障新型电力系统稳定安全运行的重要实现方式，储能系统已在电力系统的发、输、配、用等各个环节发挥着重要作用，具有广泛的应用前景，如图 1-2 所示。

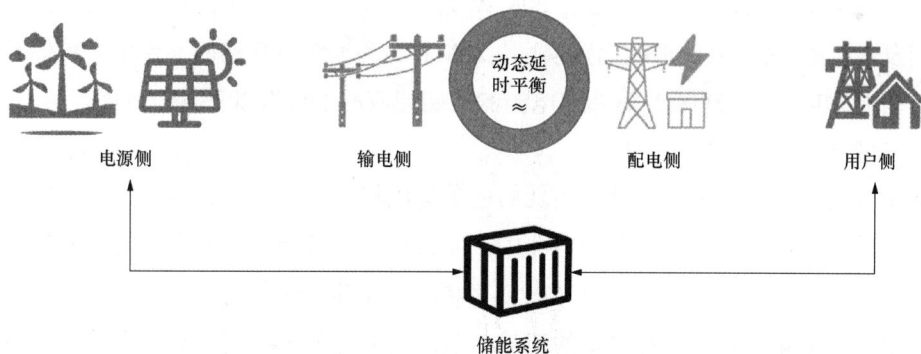

图 1-2　新型电力系统示意图

1.2　储能技术在电力行业的应用

储能具有灵活调节、快速响应和主动支撑等优势，可以在电能的生产、传输、分配和消费的过程中发挥重要作用，负责解决传统电力系统中功率不平衡、支撑力不足、调控难度增加以及季节波动对供给造成的影响等问题，在新型电力系统的电源侧、电网侧和用户侧都发挥了重要作用。储能技术在电力行业中的作用图示如图 1-3 所示。

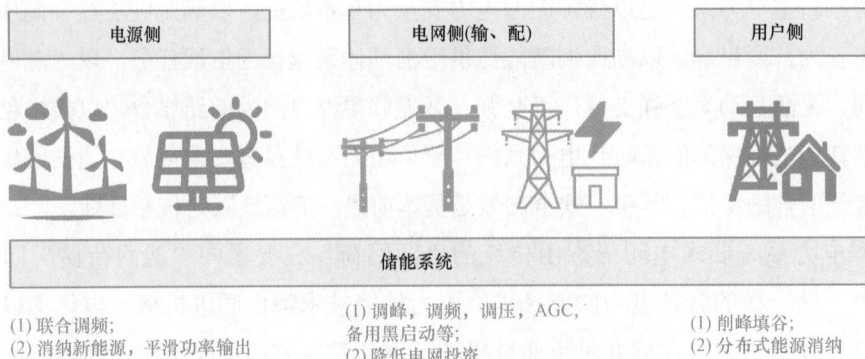

电源侧	电网侧(输、配)	用户侧

储能系统

(1) 联合调频;	(1) 调峰,调频,调压,AGC,	(1) 削峰填谷;
(2) 消纳新能源,平滑功率输出	备用黑启动等;	(2) 分布式能源消纳
	(2) 降低电网投资	

图 1-3　储能在电力行业中的作用图示

1.2.1　电源侧

从电源侧的角度来看,新能源的波动性会导致电源输出波动,加上负荷的不确定性,会造成发电和用电之间的动态不匹配。在电源侧配置储能可以缓解风光等新能源发电并网时的稳定性问题,包括平滑功率输出、削峰填谷等,可以有效提升新能源对下游负荷曲线变化的响应能力。传统火电机组也可以通过配置储能(配储)来显著改善其调频特性和能力,这既能满足电网需求,也能提高机组的运行水平,实现节能减碳。目前已经有大量的新能源和火电厂的配储项目投入运营,如青海黄河上游水电开发有限责任公司国家光伏发电试验测试基地配套 20MW 储能电站项目、广东能源集团茂名热电厂有限公司发电机组 AGC 储能辅助调频项目(20MW)和汇宁时代江门(台山)核储互补电化学储能电站项目(1.3GW)等。在电源侧的储能应用主要有以下几个方面。

1. 能量时移

能量时移是一种利用储能技术实现用电负荷削峰填谷的方法。具体来说,发电厂在用电负荷低谷时段会将电量储存在电池中,而在用电负荷高峰时段则释放存储的电量。此外,将可再生能源电站的弃风弃光电量存储后再在其他时段进行并网,也是能量时移的一种形式。能量时移是一种典型的能量型应用,其充放电时间灵活,充放电功率要求较宽松。一般来说,针对光伏发电弃光问题,需要储存白天剩余电量以备晚上使用,这属于可再生能源的能量平移;而对于风电,由于风力不可预测性导致输出功率波动较大,需要通过储能降低波动并匹配输出功率曲线,这属于可再生能源的功率平滑。

2. 容量机组

由于用电负荷在不同时间段存在差异,煤电机组需要具备调峰能力,因此必须保留一定的发电容量以满足尖峰负荷需求。这导致火电机组难以达到最大发电状态,影响了机组的经济性。通过采用储能技术,在用电负荷低谷时进行充电,在用电尖峰时进行放电，以降低负荷尖峰。利用储能系统的替代效应可以释放煤电机组的容量，从而提高火电机组的利用率和经济性。容量机组也是一种典型的能量型应用，同样具有充放电时间灵活、充放电功率要求较宽松的特点。

3. 负荷跟踪

负荷跟踪是一种辅助功能，用于动态调整变化缓慢的持续变动负荷，以实现实时平衡。根据发电机运行情况，负荷可以分为基本负荷和爬坡负荷，而负荷跟踪主要应用于爬坡负荷的调节。在负荷跟踪过程中，通过调整储能协同发电机的输出大小，旨在减缓传统能源机组的爬坡速率，使其平稳过渡到调度指令水平。相较于容量机组，负荷跟踪对放电响应时间要求更高，需要在分钟级内做出相应调整。

4. 系统调频

频率的变化对发电和用电设备的安全、高效运行和设备寿命都产生重要影响，因此频率调节显得至关重要。在传统能源结构中，电网短时间内的能量不平衡是通过传统机组（主要是火电和水电）响应自动增益控制（Automatic Gain Control，AGC）信号来进行调节的。随着新能源的并网，风光能源的波动性和随机性导致电网短时间内的能量不平衡加剧。传统能源，尤其是火电，由于调频速度较慢，在响应电网调度指令时存在滞后性，有时甚至会出现错误动作，如反向调节。因此，传统能源无法满足新增的调频需求。相比之下，储能，尤其是电化学储能，由于调频速度快，且电池可以灵活地在充放电状态之间转换，因此成为一种优秀的调频资源。

5. 备用容量

备用容量是指在满足预计负荷需求之外，为应对突发情况而预留的有功功率储备，以确保电能质量和系统安全稳定运行。通常备用容量需要占系统正常电力供应容量的15%～20%，且最小值应不低于系统中单机装机容量最大的机组容量。由于备用容量针对突发情况，其年运行频率通常较低。如果采用电池作为独立备用容量服务，其经济性可能无法得到保障，因此需要将其与现有备用容量的成本进行比较，以确定实际的替代效应。

1.2.2　电网侧

电网侧储能包括输电和配电两个环节，储能电站或系统是电网侧储能的主要形式。储能在电网侧的应用主要包括电网调峰调频、缓解输配电阻塞、延缓输配电设备扩容及无功支持等，调峰调频和电源侧的要求基本一致，只是一般采用独立储能电站方式承担。如福建晋江 100MW·h 级储能电站试点示范项目、苏州昆山 110.88MW/193.6MW·h 储能电站和浙江宁波杭州湾新区 110kV 越瓷变电站、10kV 储能电站等。

1. 缓解输配电阻塞

线路阻塞是指线路负荷超过线路容量的情况。将储能系统安装在线路上游，当发生线路阻塞时，可以将无法输送的电能储存到储能设备中，等到线路负荷小于线路容量时，储能系统再向线路放电。一般对于储能系统，要求放电时间在小时级，并且对响应时间也有一定要求，需要在分钟级响应。

2. 延缓输配电设备扩容

传统的电网规划或升级扩建成本较高。在负荷接近设备容量的输配电系统中，如果大部分时间内能够满足负荷需求，只在部分高峰时段出现自身容量不足的情况，可以利用储能系统，通过较小的装机容量有效提升电网的输配电能力，减少新建输配电设施的成本，延长原有设备的使用寿命。相比于缓解输配电阻塞，延缓输配电设备扩容的频率更低。

3. 无功支持

无功支持是指通过在输配电线路上注入或吸收无功功率来调节输电电压。无功功率的不足或过剩会导致电网电压波动，影响电能质量，损坏用电设备。储能系统结合动态逆变器、通信和控制设备，可以调整输出的无功功率大小，以实现对输配电线路电压的调节。无功支持是一种典型的功率型应用，放电时间相对较短，但运行频次很高。

1.2.3 用户侧

用户侧是电能使用的终端，用户是电力的消费者和使用者，不同的用户对电能需求不同，因此用户侧储能方式更加丰富。总体来说，用户侧储能担负着削峰调谷、新能源消纳和提高电能质量的责任。主要应用形式包括以下几种。

1. 园区储能应用

园区储能是指在特定的区域或园区内部署的电力储能系统。这些系统能够储存电能或其他形式的能量，并在需要时释放。园区储能最终形态为零碳园，园区储能系统通常用于管理和优化园区内的能源使用，提高能源效率，减少能源成本，增强能源供应的稳定性和可靠性，以及支持可再生能源的集成。园区储能是实现能源可持续发展、提升能源安全和经济效益的重要工具，特别是在全球能源转型和碳中和背景下，园区储能的作用日益凸显，如重庆 AI CITY 园区。

2. 数据中心和基站等应用

数据中心和基站等都是能耗大户，如 5G 基站能耗是 4G 基站的 3～4 倍。电力储能系统具有柔性、智能和高效的特点，是作为数据中心和通信基站备用电源的最佳选择，可有效提升基站运行效率，减少资源浪费，提高数据中心供电可靠性，避免因偶发断电而导致数据丢失。同时，电力储能系统可通过削峰填谷、容量调配等方式，提升数据中心和基站的电力运营经济性，实现低碳节能的目标。储能对于保障数据中心和基站运营的连续性、提高能源效率和支持可持续发展具有重要意义。

3. 交通行业应用

电气化交通路网络规模不断扩大，导致牵引能耗不断增加，因此再生制动能量的利用问题也越来越得到重视。将储能技术应用在交通行业中，可以平抑牵引网压波动，吸收再生制动能量，降低牵引能耗，也为接入新能源带来了契机。例如，城市轨道交通由于车站间距短，列车频繁启动和制动，在运营过程中成为了"用电大户"。列车在制动（也就是人们常说的"刹车"）过程中会产生大量能量，这些能量具有回收利用价值。据统计，轨道交通列车制动产生的能量可达到牵引系统耗能的 20%～40%，若被储能充分回收，将显著降低轨道交通的运营能耗。

4. 备用电源应用

一些特殊用户，如医院、军事单位等用能重点单位，在夏季极端高温天气下一天的耗电量相当于 3000 个正常四口之家一天的用电总量。然而，这些单位肩负着保障人民群众生命安全和国家安全等重大任务，因此绝不能出现任何问题。储能系统可以作为备用电源，为这些特殊用户提供不间断供电服务。

5. 移动供电应用

在移动供电应用中，储能主要为了提供灵活、可靠和高效的能源解决方案，尤其是在远离常规电网或需要临时电力供应的场合，移动储能系统显得尤为重要。移动储能系统通常设计为便携式或车载式，可以轻松地被运输到需要电力的地点如图1-4所示。这种灵活性使得移动储能系统成为偏远地区、临时活动或灾难响应中理想的电力来源。如应急储能电源车，其一般搭载磷酸铁锂电池储能单元、电池管理系统（BMS）、储能功率转换系统（PCS）、能量管理系统（EMS）和充电桩，可满足应急供电、保电和不间断供电等现场要求。

图 1-4　用户侧储能示例图

1.3　储能系统基本形式和发展趋势

当前任意一种储能方式都难以满足电力系统复杂的模型需求，因此电力储能的特点是多种储能方式并存。其中，新型储能技术不断涌现，技术路线呈现出"百花齐放"的态势。锂离子电池储能仍占据新型储能主导地位，而压缩空气储能、液流电池储能、飞轮储能等技术也在快速发展。截至 2023 年底，我国累计储能项目装机规模 86.5GW，占据全球储能规模的 30%。总体来看，以电化学储能为主的新型储能形式发展迅速，抽水蓄能仍为主要储能方式。

1.3.1 不同的储能形式

电力储能技术形式多样，每种形式的原理都各不相同。目前的储能技术主要包括机械（物理）储能、电化学储能、电磁储能和氢储能四大类。其中，机械储能包括抽水蓄能、压缩空气储能、飞轮储能和重力储能；电化学储能主要是指各种电池，如铅酸电池、锂离子电池和液流电池等；电磁储能主要包括超导储能、超级电容器储能；氢储能主要是利用电制氢，将氢气储存以实现电储能，储存方式包括压缩储氢、液态储氢和固态储氢。电力储能分类如图 1-5 所示。

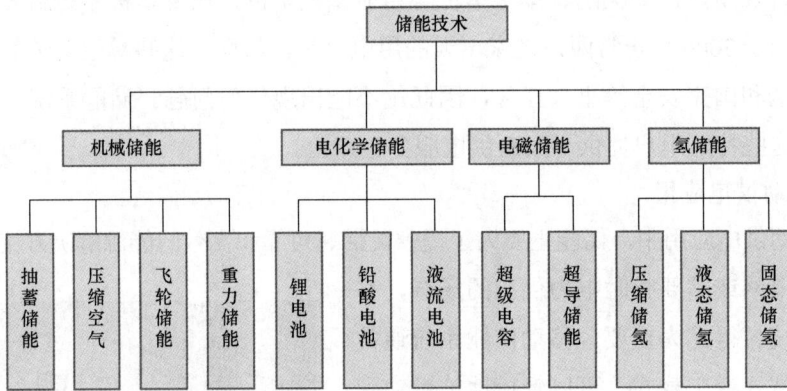

图 1-5　电力储能分类图

1. 机械（物理）储能

机械储能是将电能转化为重力势能、动能和其他机械能的一种技术，常见的形式有抽水蓄能、压缩空气储能、飞轮储能和重力储能等。相比于其他方式，重力储能规模较小。因此，着重介绍其他三种方式。机械储能分类如图 1-6 所示。

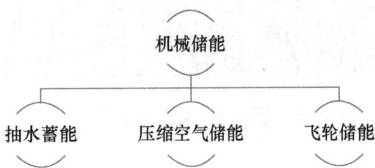

图 1-6　机械储能分类图

（1）抽水蓄能（Pumped Storage）。

抽水蓄能作为最早的大容量储能技术，其工作原理是在电力负荷低谷期，利用多余电能将水从下游水库抽到上游水库，从而将电能转化成重力势能储存起来；在电网负荷高峰期，释放上游水库中的水，推动水轮机进行发电。抽水蓄能系统主要包括上游水库、引水系统、水泵水轮机、电机、下游水库及电站厂房等，如图 1-7 所示。

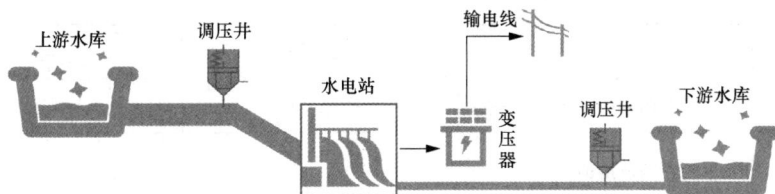

图1-7　抽水蓄能工作原理图

自从19世纪90年代，抽水蓄能技术在意大利和瑞士得到应用，并逐渐成为全世界应用最为广泛的储能技术，日、美、欧洲等国在20世纪六七十年代出现抽水蓄能电站的建设高峰。据统计，目前全世界共有超过90GW的抽水蓄能机组投入运行。其中，日本是世界上机组水平较高的国家，在技术方面引领世界潮流。我国在20世纪90年代开始发展抽水蓄能技术，建成了广州抽水蓄能一期、十三陵、浙江天荒坪等抽水蓄能电站。资料统计显示，目前已装机的容量为5.7GW，截至2023年底，抽水蓄能占全国储能装机容量的59.4%。根据《抽水蓄能中长期发展规划（2021—2035年）》，2025年我国抽水蓄能总规模预计达到62GW；而到了2035年，预计达到120GW。

目前，抽水蓄能装机容量仍然占比最高。截至2023年底，我国抽水蓄能装机累计规模约51.38GW，占总储能装机容量的59.4%。主要项目有：汪清抽水蓄能电站，规划总容量为500万kW；武宣县天牌岭抽水蓄能电站，拟建设装机规模300万kW；广东省梅州抽水蓄能电站一期，总装机规模1200MW。

从功率角度看，抽水蓄能主要用于电力系统的调峰填谷、调频、调相和紧急事故备用等。从时间角度看，抽水蓄能承担着短时间功率平衡与中长时间电量平衡的任务。从电力环节看，在电源侧，抽水蓄能常用于消除异质能源联合带来的波动，提高供电平稳性；在电网侧，抽水蓄能用于调峰、支撑电网安全及应急供能；在储能侧，抽水蓄能用于调节容量范围、爬坡速率和输出持续时间。

随着抽水蓄能电站建设逐渐转向河流上游的高原高寒地带，传统抽水蓄能电站的建设受地形制约，存在投资大、建设周期长等不利因素。因此，未来抽水蓄能电站的规划与建设将向新型抽水蓄能发展，如地下抽水蓄能、海水抽水蓄能、水下抽水蓄能和抽发分离抽水蓄能等新型抽水蓄能将成为新的发展方向。新型抽水蓄能技术类型情况见表1-1。

表1-1　　　　　　　　　新型抽水蓄能技术类型及示范项目

技术类型	结构特点	优点	当前阶段
地下抽水蓄能	利用地下空间或废弃矿井	选址地形依赖小、水量蒸发损失少、发电水头更高	示范项目建设中（新疆若羌抽水蓄能电站）
海水抽水蓄能	海水为存储介质	资源丰富	验证阶段

技术类型	结构特点	优点	当前阶段
水下抽水蓄能	海水为存储介质，建设在海底	资源丰富	验证阶段
抽发分离抽水蓄能	结合跨流域调水工程	有利于水资源优化配置和电能优化配置	想法阶段
新机组形式	抽水功率可调节	效率更高	投入使用（河北丰宁抽水蓄能电站）

（2）压缩空气储能（Compressed Air Energy Storage，CAES）。

压缩空气储能是一种类似于燃气轮机发电的设备，主要包括压缩机、储气室、膨胀机/涡轮机、燃烧室及换热器等，如图 1-8 所示。需要储能时，采用电动空气压缩设备将空气压缩到储气室中；需要释放能量时，则利用压缩空气驱动汽轮发电机组发电，实现机械能与电能的转换，该系统常用于调峰、调频等。

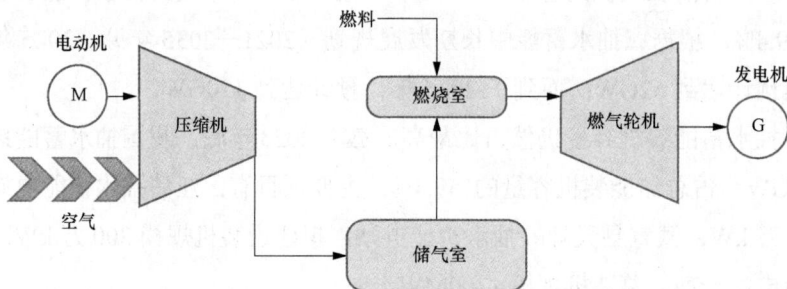

图 1-8 压缩空气储能工作原理图

世界上第一个商业化 CAES 电站为 1978 年在德国建造的洪托夫（Huntorf）电站，该电站装机容量为 290MW，换能效率为 77%。压缩机连续充气 8h，可连续发电 2h，但受到汽轮机热损失影响，该电站的平均效率仅为 42%。不久后，第二代压缩空气储能电站——麦景图（McIntosh）电站应运而生，该电站新增了尾气余热回收利用，效率提高到 56%。21 世纪初期，等温压缩空气储能（Isothermal CAES，I-CAES）为代表的新技术，通过液体活塞等控温技术实现了气体温度变化的有效控制，提高了压缩空气储能的效率。

由于受地下岩穴强密封性地质条件的限制、系统效率低及依赖化石燃料补燃产生碳排放问题等，目前，CAES 主要采用非补燃式的设计方案，利用压缩空气过程中释放的热量来替代传统补燃式 CAES 系统中需要化石燃料产生的热量。其最大的优点在于实现了零碳排放。主要典型示范项目有安徽芜湖 500kW 压缩空气储能示范项目（TICC-500）。

截至 2023 年底，其装机规模约为 0.207GW，占比约为 0.24%。目前，国内外已有多座大型 CAES 电站投入商业运行，当前常见的 CAES 电站主要技术类型及示范项目见表 1-2。

表 1-2　　　　　　　　　　　　CAES 技术类型及示范项目

技术类型	结构特点	典型示范项目	容量	效率（%）
传统压缩空气储能	基于燃气轮机技术，配置燃烧室	德国 Huntorf 项目	290MW×4h	44
		美国 Mclntosh 项目	110MW×26h	53
先进绝热压缩空气储能	增加蓄热装置，取消燃烧室	江苏金坛国家试验示范项目	60MW×5h	60
		山东肥城 10MW 示范项目	10MW×6h	60
液态压缩空气储能	将空气压缩至低温储罐，配置液化装置	英国高视能源 Highview Power 公司	5MW×3h	65
超临界压缩空气储能	增加蓄冷系统	廊坊项目 河北张家口项目	1.5MW×1.5h 100MW	67 70.5

传统压缩空气需要储气室（库）有较大的物理空间，常使用现有洞穴存储空气，对洞穴密封性等要求较高，因此选址困难。中国科学院工程热物理研究所研究了蓄热式超临界压缩空气储能电站，该储能电站储能密度高，储气室体积小，摆脱了对地下储气室的依赖。该方法采用导热油和换热器作为储热介质，运营成本较高。近年来，清华大学提出的以太阳盐储热的压缩空气储能方法获得了广泛关注。2023 年，北京工业大学与中能建数字科技集团有限公司联合开发了一种低熔点混合熔盐，其熔点仅为 98℃左右，该介质具有广泛的应用前景。

（3）飞轮储能（Flywheel Energy Storage）。

飞轮是一组高速旋转的机械，常由复合材料或钢制成。飞轮储能的工作原理是通过电动、发电双向可变电机与高速旋转的飞轮之间进行电能和机械能的交换，实现电能的储存与释放。储存的动能取决于旋转质量的惯性和速度。飞轮储能主要包括飞轮转子、电动机、发电机、轴承、电力电子变换器等，如图 1-9 所示。为了减少在高速下的自身损耗，飞轮储能常采用磁悬浮轴承，并使其工作在真空度较高的环境中。其

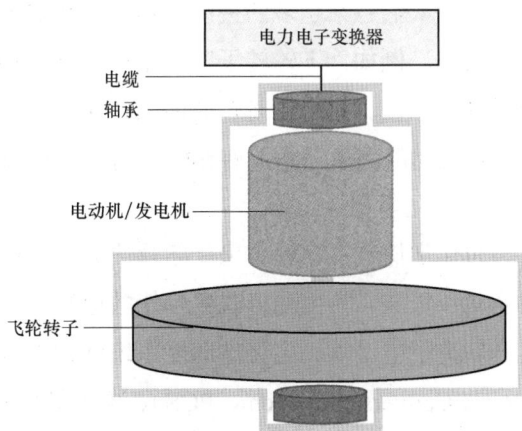

图 1-9　飞轮储能工作原理图

具有无摩擦损耗、风阻小、寿命长、不影响环境、几乎不需要维护、在待机状态下几乎无损耗、储能密度较高、能量转换效率高（90%以上）、响应速度快和功率输出/输入非常大等特点。因此，飞轮储能被广泛应用于地铁能量回馈、电网调频和电能质量保证等领域，目前主要用于兆瓦级以上的短时电力储能。

飞轮储能的思想早在 100 年前就有人提出，但是由于当时技术条件的制约，在很长时间内都没有取得突破。直到 20 世纪六七十年代，美国宇航局（NASA）格伦（Glenn）研究中心才开始将飞轮作为储能电池应用在卫星上。到了 20 世纪 90 年代后，由于材料、磁悬浮和电力电子三个方面取得了突破，飞轮储能技术迎来了更大的发展空间。

飞轮储能主要分为低速和高速两类。低速飞轮能量密度较低，可提供持续数十秒的电能，用于弥补电源空白，适用于不间断电源设备（Uninterrupted Power Supply，UPS）。基于高速复合材料飞轮储能是近年研究的热点，结合永磁同步电机，为特定能量的飞轮储能设计提供了最佳方案。

目前，国内外市场已经全面启动了飞轮储能的推广应用，如美国艾泰沃能源（Active Power）公司专门生产和销售 UPS 飞轮电池，年销售额已经达到 7000 万美元左右。相对于发达国家，飞轮储能技术在我国的发展起步较晚，且投资规模与技术水平也相对较低。但是近几年来，随着国家重视程度的日益提高，相关高校和科研机构加大对飞轮储能的研究与开发，并取得了一定的成绩。截至 2023 年底，其装机规模约为0.0069GW，占比约为 0.0079%，全国飞轮储能占新型储能容量的 0.2%。主要项目包括山西省长治市潞城区 100MW 独立储能电站项目、中国华电朔州热电复合调频项目（飞轮储能总装机容量 5MW）和山东省烟台市蓬莱区 4MW/1MW·h 飞轮储能示范项目。

飞轮储能因效率高、响应迅速、循环寿命长、功率密度高和环境友好等优点，逐渐开始得到人们越来越多的关注。尽管飞轮储能系统具有广泛的应用前景，但其也面临着一些挑战。例如，飞轮转子需要采用高强度和高稳定性的材料，以确保高速旋转时的安全性和可靠性。此外，飞轮储能系统还需要配备具有高度自适应和智能化的控制系统，以便根据实时需求动态地调整能量的储存和释放。

2. 电化学储能

电化学储能，即通过电化学反应完成电能和化学能之间的相互转换，从而实现电能的存储和释放。其主要形式包括铅酸电池、铅炭电池、锂离子电池、液流电池、钠硫电池和钠离子电池等。电化学储能系统结构类似，主要包括电池或电池组、功率变换系统（Power Conversion System，PCS）、电池管理系统（Battery Management System，BMS）和能量管理系统（Energy Management System，EMS）。

作为新型储能的代表，电化学储能近年来发展迅速。截至2023年底，锂离子电池、铅酸电池、液流电池等在内的电化学储能装机总容量已达到约 34.2GW，占比约为 39.5%。其中，锂离子电池作为电化学储能的代表，装机容量约为 33.58GW，占新型储能装机容量的 97.3%。主要项目有贵州省独立储能示范性项目（建设规模为 150MW/300MW·h）、新疆生产建设兵团三师图木舒克市 80MW/160MW·h 锂离子电池储能示范项目和黑龙江省肇东市 100MW/200MW·h 锂离子电池储能示范项目。

（1）铅酸（碳）电池。

铅酸电池是一种利用铅在不同价态之间的固相反应实现充放电的可充电电池。自从 1860 年法国物理学家普兰特（Planté）发明了首个实用的铅酸电池以来，铅酸电池至今已有 160 多年的历史，它是最早规模化使用的二次电池。铅酸电池原材料来源广泛，价格低廉，性能优良，安全性高，且废旧电池回收体系成熟。因此，它是目前产量最大，且在工业、通信、交通和电力领域应用最广的二次电池。铅酸电池示例如图 1-10 所示。

铅酸电池正极为二氧化铅（PbO_2），负极为金属铅（Pb），硫酸填充于正负极之间作为电解质。铅酸电池工作原理如图 1-11 所示。

图 1-10 铅酸电池示例图   图 1-11 铅酸电池工作原理图

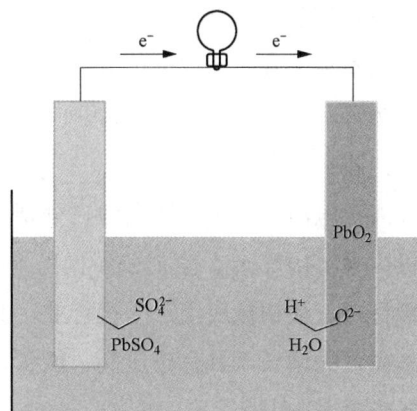

$$PbO_2 + 2H_2SO_4 + Pb \underset{充电}{\overset{放电}{\rightleftharpoons}} 2PbSO_4 + 2H_2O \qquad (1-1)$$

放电过程中，正极的 PbO_2 与 H_2SO_4 作用，生成硫酸铅 $PbSO_4$ 和水。硫酸铅很不稳定，它分解成的 Pb^{4+} 沉附在正极板上面，而 SO_4^{2-} 进入电解液中。负极中的 Pb 在硫酸溶液的溶解作用下，Pb^{2+} 会溶到电解液中，同时留下两个电子在负极板上，此时电池将形成 2.1V 的电动势。如果外电路接通，那么负极板的电子将沿着外电路定向移动到正极板，形成放电电流。此时正极板上的 Pb^{4+} 得到两个电子后变成 Pb^{2+}，并与 SO_4^{2-} 结合成 $PbSO_4$ 沉附在正极板上，负极上受到电子束缚力减少的 Pb^{2+} 与 SO_4^{2-} 结合成 $PbSO_4$ 沉附在负极板上。因此，充电过程是放电过程的逆反应，充电的生成物就是放电的反应物。

铅酸电池被广泛应用于电动工具、汽车、通信装置和应急照明系统中，也可以为采矿设备、材料搬运工具等提供动力。在汽车领域，引擎启动、车辆照明等仍依赖铅酸电池，且随着汽车保有量的增加，对铅酸电池的需求也在持续增长。此外，通信与电动自行车、低速车辆等领域的需求也促使铅酸电池需求量稳定增长。在车辆应用领域，铅酸电池正面临着锂离子电池及镍氢电池的竞争挑战。为此，更为先进的铅酸电池技术方案被提出，旨在改善其性能。美国萤火虫（Firefly）公司研发了以碳材料或石墨泡沫为基底的铅酸电池，可避免酸碱侵蚀，具有较高的导电性，使铅酸电池的循环寿命提高 2～3 倍，且具有优良的高低温及快充能力。美国先进电池概念公司（ABC）研发的双极性铅酸电池已经成功推向市场，与普通铅酸电池比较，能够提升能量密度，减少 50%的充电时间，提升 3 倍的循环寿命。未来一段时间，铅酸电池仍然占据重要市场地位。2023年，我国铅酸电池产量为 24500kVA·h，同比增长 3.6%；市场规模约为 1750 亿元，同比增长 3.9%。

铅碳电池是一种新型的电池，它将具有双层电容特性的炭材料与铅负极结合，制成具有铅炭双功能的复合电极，再与 PbO_2 正极组装成铅炭电池。可以这样理解，铅碳电池是将铅酸电池和超级电容器两者融为一体，既发挥了超级电容器瞬间大容量充电的优势，也发挥了铅酸电池的比能量优势，且充放电性能优异。这种电池集大容量、高能量、低成本、长寿命、安全可靠、工作温度范围广、放电电流高及充电速度快等优点于一身。然而，它仍然存在体积大、自放电率高、正极易受腐蚀和机械强度差等缺点。

（2）锂离子电池。

锂离子电池是一种二次电池，分别用两个能可逆地嵌入与脱嵌锂离子的化合物作为正负极构成。1991 年，索尼公司推出了全世界第一块锂离子电池，该电池采用钴酸锂作为正极材料，最初被应用于手机行业，其后广泛用于便携式音响、笔记本电脑。随着电动汽车需求的增长，具有电压高、能量密度大和循环寿命长特点的锂离子电池也被大量用于新能源汽车中。

锂离子电池主要包括正极、负极、电解液和隔膜。正极一般由锂金属氧化物构成，其活性材料决定了电池的容量和电压；负极需要提供足够的空间以存储锂离子，一般使用结构稳定的石墨材料；电解液是锂离子在电极之间运动的媒介，主要为锂盐（如 $LiPF_6$、$LiBF_4$ 等）溶解于碳酸亚乙酯、碳酸二甲酯和碳酸二乙酯等的盐溶液；隔膜的主要作用是对正负极进行物理隔绝，阻止电子的直接通过，仅允许锂离子的流动，一般使用合成树脂（如聚乙烯、聚丙烯等）。

锂离子电池通过涂布在电极上的活性材料存储和释放锂离子，即通过锂离子在电极活性材料上的脱嵌来存储电能。当电池充电时，在外加电场的作用下，锂离子（Li^+）脱离正极材料的束缚，沿着电场方向由正极穿过隔膜进入石墨负极中。同时，电子被隔膜阻挡，通过外电路转移到负极。Li^+通过与电子结合，嵌入到具有层状结构的石墨中。当电池放电时，电荷的转移过程正好相反。负极材料发生电离，Li^+ 从石墨中解嵌出来，并穿过隔膜回到正极中。电子仍然只能经由外电路流过负荷，形成闭合回路。充放电过程的不断发生，使得 Li^+ 在两电极之间不断重复嵌入和脱嵌的过程，从而实现电能和化学能之间的相互转化。锂离子在正负极之间通过转移来完成电池充放电工作，这种独特机理的锂离子电池被形象地称为"摇椅式电池"，俗称"锂电"。锂离子电池示例如图 1-12 所示。

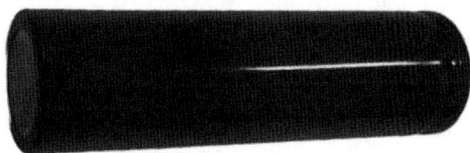

图 1-12　锂离子电池示例图

从原理上可知，正极材料对锂离子电池的电化学性能影响较为显著，并且在整个电池材料成本中的占比较高。当前主流的正极材料包括磷酸铁锂（$LiFePO_4$，LFP）、三元锂（$LiNiMnCoO_2$，NMC）、钴酸锂（$LiCoO_2$，LCO）和锰酸锂（$LiMnO_2$，LMO）等。几种常见的锂离子电池正极材料比较见表 1-3。

表 1-3　　　　　　　　　　　　　锂离子电池正极材料比较

正极材料名称	$LiCoO_2$	$LiNiMnCoO_2$（NMC）	$LiNiCoAlO_2NCA$	$LiMn_2O_4$	$LiFePO_4$
晶型	$\alpha-NaFeO_2$	$\alpha-NaFeO_2$	$\alpha-NaFeO_2$	Spinel	Olivine
理论容量/（mA·h/g）	274	275	275	148	170
电压/V	3.7	3.5	3.5	4.0	3.4
循环能力	较好	一般	一般	较差	优
过渡金属资源	贫乏	较丰富	较丰富	丰富	丰富
电导率/（S/cm）	10^{-3}	10^{-5}	10^{-5}	10^{-5}	10^{-9}

目前，就整体性能而言，$LiNiMnCoO_2$（NMC）和 LFP 在性能方面具有一定优势，且在市场上占据了主导地位。其中，NMC 电池具有较高的能量密度，而 LFP 电池具有相对较好的热稳定性。

负极材料在电池的运行过程中主要起到存储锂离子的作用。目前，负极材料的技术相对成熟，成本比重较低，占到电池总成本的 5%～10%，大体可以分为碳类与非碳类。碳类材料因安全性较高、成本低，成为目前广泛使用的锂电池材料，特别是石墨。非碳类材料主要指钛酸锂（Li_2TiO_3，LTO）或者硅基材料。LTO 作为零应变材料，使得 LTO

电池具备较长的循环寿命，且综合考虑 LTO 尖晶石结构所具有的三维锂离子扩散通道，也赋予了 LTO 电池较好的功率特性及高低温充电性能。

锂离子电池具有能量密度高、充放电速度快、重量轻、寿命长和无环境污染等优点。其循环寿命长，一般均可达到 4000 次以上，部分甚至能达到 6000 次。但锂离子电池在过充电和过放电状态下会发生爆炸，需要配合良好的保护电路来使用。目前，锂离子电池已逐渐在电网等固定式储能中发挥重要作用。截至 2023 年底，在国家新建设的新型储能项目中，锂离子电池已经成为绝对主导，占比为 97.3%。预计 2025 年，我国锂电储能累计增长规模将达到 50GW，市场空间约 2000 亿元。

（3）液流电池。

液流电池是由 Thaller 于 1974 年提出的一种电化学储能技术，它是一种新的蓄电池。液流电池由电堆单元、电解液、电解液存储供给单元以及管理控制单元等部分构成，其工作原理如图 1-13 所示。液流电池通过外部的电解液储罐储存电解质溶液（即储能介质），并采用离子交换膜将电池分隔成两个彼此相互独立的室（即正极侧与负极侧）。液流电池通过正负极电解质溶液中的活性物质发生可逆的氧化还原反应，实现电能和化学能之间的相互转化。在充电过程中，正极发生氧化反应，使活性物质的价态升高；负极发生还原反应，使活性物质的价态降低。放电过程与充电过程相反。与传统固态电池不同的是，液流电池的正负极电解质溶液储存在外部储罐中，通过泵和管路输送到电池内部进行反应。在此以锌溴液流电池充电过程为例。

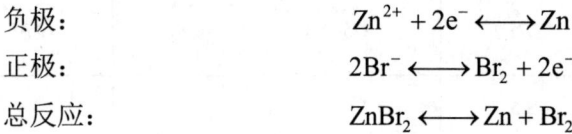

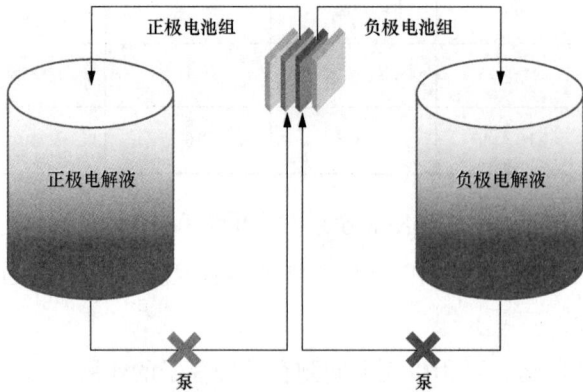

负极：　　　　　　　　　　$Zn^{2+} + 2e^- \longleftrightarrow Zn$

正极：　　　　　　　　　　$2Br^- \longleftrightarrow Br_2 + 2e^-$

总反应：　　　　　　　　　$ZnBr_2 \longleftrightarrow Zn + Br_2$

图 1-13　液流电池工作原理图

液流电池适合于固定式大规模储能的装置，相比于目前常用的铅酸电池、镍镉电池等二次电池，液流电池具有功率和储能容量可独立设计（储能介质存储在电池外部）、效率高、寿命长、可深度放电和环境友好等优点，是规模储能技术的首选技术之一。但液流电池存在能量密度低、初装费用较高的缺点。

（4）钠硫电池。

钠硫电池是一种高能固体电解质二次电池，它以金属钠为负极、硫为正极，采用陶瓷管作为电解质隔膜。在一定的工作温度下，钠离子透过电解质隔膜与硫之间发生可逆反应，实现能量的释放和储存。

钠硫电池最早在 20 世纪 60 年代中期被发明出来。早期的研究主要关注其在电动汽车领域的应用，包括福特、YUASA、BBC、铁路实验室、ABB、Mink 公司等先后组装了钠硫电池电动汽车，并进行了长期的路试。然而，研究发现，尽管钠硫电池在储能方面表现出色，但在用作电动汽车或其他移动设备的能源时，并未展现出其优势。另外，早期研究未能完全解决钠硫电池的安全可靠性问题，导致人们最终放弃了在车用能源领域应用钠硫电池的想法。

自 1983 年开始，日本 NGK 公司和东京电力公司合作开发钠硫电池，1992 年实现了第一个钠硫电池示范储能电站的运行。其生产的管式钠硫电池循环寿命长，放电深度为 10%时，循环寿命可达 42000 次；放电深度为 90%时，循环寿命约为 4500 次；放电深度为 100%时，循环寿命约为 2500 次。

目前，NGK 的钠硫电池已经成功应用于城市电网的储能中，有 200 余座 500kW 以上功率的钠硫电池储能电站，在日本等国家投入商业化示范运行，电站的能量效率达到 80%以上。

钠硫电池的理论比能量高达 760W·h/kg，且没有自放电现象，放电效率几乎可达 100%。钠硫电池的基本单元为单体电池，用于储能的单体电池最大容量达到 650A·h，功率达 120W 以上。多个单体电池组合后形成模块，模块的功率通常为数十千瓦，可直接用于储能。钠硫电池已是发展相对成熟的储能电池，其使用寿命可以达到 10～15 年。但由于钠流电池工作温度在 300～350℃之间，导致其安全性较差。

在当前各种电化学储能系统中，锂离子电池发展最为迅猛，使用量也最大。截至 2023 年底，锂离子电池的装机容量占新型储能技术的 97.3%。以锂离子电池为主的电化学储能系统主要包括锂电池组（一般电池单体为磷酸铁锂电池）、功率变换系统（Power Conversion System，PCS）、电池管理系统（Battery Management System，BMS）和能量管理系统（Energy Management System，EMS），除此之外，还需要监控与调度管理系统（Supervision and Dispatch System，SDS）、冷却系统、消防系统和排风系统等。

3. 电磁储能

电磁储能是一种利用电磁场储存和释放能量的技术。它通过将电能转化为磁场能量存储在电感器或电磁铁中，然后在需要时将其释放出来。电磁储能系统通过控制电流、电压的流动，达到储存和释放能量的目的。这种技术可以应用于能源储备、电力系统调度和储能设备等领域，具有提高能源利用效率、平衡电网负荷和增强电力系统稳定性的潜力。电磁储能主要形式有超导储能和超级电容器储能两种。

（1）超导储能（Superconducting Magnetic Energy Storage，SMES）。

超导储能技术是一种在不进行能量转换的情况下直接存储电流的技术。1969 年，费里尔 Ferrier 首先构想利用一个大型超导磁储能装置来平衡法国电力系统中的日负荷变化，并调节电力系统峰谷。1971 年，威斯康星 Wisconsin 大学发明了一个由超导电感线圈和三相 AC/DC 格里茨（Graetz）桥路组成的电能储存系统，并详细分析了格里茨桥在能量储存单元与电力系统相互作用中的影响，发现该装置的快速响应特性对于抑制电力系统振荡非常有效。

超导储能技术主要组成部分包括变流器、控制系统、超导磁体、低温系统、磁体保护系统、功率调节系统和监控系统等，示例如图 1-14 所示。超导储能利用超导线圈产生的电磁场将电磁能直接储存起来，并在需要时将电磁能转换为电能返回电网或其他负荷，可用于充放电时间很短的脉冲能量储存。由于超导线圈的电阻为零，电能储存在线圈中几乎无损耗，因此超导储能效率高达 95%。超导储能系统的功率规模可以做得很大，并具有系统效率高、技术较简单、没有旋转机械部分和没有动密封问题等优点。然而，超导储能的主要载体为超导材料，目

图 1-14 超导储能示例图

前，如铌钛（NbTi）和铌三锡（Nb3Sn）、铋系和钇钡铜氧（YBCO）等这些超导材料都需要在液氦或者液氮的低温下才能保持超导特性，其工作温度为 77K（-196.15℃）。因此，为维持超导储能超低温的工作环境，需要配合复杂的密闭结构。

国际上，各个国家在超导储能领域投入了大量精力，主要是研发微型超导储能装置。美国、德国和日本等相继开发了 100kW·h 等级的微型超导储能装置，这些装置可用于磁浮列车、计算机大楼和高层建筑等的超导储能系统；美国磁性材料总公司（IGC）和美国超导公司（AMSC）的微型超导储能装置（1～10MJ）已经商品化，美国超导公司目前正在开发一种用于功率调节的新的配电型超导储能装置（D-SMES）。

我国自 20 世纪 60 年代起就开始低温超导的研究工作。到 20 世纪 80 年代中期，在高能加速器、超导磁流体推进、磁流体发电、磁分离、核聚变、磁共振成像、磁悬浮列车和超导强磁场等方面开展了大量的工作，并在超导材料、超导磁体和低温技术等方面奠定了一

定的基础。1997 年，中国科学院电工研究所成功研制出一台 25kJ（300A/220V）超导储能样机。2005 年，中国科学院应用超导重点实验室完成了 100kJ/25kW 超导限流储能系统的研制，并进行了短路和电压补偿实验；随后又开展了 1MJ/0.5MV·A 高温超导储能系统的研制，它包括高温超导磁体系统、制冷系统、电力电子系统和在线监测系统等。其储能线圈由 44 个 Bi-2223 双饼线圈组成，电感为 6.4H，运行电流为 560A，运行在 4.2K 温度下。该储能系统已于 2007 年安装在门头沟变电站，并完成了改善电能质量的试验运行，成为我国首座超导变电站。

2011 年 4 月 19 日，由中国科学院电工研究所研制的世界首座配电级超导变电站在甘肃省白银市国家高新技术产业开发区投入实际配电网进行工程示范运行，这也是目前世界上唯一投入示范运行的超导变电站。该变电站运行电压等级为 10.5kV，集成了 1MJ/0.5MV·A 高温超导储能系统、1.5kA 三相高温超导限流器、630kV·A 高温超导变压器和 75m 长的 1.5kA 三相交流高温超导电缆等多种新型超导电力装置。成为当时世界上并网运行的第一套高温超导储能系统，其核心部件是当时世界上最大的高温超导磁体。另外，10.5kV/1.5kA 三相高温超导限流器是我国第一台、世界第四台并网运行的高温超导限流器。2012 年，中国电力科学研究院历时两年时间自主研发的高温超导储能系统，在国家电网公司电力系统动模实验室成功实现了并网功率补偿。

超导储能的发展方向是突破温度和材料障碍，使其能够在常温运行，并且大幅降低成本。

（2）超级电容器储能（Supercapacitor Energy Storage，SCES）。

超级电容器是一种新型电力储能元件，具有功率密度高、免维护、使用寿命长和适用温度范围广的特点。它一般采用双电层原理，因此也被称为电化学电容或双电层电容。超级电容器主要包括电极、电解液、隔膜和集流体等，如图 1-15 所示。在电场作用下，电解液与电极之间会产生相反的电荷，此时正电荷、负电荷分别处于不同的接触面，这种条件下会产生双电层的负荷分布。它结合了静电电容器的高放电功率优势和类似电池的大电荷储存能力。此外，超级电容器还有法拉第赝电容和混合型超级电容两种类型，不同类型的超级电容比较见表 1-4。

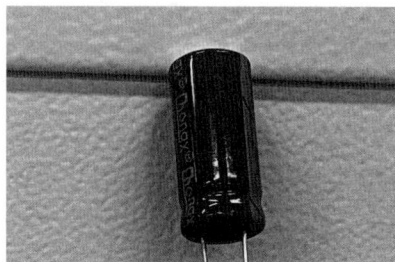

图 1-15　超级电容器示例图

表 1-4　　　不同类型的超级电容比较

类型	原理	优点	缺点
双电层电容（EDLC）	离子的物理移动	安全稳定	能量密度低

类型	原理	优点	缺点
法拉第赝电容	可逆的化学吸附/脱附或氧化还原反应	能量密度高	材料价格昂贵
混合型超级电容 （锂离子超级电容）	电容电极发生非法拉第反应，离子在电极表面进行吸附/脱附	充放电功率高 安全可靠	良品率低

虽然超级电容器容值可达千法拉甚至万法拉，但是，其工作电压较低，这导致其能量密度远低于锂离子电池等其他储能技术。在电力系统中，超级电容器常用于提供瞬时高功率，如 15～30s 内的一次调频、15min 级的二次调频系统及补充平滑短时间的高负荷等，它还能用于启动功率补偿、瞬态电压恢复、抑制瞬态电压下降和瞬态扰动等应用，有效弥补超短时、短时的储能短板。目前超级电容器逐渐在电源侧、输配电侧和用户侧落地，如图 1-16 所示。

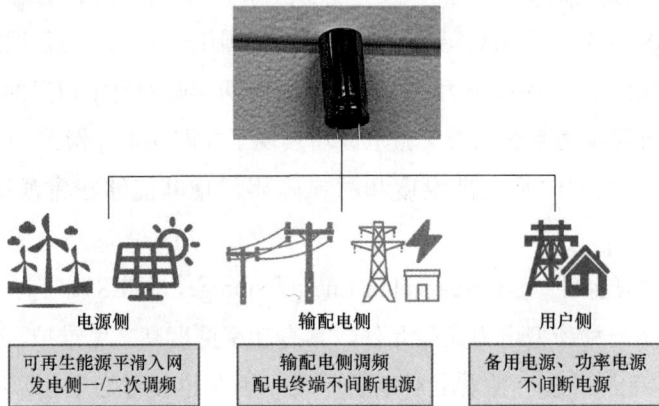

电源侧 —— 可再生能源平滑入网 发电侧一/二次调频

输配电侧 —— 输配电侧调频 配电终端不间断电源

用户侧 —— 备用电源、功率电源 不间断电源

图 1-16　超级电容器应用示意图

4. 氢储能

氢储能是一种利用非高峰时段或低质量电力大规模制氢，将电能转化为氢能储存起来以应对电力输出不足的技术。氢储能利用燃料电池释放电能来支撑电网，与传统内燃机相比，燃料电池能够直接将氢的化学能转化为电能，从而避免了中间的能量形式转换带来的损耗，提高了发电效率，并且生成物只有对环境无害的水。氢储能示例如图 1-17 所示。

国际上，日本在燃料电池的关键技术和商业化应用方面处于世界领先地位。2017年，日本发布的《氢能源基本战略》明确提出了到 2050 年建成氢能社会的目标。日本氢能与燃料电池领域技术全面，专利数量居全球第一。美国将 10 月 8 日定为"氢能与燃料电池日"，并规划制定了从 2000—2040 年的完整发展路线，涵盖了从研发到产业化的各个阶段。此外,美国还对运行的氢能基础设施执行 30%～50%的税收抵免政策。欧盟启动了地平地(Horizon)计划,在氢能和燃料电池领域的总预算达到 220 亿欧元,并规

划 2050 年氢燃料电池汽车占家用车比重达 35%。目前,欧洲正在运行的加氢站数量居全球第一,氢能技术和产业发展政策效果显著。

制氢和储氢是氢储能的关键环节。其中,制氢主要有化石燃料制氢(如蒸汽重整法、部分氧化法和煤气化法)、水电解制氢、生物质制氢(如直接气化法、热化学法和生物法)以及核能制氢(如高温气体反应堆制氢和

图 1-17 氢储能示例图

核裂变热解水制氢)。储氢技术是当前氢能源发展的主要瓶颈,储氢技术可分为高压气态储氢、低温液态储氢和金属固态储氢三大类。相比于低温液态储氢和金属固态储氢,高压气态储氢是通过高压压缩的方式,在氢气临界温度以上储存气态氢。近年来,我国高度重视氢储能产业的发展,但当前国内制氢方式仍采用化石燃料。同时,在氢能源发展中,我国在燃料电池堆和关键材料方面仍和世界先进水平有差距,质子交换膜、催化剂、膜电极等关键材料和循环泵等关键设备严重依赖进口。

氢具有能量密度高、运维成本低、可长时间存储且无污染的优点,是少有的能够储存百吉瓦时以上,且可同时适用于极短或极长时间供电的能量储备技术方式。但是氢气是小分子气体,保存成本高且容易泄漏,这是亟待解决的问题。

目前,氢储能等技术路线还未步入常态化应用阶段,2023 年底在新型储能中的占比不到 0.1%,但其在清洁、高效和可持续等方面的独特优势,使其成为未来能源转型的重要方向之一。我国有多个氢储能项目实现投运,如国家电网在安徽六安建设的国内首个兆瓦级氢能综合利用示范站、浙江台州大陈岛氢能综合利用示范工程以及南方电网的全国首个固态储氢项目等。

1.3.2 储能系统的发展趋势

随着新能源技术和人工智能的不断发展,电力储能系统应用的领域不断扩大,同时,研究人员也在不断探索和发展新型储能材料、结构和制造工艺等。总体来说,电池储能未来发展方向包括如下几个方面。

1. 大容量、长寿命和低成本的储能电池

电力系统配置储能规模应充分考虑电力系统的运行特性,以及系统中新能源资源的

特性、常规电源、已建储能设施、需求响应资源等系统调节资源的能力。在我国，建设吉瓦级电化学储能电站不仅是新能源发展和高效消纳的需要，也是保障未来大电网安全稳定运行的需要，具有必然性和可行性。吉瓦级电化学储能电站可在频率跌落和恢复期间迅速响应系统的频率变化率和偏差量，提供快速的有功功率支撑，有效减少系统频率跌落的幅度，改善频率恢复特性，保障系统的频率稳定性。据测算，到"十四五"末期，我国需要建设 20GW 以上的电化学储能电站。

采用新材料、新结构和新工艺等方式，可以提高储能系统的能量密度，延长电池的循环寿命，有效降低储能元件的维护成本和更换频率。比如，各大厂家已将电芯容量升级到 305、314、320、340A·h 和 560A·h 等，且循环次数可达 15000 次。这些电芯在超过 35℃条件下依然可以保持良好的衰减特性，无需配备冷却系统及外部辅助电源，极大地提高了系统运行容量，降低了系统成本。

2. 本质安全

"本质安全"的概念在我国率先应用于煤矿行业。过去，人们普遍认为煤矿企业属于高危险行业，发生事故是必然的，不发生事故是偶然的。如果我们在工作中处处按照标准、规程作业，将事故发生的概率降到最低，甚至实现零事故，那么就可以得出结论：煤矿发生事故是偶然的，不发生事故是必然的，这就是本质安全。

储能锂离子电池因能量密度大，在发生短路、挤压或过充时会产生过电流，进而引发热失控，导致电池膨胀，最终可能发生爆炸事故。通过提升电池技术等方式使储能系统的事故降到最低甚至零事故。其中固态锂离子电池是很有前景的发展方向。

采用具有优异稳定性和阻燃性的固态（或半固态）电解质的固态锂离子电池，是解决电池本质安全问题的一种有效方案。固态电解质凭借其较高的机械强度，可有效抑制锂枝晶的生长，同时规避了液态电解液泄漏的风险，从而提高了电池的安全性。此外，固态锂离子电池减少了集流体的数量，使电池的封装设计更简单，同时减少了封装过程中杂质的侵入。

3. 智能化运检

锂离子电池储能系统是一个具有高度非线性、环境敏感、性能衰减及故障突发等特性的复杂动态系统。对锂离子电池的运行状态进行评估，可以在一定程度上预测和避免事故的发生，减少损害，降低风险。

未来，电池储能系统将成为电力系统中不可或缺的重要设备，其运行和检修要与现有的电力装备相匹配。通过智能化运检可获得电池的运行状态信息，包括荷电状态、核心温度、健康状态与剩余可用寿命。荷电状态用于评估电池实时存储的剩余电量；核心温度主要用于评测电池内部的最高温度，以诊断热故障；健康状态用于评估电池的老化程度，在给定的淘汰阈值下，预测电池的剩余可用寿命。因此，推进"云大物移智链边"等数字技术的创新升级,打造安全可靠的电力数字基础设施,构建能源数字化平台,已成为助力构建高质量新型电力系统的主要应用方向和发展热点。

4. 大规模储能广泛应用

随着新型电力系统的建设,储能系统也会从低电压等级渗透到高电压等级,这就要求电池储能系统需要具有更大的功率和容量,实现从兆瓦级向吉瓦级甚至向太瓦级的发展跨越,以满足在输电等级下的调节平衡等需求。

5. 多种电池储能方式并存

不同电池适用于不同使用条件,如铅酸电池成本低廉,适用于 UPS;锂离子电池密度高,但存在热失控等问题。未来会根据使用条件和应用特征采用不同电池组合,集各种电池优势,在功率、成本和寿命等方面满足使用需求。

6. 应用多元化

电池储能系统将进一步渗透到电力工业的各个环节和领域,并得到更大规模的应用。特别是在用户侧,储能将充分参与用户侧响应,并且随着用户侧深入应用,可能会产生新的商业模式。

7. 释能时间更长

长时储能可满足几小时、几天甚至几个星期的电能保障需求,是解决可再生能源对电网冲击、降低储能度电成本和实现储能商业化的有效方案。对于清洁能源高效利用,推进能源、工业、建筑、交通等各领域清洁低碳转型,应对极端天气,解决"绿色-经济-可靠性"的能源不可能三角难题,起着至关重要的作用。同时,它也是建设新型电力系统和新型能源体系、构建能源强国的利器和重要抓手。

8. 满足多种时间尺度能量供给需求

从储能在电力系统中的应用功能现状来看,现有储能的应用以能量型为主,功能主要包括提供电网辅助服务、提升高新能源并网发电平稳性、系统备用等方面。而在短时间尺度的稳定控制(如惯性支撑)和长时间尺度的无功控制(如中长期电压调节)方面少有实际应用。未来储能有必要在一定区域内集成多种储能技术,通过协调管理和优化控制,实现储能应用功能的多目标集成,满足系统多时间尺度平衡需求,提升系统稳定性和经济性。

9. 建立综合能源系统

未来电力系统将融合多种能源形式,单一调控变得困难,因此需要建立统一、标准化的综合能源系统。综合能源系统有机地协调和优化系统中能源生产、输配、转化、储存和消费的各个方面,实现经济、灵活和安全的能源供应。

1.4 本课程学习内容

本课程学习的内容涉及了以电化学特别是电池为核心的储能系统设计和开发相关知识，主要内容包括以下方面。

（1）从储能系统的主要结构出发，给出了储能系统的主要参数和主要标准，并介绍了典型的电池储能系统开发案例。

（2）针对储能系统中的关键状态，介绍了典型的状态估算方法，包括荷电状态、健康状态等。

（3）根据电池储能系统特点，分析介绍了其主要均衡技术，包括均衡概念、主要评价参数、串联均衡的实现方式及并联均衡的实现方法，为后续开展电池管理打下基础。

（4）BMS 是储能系统的核心，根据系统组成学习 BMS 中的设计方法：① BMS 的基本功能与结构；② 储能系统各种参量的检测方法与电路；③ BMS 的硬件与软件开发；④电磁兼容设计。

（5）PCS 是实现电池与电网能量交换的关键，本书在给出 PCS 的基本结构和典型控制方法的基础上，重点介绍了低压电池储能 PCS 和高压直挂型 PCS 的主电路拓扑分析和典型控制策略。

（6）储能系统特别是电池储能系统的安全是规模应用的关键，本书介绍了储能系统常见安全问题及相应安全参量监测及预警方法，并给出了储能系统安全事故的处置措施。

（7）通过对储能系统在发电侧、电网侧和用户侧多个应用实例的分析，加深对以上所学知识的认识，初步建立起储能系统设计与应用的概念。

结合本课程学习，本教材设计了从基本电路、装备到系统的系列实验，以便进一步理解和掌握课堂学习的内容。

小　　结

随着能源结构向清洁、高效转型，储能在推动能源革命和能源新业态发展方面发挥着至关重要的作用。它也是新型电力系统中新能源规模并网接入、调峰与提效、传输与调度、管理与运用等环节的核心技术。本章首先介绍了传统电力系统面临的挑战，以及新型电力系统设计和发展的意义；然后介绍了储能系统在新型电力系统中的作用和任务，以及储能的种类、发展历史和现状；最后介绍了本课程学习的主要内容。

思 考 题

1-1　什么是新型电力系统？为什么要建设新型电力系统？

1-2　新型电力系统的特点有什么？

1-3　储能在电力系统中的主要作用是什么？

1-4　储能系统有哪些主要形式？分别有哪些优缺点？

1-5　电化学储能是当前发展最快的储能方式，它是否适合长时储能需求？

1-6　氢储能目前最主要的瓶颈在哪里？有什么解决途径？

1-7　高频短时储能可以用于电力系统的惯量支撑和调频，请分析有什么储能技术可以适合这种应用需求？

1-8　未来储能的主要发展趋势是什么？

第 2 章

电池储能系统的组成原理

电力储能的技术形式多种多样，从目前的发展来看，以各种电池为主要形式的电池储能系统（Battery Energy Storage System，BESS）成为主流，这也是当前研究、发展及应用的重点方向，还是能源转型的关键技术之一，还是促进社会可持续发展的重要依托。电池储能系统具有调节速度快、建设周期短和环保等独特优势，有助于平滑风、光等波动性电源的输出，促进可再生能源发电的异地消纳，从而减少能源浪费。在电化学储能系统中，锂离子电池储能是当前应用和发展的重点，截至 2023 年底，锂离子电池储能装机容量占新型储能装机容量的 97.3%，在发电侧、电网侧和用电侧均有广泛的应用。根据其规模大小，储能系统可以分为大、中和小三类。它由储能电池、电池管理系统、储能变流器和监控系统等多个部分组成，各部分之间通过指令控制与通信，从而保证储能系统的安全稳定运行。本章将重点介绍其基本结构、关键参数和相关标准，并通过实例进行展示。

2.1　电池储能系统的基本结构

2.1.1　电池储能系统的基本结构

电池储能系统是一种使用电化学电池作为储能载体，通过储能变流器实现电能存储和释放的系统。根据 GB/T 36547—2018《电化学储能系统接入电网技术规定》和 GB/T 36558—2023《电力系统电化学储能系统通用技术条件》，该系统主要由储能电池、电池管理系统、储能变流器、监控系统、继电保护和安全自动装置、计量系统及动力环境系统等组成。储能电池是核心，负责电能的存储。电池管理系统负责监控电池状态并提供保护。储能变流器实现直流电和交流电之间的转换。监控系统实时监控系统运行状态，确保系统的稳定和安全。继电保护和安全自动装置保护系统免受过电流、过电压等故障的影响。计量系统用于精确测量和记录电能流动。动力环境系统包括冷却、消防和通风系统，以保障电池系统在最佳状态下运行。对于接入 10（6）kV 及以上电压等级的电化学储能系统，还包括汇集线路和升压变压器，用于电能的汇集和输送。通过这些组件的协同工作，使电池储能系统能够高效地进行电能的存储和释放，广泛应用于电网调节、可再生能源并网和电力调峰等领域。电池储能系统结构示意图如图 2-1 所示。

电池储能系统按功率等级可分为小型储能系统、中型储能系统和大型储能系统。

小型储能系统主要负责 400V 低压电网，主要功率等级包括 30、50、100、250kW 和 500kW；可持续放电 1～4h。应用场合包括社区储能、楼宇储能、备用电源、微电网主电源和小型可再生能源并网等。

中型储能系统通过并网开关柜直接接入 400V 低压电网，或者通过升压变压器单元接入 10kV 或 35kV 电压等级；功率等级通常为 200kW～1MW；可持续放电时间为 1～4h。应用场合包括电能质量治理、配电网或变电侧的削峰填谷、备用电源和可再生能源并网等。

大型储能系统主要接入 10kV 及以上等级电压电网；功率等级大于 10MW，可持续放电时间为 15min～6h。主要应用于配电网和变电侧等削峰填谷、电网系统调峰调频、备用电源及可再生能源并网等。

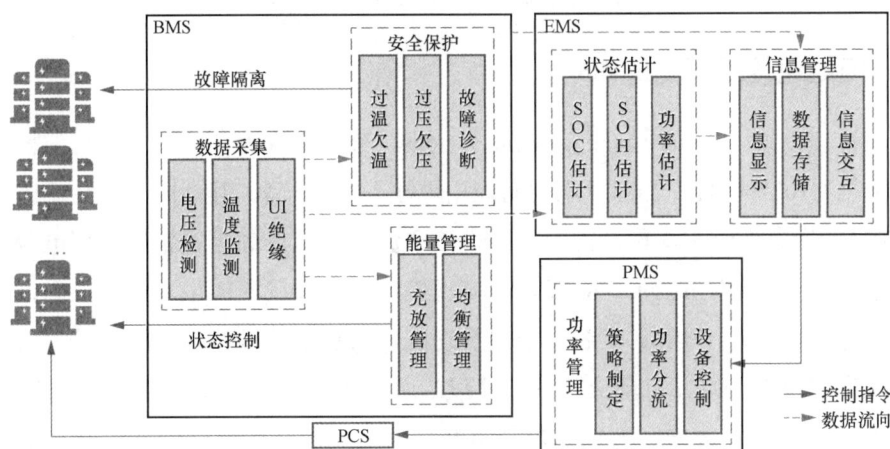

图 2-1　电池储能系统结构示意图

2.1.2　电池组

锂离子电池单体是电池储能系统的基本组成部分，也是独立的最小电化学单元。它包含正极、负极、隔膜、电解质、壳体和端子等部分，能够将电能转化为化学能进行存储，并在需要时将化学能转化为电能释放。电池单体和由单体组成的电池组是电化学储能电站的核心。它是一种用于存储电能的设备。锂离子电池组中的每个单体电池都是独立的电化学单元，由于单体电池的容量有限，因此电池储能系统中的电池组通常由多个锂离子电池单体（也称电芯）组合而成。它通过串联、并联或串并联组合方式，以实现特定的电压和电流需求。电池组一般包括电池单体（CELL）、电池包（PACK）、电池簇（CLUSTER）和电池堆（ARRAY）等层级，如图 2-2 所示。电池组的配置（如电芯数量和排列方式）会根据具体应用需求进行定制，以优化性能、成本和寿命。此外，从电池单体到电池模组，还增加了一些必要的装置，如电池管理系统等。电池管理系统负责监控和管理每个电池单体的状态，包括电压、温度和充放电状态，确保电池组在安全范围内运行，并通过平衡电池单体的电荷来延长电池组的寿命。

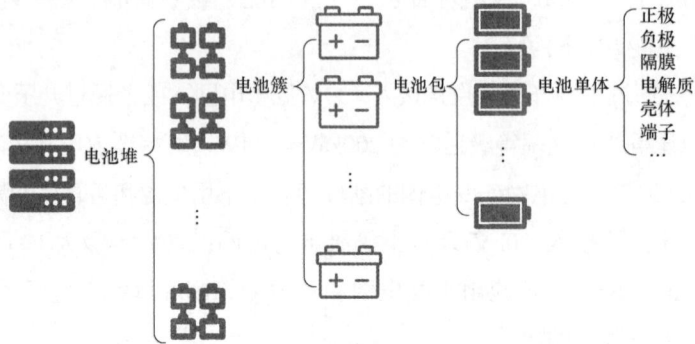

图 2-2　储能系统中电池的各个层级

2.1.3　电池管理系统（BMS）

电池管理系统（Battery Management System，BMS）作为储能电站系统的核心部件之一，依据 GB/T 34131—2023《电力储能用电池管理系统》，其功能远不止于监测电池状态。BMS 通过实时采集电池的电压、电流和温度等动态数据，精确计算电池系统的荷电状态（System of Charge，SOC），并实现电池簇内及簇间的电热均衡，确保电池系统高效运行。此外，BMS 还具备安全保护功能，防止电池过充、过放等异常情况，并在故障发生时及时报警并启动应急保护处理。通过信息管理功能，BMS 可实时记录和分析电池系统的运行数据，为优化控制策略提供依据，从而保障储能电站电池系统安全、可靠和稳定的运行。

储能电站使用的 BMS 结构示意图如图 2-3 所示。它主要由电子电路设备构成，硬件主要由电池管理单元（Battery Management Unit，BMU）、电池组单元（Battery Cluster Unit，BCU）、电池阵列单元（Battery Array Unit，BAU）以及相关的线束组成。BMU 负责电池单体管理，包括各单体电池电压和温度等信息的采集、均衡处理、信息上送及热管理等工作。BCU 负责管理一个电池簇中全部的 BMU，同时还具备电池簇的电流采集、总电压采集、绝缘电阻检测和 SOC 估算等功能。在电池簇发生故障时，BCU 能跳开直流接触器，使电池簇退出运行，从而保障电池的安全。BAU 对 BMU、BCU 上传的数据进行数值计算、性能分析和数据存储，并与储能变流器、能量管理系统等进行信息交互。

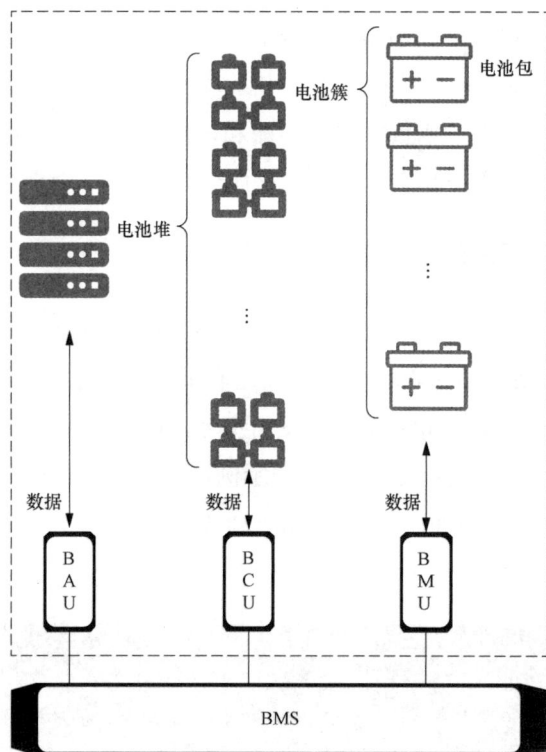

图 2-3　BMS 结构示意图

2.1.4　储能变流器（PCS）

　　储能变流器也称功率变换系统（Power Conversion System，PCS），一般由若干个交流变换模块及直流变换模块构成，主要结构如图 2-4 所示。PCS 是电化学储能系统的核心部件，依据 GB/T 34120—2023《电化学储能系统储能变流器技术要求》和GB/T 34120—2017《电化学储能系统储能变流器技术规范》，其主要功能是在电池系统与电网（和/或负荷）之间进行电能双向转换，实现能量的存储和释放。PCS 通过监控指令进行恒功率或恒压恒频控制，给电池充电或放电，并能平滑风、光等波动性电源的输出。在并网模式下，PCS 可控制储能系统吸收或向电网输送有功功率，并提供无功支撑以维持电网稳定运行；在离网模式下，PCS 作为独立电源，维持孤岛电网的稳定运行。

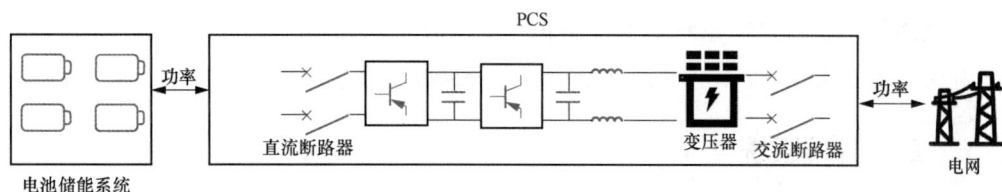

图 2-4　PCS 结构示意图

PCS 的性能指标直接影响储能系统的效率、稳定性和电能质量。充放电转换时间是衡量 PCS 响应速度的关键参数，其数值越小，系统对电网波动和负荷变化的响应越迅速。稳流精度和稳压精度是反映 PCS 输出电流和电压稳定性的重要指标，高精度不仅保证了输出电能的质量，而且减少了对电网的谐波污染。

2.1.5 监控与调度管理系统

监控与调度管理系统（Supervision Control and Dispatch System，SCDS）是整个储能系统的高级控制中枢，是监控、测量、信息交互和调度管理的核心，负责收集全部 BMS 数据、PCS 数据及配电数据，向各个部分发出指令，控制整个储能系统的运行，合理安排 PCS 的工作，图 2-5 为某型 SCDS 的界面示例图。SCDS 主要包括监控主机、通信网络等，具有诊断预警、全景分析和有功无功控制等功能，可将数据上传到上级调度层，并结合调度指令和电池运行状态进行功率分配。

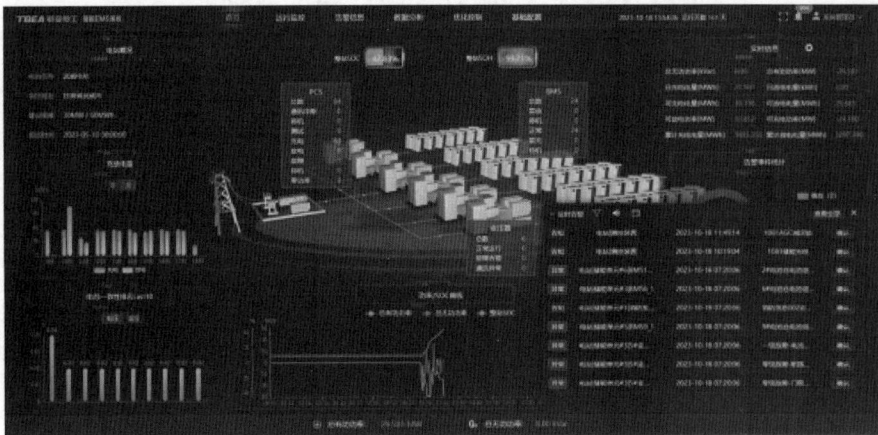

图 2-5　SCDS 界面示例图

1. 监控主机

监控主机起到"上传下达"的作用。一边接受上级电网调度，根据电网调度指令要求完成系统的充电或放电等工作状态，一边将 SOC 等重要运行参数上传给上级电网调度，为调度提供决策依据。

2. 通信网络

通过通信网络将储能系统的监控主机与底层设备（包括 PCS、BMS、开关测控单元、升压变压器测控单元、继电保护装置、故障录波装置和电能计量等）连接为整体。

2.1.6 动力环境系统

动力环境系统是电池储能系统的重要组成部分，它包括动力系统、环境系统、消防系统和安保系统等。动力系统主要为储能系统自身用电提供配电回路；环境系统是为保证储能系统工作于合适的温湿度环境而搭建的空调、冷却、加热等系统；消防系统是通过烟雾、火光、气体等多种传感器，感知储能系统内部的异常火灾事故，并采用七氟丙烷、水等多种灭火介质实现灭火的安全保障系统；安保系统主要提供储能系统的安全防护，包括门禁管理、侵入报警等功能。此外，动力环境系统还开发了集成监控系统，监视各设备运行状态，一旦发现参数异常或故障，将及时采取多种报警和故障处理方式，并记录历史数据和报警事件。同时，该集成监控系统还具有远程监控管理以及 Web 浏览等功能。

2.2 储能系统的主要参数

2.2.1 容量

储能系统的容量是指系统能够储存的最大电能量，通常以单位时间内的电能输出量千瓦时（kW·h）来计算。储能系统的电能容量大小与其所具有的电池数量、电池类型和电池组件的组合方式等密切相关。根据 DL/T 2528—2022《电力储能基本术语》，储能电站装机容量用于标识储能电站充放电能力的参数，包括额定充电功率/额定充电能量和额定放电功率/额定放电能量。额定充电能量为额定充电功率和标称充电时间的乘积，额定放电能量为额定放电功率和标称放电时间的乘积。当额定充电功率等于额定放电功率时，可用额定功率表示；当额定充电能量等于额定放电能量时，可用额定能量表示，单位为 kW/（W·h）或 MW/（MW·h）。以电池储能系统为例，其容量计算式为

$$C_{sys} = nC_nV_n \tag{2-1}$$

式中：C_{sys} 为储能系统容量，A·h；n 为电池数量；C_n 为电池额定容量，A·h；V_n 为电池的额定电压，V。

例如，在比亚迪研制的 Cube T28 电池储能系统中，型号 CP32-B2800-A-R4M01 采用 LFP C15 电芯（磷酸铁锂电池，标称电压 3.2V，额定容量 320A·h），系统配置 8×1P342S（8 个电池簇，每个电池簇有 3 个电池包，每个电池包 342 个电芯串联），故该系统的容量为 342×8×320A·h×3.2V=2801.664W·h≈2800W·h。

不同环节的储能系统储能容量配置不同，一般来说，储能系统容量配置需要满足以下需求。

1. 自给时间的需求

自给时间是指在没有外界电源补充能量的情况下，储能设备能够维持正常运行并保证供电性能要求的持续时间。

2. 单一事件最大储能需求

单一事件是指系统发生一些特定事件时，需要储能系统支撑的最大储能功率或容量。如在光储系统中，考虑光伏电量最大平移需求时，需要明确储能系统的储能容量和功率两个参数。

3. 储能设备最大放电深度

各种储能方式都有能够实现或者允许的最大放电深度。对于电池而言，如果电能释放过多，会降低其使用寿命，因此设置了最大允许放电深度。一般而言，浅循环工作方式的最大允许放电深度为 50%，而深循环方式的最大允许放电深度为 80%。设计时，可以适当减小这个值以扩大电池的容量，这样既可以提高电池的使用寿命，减少电池系统的维护费用，又不会对系统初始成本造成太大的冲击。

2.2.2　额定电压和额定电流

储能系统的额定电压取决于电池单体的额定电压。电池堆由多个电池簇构成，电池簇又由多个电池包构成，而电池包则是由多个电池单体经过串并联组合而成。因此，储能系统的额定电压也是由电池单体额定电压经过串联组合形成的额定数值，储能变流器根据该额定电压进行选型。一般来说，储能系统的运行电压要比额定电压低，具体取决于所带负载的功率，负载功率较大时，运行电压就会相对较低；负载功率越小时，运行电压就越接近于额定电压。

储能系统的额定电流是指储能系统长期工作时通过的电流。与额定电压一样，储能系统的额定电流也取决于电池单体的串并联方式和数量。储能变流器等设备的造型也需要考虑储能系统的额定电流。电池额定充放电电流，也称电池标准充放电电流，是电池厂家在一定条件下经过试验后，根据电池特性规定的最佳工作电流值。其中，厂家规定放电时最佳的输出电流称为额定放电电流，充电时最佳的输入电流称为额定充电电流。

2.2.3　标称电压

GB/T 36276—2023《电力储能用锂离子电池》还规定了标称电压，即用于标识或识别一种电池或电化学体系的适当电压近似值。它是电池的重要参数之一，不仅影响电池的设计和应用，还在一定程度上决定了电池在不同使用场景下的适配性。储能电站使用的磷酸铁锂电池的标称电压一般为 3.2V。

2.2.4　额定功率和时间常数

储能电站的额定功率是系统内所有储能单元额定功率的总和。根据 GB/T 36276—2023《电力储能用锂离子电池》标准，额定功率是指在规定的试验条件和试验方法下，锂离子电池能够持续工作一定时间的功率，包括额定充电功率和额定放电功率。电池的额定功率是指在规定条件下，锂离子电池能够持续输出的最大功率，通常以瓦特（W）为单位。锂离子电池的额定功率由其设计和制造工艺决定，直接影响其实际使用中的性能和安全性。根据 GB/T 36549—2018《电化学储能电站运行指标及评价》标准，储能电站的额定功率是指电站内各储能单元额定功率的总和。上述参数对于评估和优化储能系统的性能至关重要。在商用储能系统中，以比亚迪的 LFP C15 电池为例，其标准充放电电流均为 64A（23℃下），故该电芯的（充放电）额定功率为 3.2V×64A=204.8W。

时间常数是指能量容量与最大功率的比率，又称为最小充电/放电时间，可以用来衡量电池充放电的快慢程度。

2.2.5　放电深度

放电深度（Depth of Discharge，DOD）指在储能系统使用过程中，系统放出的容量占系统额定容量的百分比。放电深度较小时，电池恶化程度较低，容量保持率较高，电池衰减小，寿命长；放电深度较大时，电池恶化程度较高，容量保持率低，电池衰减大，寿命短。同一电池，设置的 *DOD* 和电池循环寿命成反比。

2.2.6　电池倍率

电池倍率是反映电池充放电能力的参数，常见的有充电倍率和放电倍率，表示充放电快慢的一种量度。放电倍率用放电电流与容量之间的比值关系表示，一般可以通过不同的放电电流来检测电池的容量。例如，储能系统容量为 100A·h 的电池用 15A 放电时，其放电倍率为 0.15C。

2.2.7　荷电状态与健康状态

荷电状态（State of Charge，SOC）也称为剩余电量，表示系统剩余电量占额定容量的百分比。其取值范围为 0～1。当 *SOC*=0 时表示电池完全放电，当 *SOC*=1 时表示电池完全充满。*SOC* 不能直接被测量，必须通过其他的测量手段或者估计方法推导得出。通过测量电池单体的电压、电流和温度，可以对电池的健康状态 SOC 进行实时估计，并将结果提供给 BMS 和用户。目前广泛使用的 *SOC* 估算方法有安时积分法、开路电压法、放电测试法和比较经典的卡尔曼滤波法等。

健康状态（State of Health，SOH）表示当前可用容量与额定/初始容量的比值，电池 *SOH* 定义为 100%。

$$SOH = \frac{Q_{now}}{Q_{new}} \times 100\%$$ （2-2）

式中：Q_{now} 为当前情况下电池能够发出的最大放电容量，A·h；Q_{new} 为电池未使用时的额定容量或最大容量，A·h。

随着电池在工作或储存中出现逐步老化，SOH 稳步下降。当 SOH 下降到 80%时，认为寿命用尽（End Of Life，EOL）。

2.2.8　电池老化

电池在充放电、储存等过程中会造成电池中各个组分发生不同程度的结构或性能变化，这个过程一般称为电池的老化。老化的表达方式一般用电池的寿命表示，包括以下方面。

1. 使用寿命与循环寿命

规定应用条件下，电池的有效寿命期限称为电池的使用寿命。使用寿命包括使用期限和使用周期。使用期限是指电池可供使用的时间，使用周期是指电池可供重复使用的次数。对储能电池而言，一般用使用周期表述，即在一定的充放电制度下，电池容量降至某一规定值之前，电池所能达到的循环次数，也就是通常所说的循环寿命。蓄电池的循环寿命是其重要的工作参数，循环寿命越长，电池的性价比越高。

影响电池循环寿命的因素有很多，主要包括：电极活性材料的沉积、分解或者发生腐蚀，导致电极活性材料减少或表面积减小；电极上活性物质的脱落或转移；电解质因各种原因导致的总量减少，造成充放电反应不完全，实际使用容量下降；电池的工作放电深度，放电深度越深，循环寿命越短；电池应用过程中的电、热滥用，加速电池老化，导致循环寿命下降。

2. 储存寿命

电池的储存寿命是指电池在一定的荷电状态和温度下储存后，性能衰减至一定量所用的时间，包括储存期和试用期在内的总期限。储存寿命包括干储存寿命和湿储存寿命两种。一般干储存寿命适用于干电池或者需要加注电解液才能使用的电池；湿储存寿命主要适用于各种电池。电池内部发生的物理、化学或电化学变化均是影响储存寿命的主要因素。

2.2.9　效率

储能系统效率是指储能元件输出能量与输入能量的比值。根据 GB/T 36549—2018《电化学储能电站运行指标及评价》，储能电站的综合效率是一个重要的评价指标。它指的是在评价周期内，储能电站生产运行过程中向电网输送的电量与从电网接收的电量的比值。该比值反映了储能电站在一个评价周期内的电能转换效率。较高的储能效率意味着储能电站在充放电过程中损失较少，能更有效地利用电能，从而提高系统的经济性和运行性能。在实际应用中，储能效率是选择和优化储能系统的重要参考指标。中国电力企业联合会的数据显示，从能效情况来看，2023 年，电化学储能（仅电网侧）下网电量为 1869GW·h，上网电量为 1476GW·h，平均综合效率为 78.98%；电化学储能电站充电电量为 3680GW·h，放电电量为 3195GW·h，平均转换效率为 3195/3680×100%=86.82%。

影响储能系统的效率因素很多，主要集中在以下几个方面。

1. 储能电池

储能电池是影响效率的关键因素。不同电池因其材料体系不同，自身效率存在较大差异。如锂离子电池的能量效率可以达到 95%，而铅酸电池的效率只有 70%~80%。

2. PCS

由于电能需要通过 PCS 进行交换，因此 PCS 是影响效率的另一个重要因素。目前，一般 PCS 的效率可以达到 98% 以上，但是需要注意的是，这是在特定条件下才能达到的最高效率。如果工作功率较小，其效率会出现明显下降。

3. 各种连接部件

电池之间、电池与 PCS 之间等都需要通过导电部件进行连接，这些导体在通过电流时会产生损耗，影响系统效率。

最终的储能系统效率实际是各个部件的效率乘积，必须提高各个部分效率，才能获得储能系统的高效率。

2.2.10　成本

储能系统的成本一直是制约储能发展的重要因素，主要包含储能从建设、运行、维护到退役全寿命周期过程的投资成本和运维成本等。

1. 投资成本

投资成本为储能系统工程建设初期一次性投入的总成本，包括设计、施工、采购等所产生的总费用。以某 16.5MW/33MW·h 储能项目为例，其设备购置费 5536 万元，安装工程费 887 万元，建筑工程费 304 万元，其他费用 234 万元，基本预备费 139 万元，建设期利息 62 万元，静态总投资 7100 万元，动态总投资 7162 万元。

2. 运维成本

运维成本是指为保障储能系统在寿命期内正常运行而动态投入的资金，通常包括储能系统的人工运营、功率维护等费用。目前这个成本一般以功率年价格计算，也就是每年每千瓦的费用。

3. 更换成本

更换成本是储能系统中损耗件按照规定时间间隔进行更换，在更换组件过程中产生的人力、材料等费用。在电池储能系统中，电池单体、连接件、PCS 元件等都是常见的材料消耗品。在计算总成本时，由于绝大部分储能系统的全寿命周期长于电池的全寿命周期，因此需要特别考虑电池的替换次数，以便计算储能系统全寿命周期下的总更换成本。

4. 充电成本

充电成本是储能系统在全寿命周期内从电网或者可再生能源电源处充电所需要花费的所有费用，可用充电成本 U_c [元/（MW·h）]、每次充电电量 Q_c（MW·h）和年充电次数 N_y 计算，即

$$C_c = U_c Q_c N_y$$
$$Q_c = Q_E \theta_{DOD} / \eta$$

（2-3）

式中：C_c 为总充电成本，元；θ_{DOD} 为放电深度；η 为充电效率。

5. 回收成本

回收成本是指储能系统在使用寿命终止时，项目拆除所产生的费用和设备二次利用带来的收入之差。若拆除成本大于二次利用带来的收入，则回收成本为正值；若拆除成本小于二次利用带来的收入，则回收成本为负值。

2.2.11 比能量和比功率

比能量和比功率是评价储能系统性能的两个重要指标。比能量是指单位质量或单位体积的储能系统能够存储的能量，通常用瓦时每千克（W·h/kg）或瓦时每升（W·h/L）表示。比能量高的储能系统，在相同的质量或体积下能存储更多的能量，这对于需要长时间供电的应用（如电动汽车和便携式电子设备）尤为重要。计算比能量的方法是用总能量除以储能系统的质量或体积，即

$$W_{mve} = \frac{W_e}{M} \left(W_{mve} = \frac{W_e}{V} \right)$$

（2-4）

式中：W_{mve} 为比能量，W·h/kg 或 W·h/L；W_e 为总能量，W·h；M 为质量，kg；V 为体积，L。

相对而言，比功率是指单位质量或单位体积的储能系统能够提供的功率，通常用瓦每千克（W/kg）或瓦每升（W/L）表示。比功率高的储能系统可以在短时间内释放大量能量，更多适用于需要快速充放电的应用，如电动工具和混合动力车辆。计算比功率的方法是用总功率除以储能系统的质量或体积，即

$$P_{mve} = \frac{P_e}{M} \left(P_{mve} = \frac{P_e}{V} \right)$$

（2-5）

式中：P_{mve} 为比功率，W/kg 或 W/L；P_e 为总功率，W。

这两个指标通常受到储能系统内部材料和设计的影响。例如，电池的化学成分、电极材料的选择和电池结构都会影响比能量和比功率。在实际应用中，需要根据具体需求找到适当的平衡。因此，优化比能量和比功率是提升储能系统整体性能的重要方面。

2.2.12　响应时间

响应时间是储能系统面对电网变化时做出相应响应动作时需要的时间，包括充电响应时间和放电响应时间。储能系统的响应时间是指在热备用状态下，自收到控制信号起，储能系统从热备用状态转变为充/放电状态，直到充/放电功率首次达到额定功率 P_N 的 90% 的时间，充电响应时间和放电响应时间分别如图 2-6、图 2-7 所示。这一指标对于衡量储能系统的快速响应能力至关重要，因为在电网调度和负荷管理中，能够迅速响应的储能系统可以更好地平衡供需，使电网稳定运行。例如，为保证风光发电的有效消纳，减少能源浪费，某 50MW 光伏电站配置了 15MW/18MW·h 磷酸铁锂电池储能系统。通过光储电站联合调度管理系统下达功率指令，对储能电站进行控制，在不同的功率指令下，响应时间均小于 1.5s，符合国家标准要求。

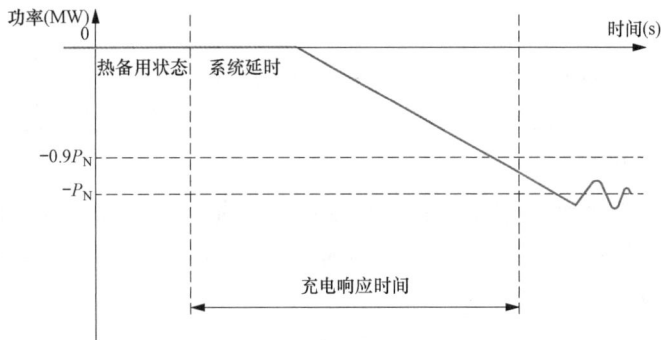

图 2-6　充电响应时间

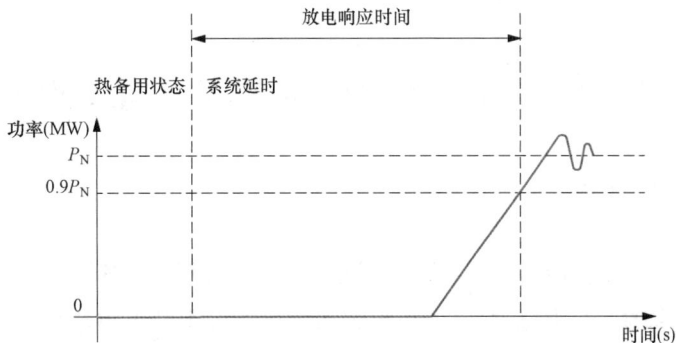

图 2-7　放电响应时间

2.2.13　工作温度和工作海拔

储能系统工作的环境不同，影响因素也不同，必须考虑对储能系统有影响的工作环境。

1. 工作温度

若系统工作温度超过 50℃，储能系统中的电池寿命会快速衰减。而温度低于零下某一值时，电池会进入"冬眠"模式，无法正常工作。工作温度降低会导致电池内阻增加，进而增加充放电损耗，环境温度每降低 10℃，内阻增大约 15%。若电池的内阻超过正常值的 25%，则电池容量降低到其标称容量的 80%左右；若电池的内阻超过正常值的 50%，则电池容量降低到其标称容量的 80%以下。

在温度较高的环境下，会存在较多的化学副反应，影响因素比较复杂，引起蓄电池容量的变化，增加了对 SOC 估算的难度。温度上升会引起电池化学反应加速，电解液粘度减小，扩散速度加快，离子的传递能力加强，这些都使得电池能够放出的实际容量增大，导致估计的 SOC 值偏小；相反，温度降低会导致化学反应缓和，电解液粘度增大，离子的传递能力减弱，从而使得电池能够放出的实际容量减小，估计的 SOC 值偏大。

2. 工作海拔

对于储能电池来说，高海拔地区主要受到压强差和温度差的影响。随着海拔的增加，大气压强逐步下降，同时含氧量和气体密度也随之下降，温度也会降低。

3. 内外压强差因素

由于电池内部与大气几乎不存在物质交换，因此不会受到各种气体含量变化的影响。但是压强的变化会对电池内部结构产生影响，从而影响电池的充放电特性。

4. 温度差因素

由于海拔升高，大气压强降低，电池的散热性能降低，电池在充放电过程中的温升会变大，电池的温度差也会变大，电池的热稳定性随着海拔的上升会逐渐下降。

2.3　储能系统相关标准及实际案例

2.3.1　储能系统标准

随着电池储能系统在电力领域的应用越来越广泛，为了规范储能系统的设计、生产、检测和应用等环节，国家制定了一系列相关标准。本节重点给出了储能系统相关的主要国家标准，并介绍了主要标准的内容。

目前储能系统涉及的主要国家标准见表 2-1。

表 2-1 储能系统主要国家标准

序号	标准号	标准名称	内容简介
1	GB/T 36558—2023	《电力系统电化学储能系统通用技术条件》	规定了电力系统电化学储能系统工作和储存环境条件、功率控制、运行适应性、能量转换效率、故障穿越、一次调频、惯量响应、黑启动和电能质量等技术要求，以及锂离子电池、液流电池、铅酸/铅炭电池、水电解制氢/燃料电池、电池管理系统、储能变流器、监控系统、保护、计量、辅助系统等储能设备的技术要求
2	GB/T 36276—2023	《电力储能用锂离子电池》	规定了电力储能用锂离子电池的外观、尺寸、质量、电性能、环境适应性耐久性能、安全性能等要求，描述了相应的试验方法，规定了编码、正常工作环境、检验规则、标识、包装运输和储存等内容
3	GB/T 43526—2023	《用户侧电化学储能系统接入配电网技术规定》	规定了电化学储能系统接入用户配电网的功率控制、故障穿越、运行适应性、电能质量、启停、继电保护、信息与通信、电能计量技术要求以及接入电网测试与评价
4	GB/T 36548—2024	《电化学储能电站接入电网测试规范》	适用于通过 10（6）kV 及以上电压等级接入电网的新建、改建和扩建的电化学储能电站的调试，以及并网检测、运行和检修，通过其他电压等级接入电网的储能电站可参照执行。描述了电化学储能电站（以下简称"储能电站"）接入电网的功率控制、充放电时间、额定能量、额定能量效率、电能质量、一次调频、惯量响应、运行适应性、故障穿越、过载能力、自动发电控制（AGC）、自动电压控制（AVC）和紧急功率支撑等测试方法，以及测试条件和测试仪器设备要求等内容

1. GB/T 36558—2023《电力系统电化学储能系统通用技术条件》的主要内容

（1）正常工作环境要求。

1）环境温度：-20～50℃。

2）相对湿度：<90%，无凝露。

3）海拔：<2000m；当海拔>2000m 时，需要考虑介电强度的降低、器件的分断能力和空气冷却效果的减弱。

4）对于应用在海洋性气候的电化学储能系统，应满足耐腐蚀性要求。

（2）储存环境要求。

1）环境温度：-30～50℃；对于含有液体的储能设备，在低温储存时，应采取有效措施防止液体凝固。

2）相对湿度：<95%，无凝露。

3）储存环境应防止日晒雨淋，保持清洁、干燥、通风，并远离火源、热源、腐蚀性介质及重物隐患。

（3）系统技术要求。

对储能系统的功率控制要求、过载能力、电压适应性、频率适应性、电能质量适应性、能量转换效率、故障穿越能力、一次调频、惯量响应和电能质量等方面做出了详细规定。

例如，对储能系统中过载能力的要求如下：电化学储能系统应具备过载能力，在额定电压下，运行 110%的额定有功功率时间应不少于 10min，运行 120%的额定有功功率时间应不少于 1min。

对储能系统中能量转换效率的要求如下：正常工作条件下，铅炭电池储能系统能量转换效率宜不低于 78%，锂离子电池储能系统能量转换效率宜不低于 83%，液流电池储能系统能量转换效率宜不低于 65%，钠离子电池储能系统能量转换效率宜不低于 80%，水电解制氢/燃料电池储能系统能量转换效率宜不低于 30%。

电压适应性要求如下：通过 220V 电压等级接入电网的用户侧电化学储能系统，电压适应性应满足表 2-2 的要求。

表 2-2　　　220V 电压等级接入电网的用户侧电化学储能系统电压适应性表

电压范围	运行要求
$U<50\%U_N$	储能系统应在 0.2s 内停机
$50\%\,U_N<U<85\%\,U_N$	储能系统不应处于充电状态，应至少运行 2s
$85\%\,U_N<U<110\%\,U_N$	正常运行
$110\%\,U_N<U<120\%\,U_N$	储能系统不应处于放电状态，应至少运行 10s
$120\%\,U_N<U$	储能系统应在 0.2s 内断开连接或停机

（4）设备技术要求。

设备技术要求针对不同种类电池的性能、安全试验方法做出了具体规定，同时对监控系统、储能系统保护也做出了相应规定。

2. GB/T 36276—2023《电力储能用锂离子电池》的主要内容

（1）电池命名方式。

电池命名标准如图 2-8 所示。如电力储能用锂离子电池，以磷酸铁锂作为正极材料，石墨作为负极材料，液态电解质的硬壳方形单体电池，其标称电压为 3.2V，额定充电功率为 80W，额定放电功率为 160W，额定充电能量为 320W·h，额定放电能量为 300W·h，型号为 A1B2C3，编码为 EES-LIB-LFP/C-L-HS-Cell 3.2V-80W-160W-320W·h-300W·h-A1B2C3。

（2）技术要求。

技术要求包括单体电池、电池簇和电池模块的电性能和机械性能，若耐压、绝缘、跌落和振动等在一定范围内，不应对电池产生任何影响。

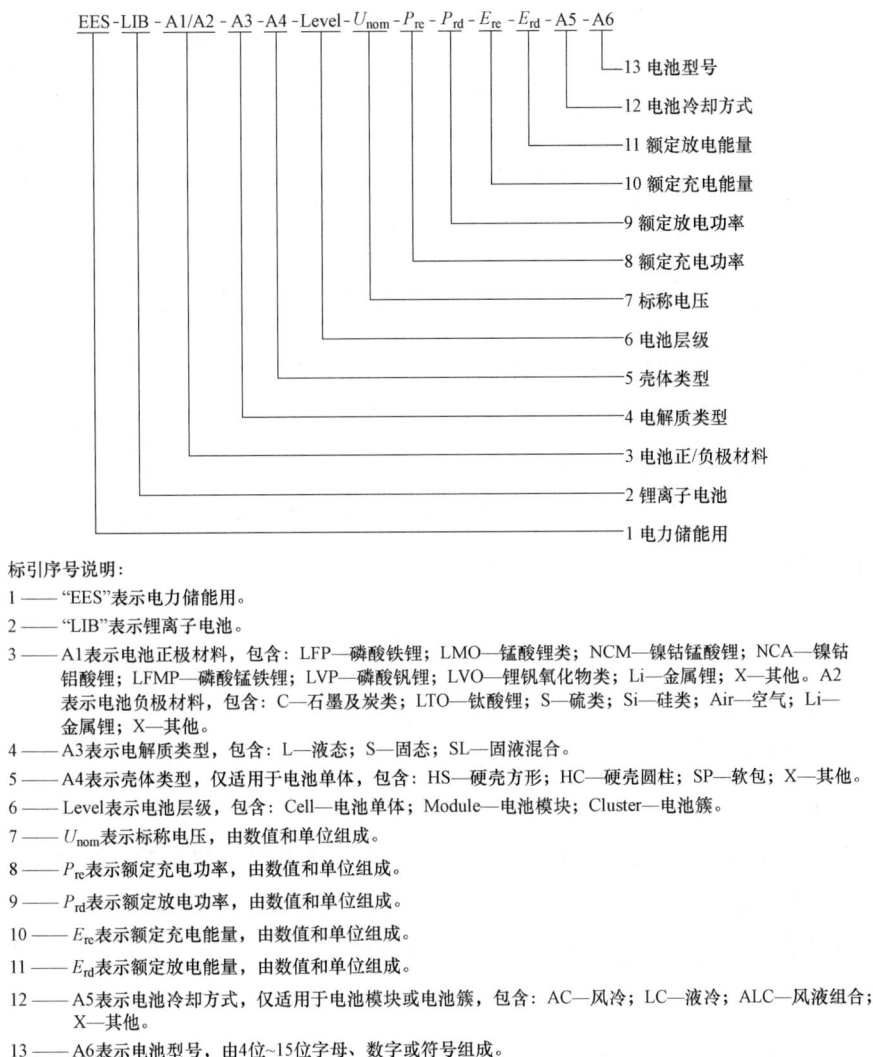

EES-LIB-A1/A2-A3-A4-Level-U_{nom}-P_{re}-P_{rd}-E_{re}-E_{rd}-A5-A6

- 13 电池型号
- 12 电池冷却方式
- 11 额定放电能量
- 10 额定充电能量
- 9 额定放电功率
- 8 额定充电功率
- 7 标称电压
- 6 电池层级
- 5 壳体类型
- 4 电解质类型
- 3 电池正/负极材料
- 2 锂离子电池
- 1 电力储能用

标引序号说明：

1 —— "EES"表示电力储能用。

2 —— "LIB"表示锂离子电池。

3 —— A1表示电池正极材料，包含：LFP—磷酸铁锂；LMO—锰酸锂类；NCM—镍钴锰酸锂；NCA—镍钴铝酸锂；LFMP—磷酸锰铁锂；LVP—磷酸钒锂；LVO—锂钒氧化物类；Li—金属锂；X—其他。A2表示电池负极材料，包含：C—石墨及炭类；LTO—钛酸锂；S—硫类；Si—硅类；Air—空气；Li—金属锂；X—其他。

4 —— A3表示电解质类型，包含：L—液态；S—固态；SL—固液混合。

5 —— A4表示壳体类型，仅适用于电池单体，包含：HS—硬壳方形；HC—硬壳圆柱；SP—软包；X—其他。

6 —— Level表示电池层级，包含：Cell—电池单体；Module—电池模块；Cluster—电池簇。

7 —— U_{nom}表示标称电压，由数值和单位组成。

8 —— P_{re}表示额定充电功率，由数值和单位组成。

9 —— P_{rd}表示额定放电功率，由数值和单位组成。

10 —— E_{re}表示额定充电能量，由数值和单位组成。

11 —— E_{rd}表示额定放电能量，由数值和单位组成。

12 —— A5表示电池冷却方式，仅适用于电池模块或电池簇，包含：AC—风冷；LC—液冷；ALC—风液组合；X—其他。

13 —— A6表示电池型号，由4位~15位字母、数字或符号组成。

图2-8 电池命名标准

（3）试验方法。

试验方法包括针对电池性能测试的试验流程、试验设备要求、环境要求及产生环境所需的设备要求等。

单体电池及电池模块初始充放电测试：根据要求将试验样品放置于环境模拟装置内，并与充放电装置连接，设置环境模拟装置温度为 25℃；在（25±2）℃条件下静置5h；以额定放电功率 P_{rd} 恒功率放电至电池单体放电截止条件，静置 10min，记录功率、时间、电压、温度和放电能量，见表2-3；以额定充电功率 P_{re} 恒功率充电至单体电池充电截止条件，静置 10min，记录功率、时间、电压、温度和充电能量。

表 2-3 单体电池及电池模块的初始充放电性能测试

指标	单体电池（%）	电池模块（%）
5℃条件下初始充放电能量效率不小于	80.0	85.0
25℃条件下初始充放电能量效率不小于	93.0	94.0
45℃条件下初始充放电能量效率不小于	93.0	94.0
25℃条件下初始充电能量极差不大于初始充电能量平均值的	4.0	4.5
25℃条件下初始放电能量极差不大于初始放电能量平均值的	4.0	4.5

单体电池及电池模块过充电性能测试：单体电池初始充电后，以 P_{re}/U_{nom} 恒流充电直至电压达到其充电截止电压的 1.5 倍或充电时间达到 1h。在此期间，电池单体不应起火、爆炸，也不应在防爆阀或泄压点之外的位置发生破裂。同样地，电池模块初始充电后，以 P_{re}/U_{nom} 恒流充电直至任一单体电池电压达到其充电截止电压的 1.5 倍或充电时间达到 1h。在此期间，电池模块不应起火、爆炸。

（4）检验规则。

这些规则用于判断一批电池在出厂时是否满足全部检验项目的检验规则，如型式试验规则、抽样检验规则。

（5）包装和储存。

这些规范规定了产品标识、包装标识和运输过程要求。

3. GB/T 43526—2023《用户侧电化学储能系统接入配电网技术规定》的主要内容

（1）功率控制。

这些规范规定了功率控制、无功电压、备用电源供电等相关技术要求。有功功率应满足如下要求。

1）用户侧电化学储能系统应根据应用模式和接入电压等级配置有功控制模式，包括就地自主控制和远方指令控制，自主控制可包括一次调频、备用电源供电和跟踪计划曲线控制等。

2）用户侧电化学储能系统响应有功功率控制指令时，充放电响应时间应不大于500ms，充放电调节时间应不大于 2s，充电到放电转换时间、放电到充电转换时间应不大于 500ms，有功功率控制偏差应不超过额定功率的±1%。

3）接受电力调度的用户侧电化学储能系统，应能接收并执行电网调度指令或功率计划，功率调节速率和调节精度应满足调度机构要求。

4）参与电力市场的用户侧电化学储能系统，其控制方式、响应能力和响应性能应满足电力市场规则要求。

（2）故障穿越。

规定了高、低压故障穿越期间需要具备一定的无功支撑的能力。

通过 380V 和 10（6）kV 电压等级接入的用户侧电化学储能系统应在图 2-9 所示的阴影范围内不脱网连续运行，应满足下列要求。

1）用户侧电化学储能系统并网点电压跌落至零时，不脱网连续运行不少于 150ms。

2）用户侧电化学储能系统并网点电压跌落至额定电压的 20%时，不脱网连续运行不少于 625ms。

3）用户侧电化学储能系统并网点电压跌落至额定电压的 85%时，不脱网连续运行不少于 2s。

4）用户侧电化学储能系统并网点电压跌落在图 2-9 中电压轮廓线及以上的区域时，电化学储能系统不脱网连续运行；电化学储能系统并网点电压跌落至电压轮廓线以下时，可与电网断开连接。

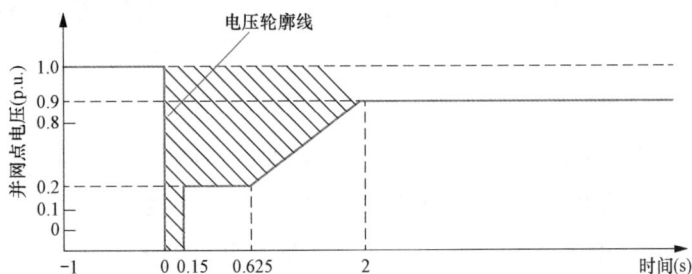

图 2-9　380V 和 10（6）kV 电压等级接入的用户侧电化学储能系统低电压穿越要求

另外，还规定了在低压穿越期间应具备动态的无功支撑能力，包括对称故障和不对称故障时的动态无功支撑能力。

（3）运行自适应性。

规定了电压自适应性、频率自适应性和电能质量自适应性的标准。

用户侧电化学储能系统并网点的电能质量应满足下列要求。

1）谐波、间谐波符合 GB/T 14549—1993《电能质量　公共电网谐波》、GB/T 24337—2009《电能质量　公用电网间谐波》的规定，电压偏差符合 GB/T 12325—2008《电能质量　供电电压偏差》的规定。

2）电压偏差符合 GB/T 43526—2023《用户侧电化学储能系统接入配电网技术规定》的规定。

3）电压波动与闪变符合 GB/T 12326—2008《电能质量　电压波动和闪变》的规定。

4）电压不平衡符合 GB/T 15543—2008《电能质量　三相电压不平衡》的规定。

且需要满足以下条件：对于通过 10（6）kV 及以上电压等级接入的用户侧电化学储

能系统，应在并网点装设满足 GB/T 19862—2016《电能质量监测设备通用要求》要求的 A 级电能质量监测装置，并确保电能质量监测数据应至少保存一年；对于通过 380V 电压等级接入的电化学储能系统的公共连接点，宜装设具备电能质量在线监测功能的设备。

（4）启停。

用户侧电化学储能系统启停时，所引起的电能质量变化应符合规定。当电力系统发生扰动，导致用户侧电化学储能系统脱网后，在配电网电压和频率恢复到正常运行范围之前，用户侧电化学储能系统不准许并网。通过 10（6）kV 电压等级接入的用户侧电化学储能系统恢复并网应经电网调度机构允许；通过 380V 电压等级接入的用户侧电化学储能系统应延时并网，并网延时设定值应大于 20s。

此外还有继电保护、信息与通信、电能计量、接入电网测试与评价等要求。

4. GB/T 36548—2024《电化学储能电站接入电网测试规范》的主要内容

这些规范规定了测试条件、测试设备、功率控制、充放电时间、额定能量和故障穿越能力等要求。

（1）测试条件和测试设备。

测试条件需要满足 GB/T 12325—2008《电能质量　供电电压偏差》、GB/T 14549—1993《电能质量　公共电网谐波》、GB/T 24337—2009《电能质量　公用电网间谐波》、GB/T 15543—2008《电能质量　三相电压不平衡》和 GB/T 15945—2008《电能质量　电力系统频率偏差》的要求。

测试仪表仪器要满足 GB/T 20840 规定，并且电压传感器和电流传感器的精度等级不低于 0.2 级；数据采集装置的采样频率不小于 10kHz；电能质量测试装置的采样频率不小于 20kHz；频率测量精度不大于 0.005Hz；温度计的测量误差不大于 ±0.5℃；湿度计的测量误差不大于 ±3%。

（2）功率控制。

功率控制规定了充电状态、放电状态和无功功率控制的要求。

储能电站功率因数调节能力测试按以下步骤进行。

1）数据采集装置接在测试点的电压互感器（TV）和电流互感器（TA）上，具体接线如图 2-10 所示。

2）通过监控系统下发功率控制指令，设置储能电站以 P 放电，持续运行 2min。

3）通过监控系统下发功率因数控制指令，设置储能电站并网点功率因数由 1.0 逐级调节至超前 0.90，调节幅度为 0.01；再由超前 0.90 调节至 1.0，调节幅度为 0.01，每个功率因数控制点持续运行 2min。

4）通过监控系统下发功率因数控制指令，设置储能电站并网点功率因数由 1.0 逐级调节至滞后 0.90，调节幅度为 0.01，再由滞后 0.90 调节至 1.0，调节幅度为 0.01，每个功率因数控制点持续运行 2min。

5）调节过程中，若并网点电压达到限值，则停止功率因数调节。

6）利用数据采集装置记录每个功率因数控制点的功率因数值。

7）通过监控系统下发功率控制指令，设置储能电站以 P_N 充电，持续运行 2min。

8）重复步骤 3）～步骤 6）。

其中，P_N 表示额定放电有功功率值，单位为千瓦（kW）或兆瓦（MW）。

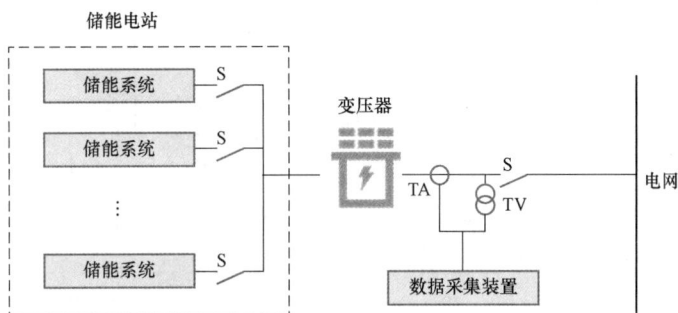

图 2-10　储能电站接入电网测试接线示意图

（3）充放电时间。

储能电站充放电时间测试包括充电响应时间、放电响应时间、充电调节时间、放电调节时间、充电到放电转换时间和放电到充电转换时间等测试，测试曲线如图 2-11 所示，充、放电测试按以下步骤进行。

1）数据采集装置接在测试点的电压互感器 TV 和电流互感器 TA 上。

2）通过监控系统下发功率控制指令，设置储能电站有功功率为 0，持续运行 1min。

3）通过监控系统下发功率控制指令，设置储能电站以 P_N 充电，持续运行 1min。

4）通过监控系统下发功率控制指令，再次设置储能电站有功功率为 0，持续运行 1min。

5）通过监控系统下发功率控制指令，设置储能电站以 P_N 放电，持续运行 1min。

6）通过监控系统下发功率控制指令，重复设置储能电站以 P_N 充电，持续运行 1min。

7）通过监控系统下发功率控制指令，重复设置储能电站以 P_N 放电，持续运行 1min。

8）通过监控系统下发功率控制指令，重复设置储能电站有功功率为 0，持续运行 1min。

9）利用数据采集装置记录每个功率控制点的电压、电流和有功功率，绘制有功功率曲线。

10）计算充电响应时间、充电调节时间、放电响应时间、放电调节时间、放电到充电转换时间和充电到放电转换时间。

11）重复步骤 3）～步骤 9）两次，取 3 次测试的最大值作为测试结果。

其中，P_N 表示额定放电的有功功率值，单位为千瓦（kW）或兆瓦（MW）。

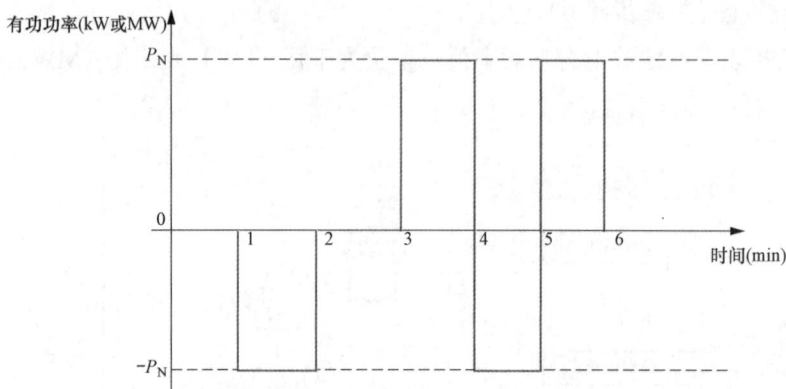

图 2-11　充放电测试曲线

标准中还对额定能量、额定能量效率、电能质量、一次调频、惯量响应、运行自适应性、故障穿越能力、过载能力、自动发电控制、自动电压控制和紧急功率支撑作了明确要求。

2.3.2　储能系统实际案例

本节介绍了一个完整的储能系统实际案例——淮安红湖 40.32MW/70.4MW·h 储能电站工程。

1. 工程背景

2018 年，淮安金湖、盱眙和洪泽南部三个县的电网已经不能满足冬季低谷时的 $N-1$ 校核要求，被列为新能源消纳红色预警地区。由于新能源装机容量已超过当地电网的最大负荷，加之电网建设与新能源建设进度不协调，导致 220kV 及以下电网普遍存在阻塞现象，严重影响了电网的安全稳定运行。此外，在全网层面，尤其是在春节等重大节假日期间，调峰能力接近极限，"北电南送"的过江通道成为苏北可再生能源外送的瓶颈。

为了解决新能源超高渗透率及大量潮流倒送所引起的 220kV 红湖主变压器倒送重载问题，储能电站的建设尤为迫切。储能电站具有灵活调节的优势，能显著降低常规机组的频繁调节及深度调峰压力，有效平抑风光输出功率波动，提升电网对可再生能源的接纳能力。

2. 总体方案

储能电站建设的总体规模为 40.32MW/70.4MW·h，拟建站址为类平行四边形地块，占地面积 16843.88m²。采用户外预制舱式布置，进站道路位于储能电站北侧。利用右侧一半场地进行布局，从北向南依次布置一栋单层 35kV 开关站、两栋单层 35kV 换流升压站。电池舱分别布置在 35kV 换流升压站两侧，左侧为远景预留场地。站内四周设置消防环形通道，场地中间南北向设置通长运输检修通道，各建筑物之间设置运输检修通道。

3. 主接线

红湖储能电站接入系统方案为：以两回 35kV 线路分别接入 220kV 红湖变 35kV 侧，即本工程储能单元所发电力升压至 35kV 后，分别汇流至两段母线，再以两回电缆接入 220kV 红湖变 35kV 侧不同母线，因此 220kV 红湖变需配套扩建35kV 间隔两个。电气总平面布置、电气接入方案和电气主接线方案如图2-12～图2-14 所示。

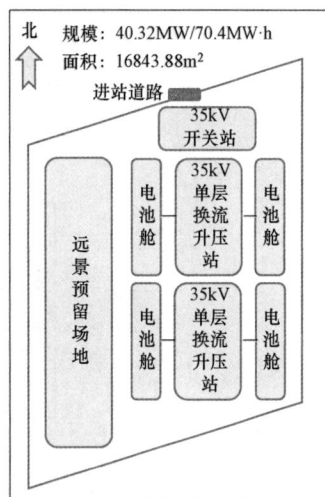

图 2-12　电气总平面布置图

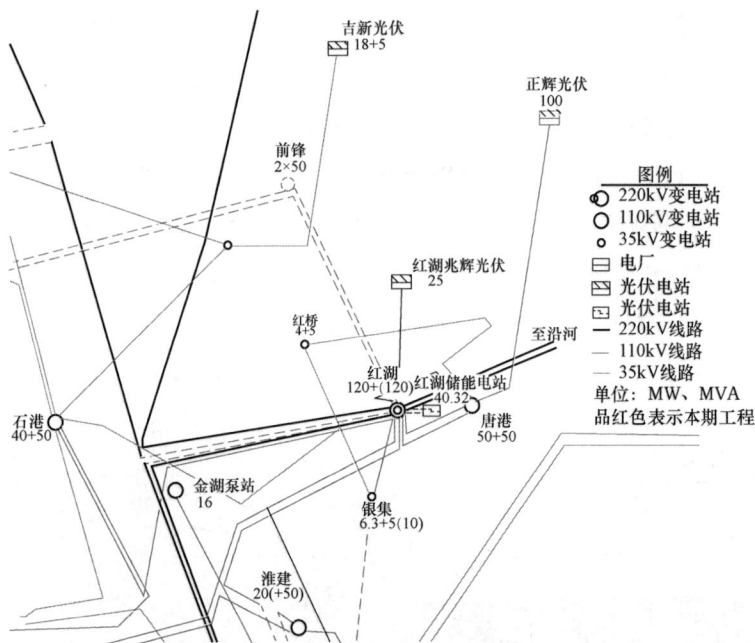

图 2-13　电气接入方案示意图

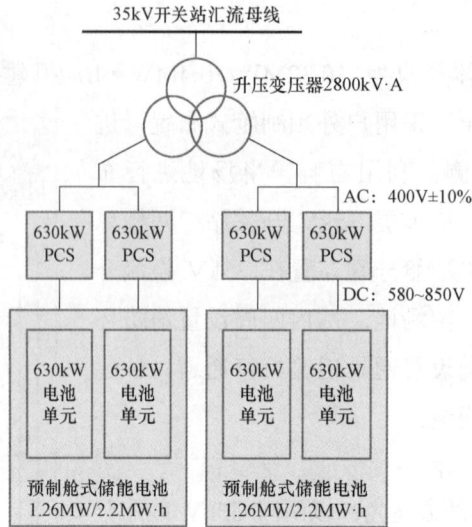

图 2-14　电气主接线方案图

4. 储能系统设计方案

考虑铅酸电池、镍铬电池系统存在循环寿命低和环保问题，钠硫电池和全钒液流电池安全运行可靠性较低，抽水蓄能和大型压缩空气储能系统对场址要求较高，而磷酸铁锂电池具有较好的运行可靠性及经济性。因此，本工程采用了磷酸铁锂电池系统。

本工程储能系统主要由储能电池、BMS、PCS、站端监控系统和汇流变压器等构成。预制舱式采用磷酸铁锂电池 1.26MW/2.2MW·h 组柜方案，每组预制舱式储能电池串联两个 630kW 电池单元。通过两个 630kW 的 PCS 分别并联至 2800kV·A 升压变压器的分裂绕组上。PCS 交流电压为 400V±10%，直流电压为 580～850V。每台升压分裂变压器接入 4 台 630kW PCS，升压变压器通过电缆并联至 35kV 开关站母线汇流后，再通过两回 35kV 出线分别接至红湖变 35kV 两段母线。储能电站电池舱如图 2-15 所示，储能电站主接线管理界面如图 2-16 所示。

图 2-15　红湖储能电站电池舱

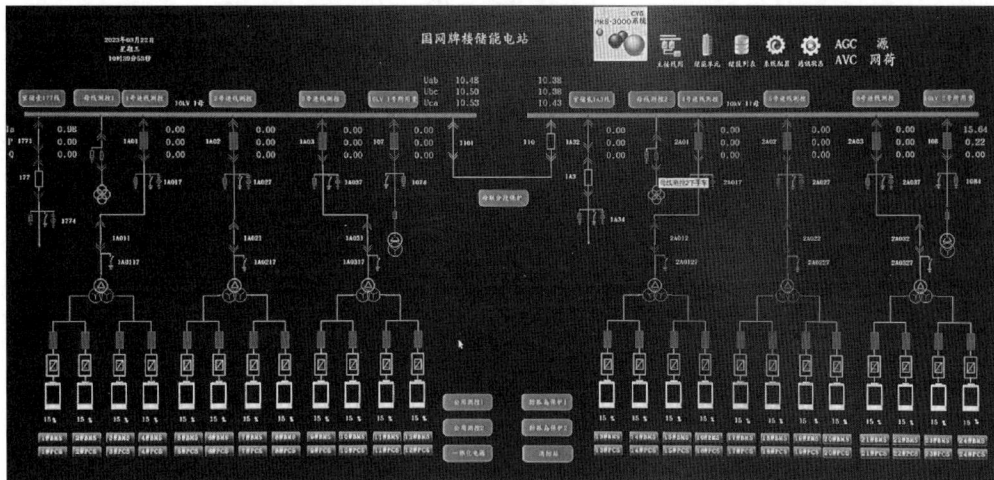

图 2-16 储能电站主接线管理界面

小 结

随着储能系统在电力系统中发电侧、电网侧和用户侧的大量应用，以电池为主的储能系统得到了长足发展，其基本结构也逐渐走向成熟。本章以电池储能系统为主要对象，介绍了其基本结构，给出了构成部件的主要功能。储能系统的参数是选择和评价的重要依据，本章给出了系统的主要参数及定义。此外，在本章的最后还介绍了相关的国家标准，并举例进一步说明了电池储能系统的基本结构。

思 考 题

2-1 电池储能系统具有什么优点？为什么是新型储能系统中比较重要的方向？

2-2 电池储能系统的基本结构是什么？各部件的功能是什么？

2-3 现有一储能系统需要设计，选用的电池为磷酸铁锂电池，电池的额定电压为 3.2V，现要求储能系统的容量为 500kW·h，如果规定电池充放时只能在 SOC 为 0.15～0.95 范围内工作，那么请给出所需的电池数量；如果进一步要求容量为放电容量，整个系统的能量效率为 90%，那么请给出在这个条件下的电池数量。

2-4 电池储能系统中 BMS 分为几种形式，各自的优缺点是什么？

2-5 某电池额定容量为 100A·h，初始 SOC 为 0.5，经过 0.5C 充电 10min 后，其 SOC 应该是多少？

2-6 假设电池与 PCS 的成本为 2000 元/（kW·h），PCS 的成本为 1000 元/kW，其

他辅助系统的成本为 200 元/kW，如果不考虑征地和建设费用，建设一套 1MW/2MW·h 的储能系统的成本是多少？

2-7　储能系统响应时间为什么比较重要性？响应时间的长短有什么影响？

2-8　影响储能系统使用寿命的主要因素有哪些？在使用中如何提高其寿命？

2-9　与电池储能相关的标准重点关注了哪些方面？为什么？

第 3 章

储能系统中的电池状态估计

在电池储能系统中，电池的状态，如荷电状态、健康状态、能量状态（State of Energy，SOE）等是评价储能系统功率、电量等多种状态的前提，也是电网或用户进行调度控制管理的重要依据。电池的绝大部分状态无法直接测量，因此需要进行估算。电池状态估计这一重要功能一般是在电池管理系统中完成，通过实时监测电池相关参量，进行电池多种状态估计，以确保电池安全稳定运行。然而，在实际应用中，电池状态估计面临着诸多挑战，如电池老化、使用工况复杂等因素，这些都对电池状态估计的准确性和鲁棒性提出了更高要求。因此，如何提高电池状态估计的准确性和鲁棒性，成为当前电池管理系统发展的关键问题。为此，本章首先梳理了电池状态的基本概念，然后分别介绍了电池荷电状态、健康状态的估计方法。

3.1 储能系统中的电池状态

储能系统是现代能源体系的关键组成部分，它在能量存储和调节方面发挥着至关重要的作用。为了满足大规模储能的需求，储能系统通常由大量的单体电池通过串并联的方式组成。这些单体电池在运行过程中会因制造工艺、使用环境和老化程度等因素而呈现出不同的状态。因此，及时、准确且全面地感知所有电池的状态是电池储能系统开展能量管理的关键前提条件。

为了描述电池的运行状态，目前已经提出了多种状态指标，此类指标能够反映电池在特定工作点的各项性能参数，被统称为"State of X"（SOX），其中"X"代表不同的电池特性或状态。本章将详细介绍这些不同的 SOX 指标，如图 3-1 所示。由图 3-1 可知，电池管理系统需要通过传感器采集的数据，评估电池的多类状态，主要包括荷电状态（Sate of Charge，SOC）、健康状态（State of Health，SOH）和功率状态（State of Power，SOP）、能量状态（State of Energy，SOE）和功能状态（State of Function，SOF）等。通过对此类 *SOX* 的综合分析和评估，电池管理系统可以更有效地进行能量管理和故障预测，从而提高电池的运行效率和安全性。本章将深入探讨电池 *SOX* 的估计方法及实际应用中估计精度的影响因素，为全面了解电池状态估计提供基本框架。

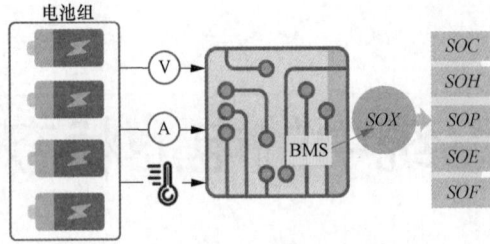

图 3-1　电池管理系统中的 SOX 定义图

电池状态的准确获取，对于电池能量管理至关重要。为此，本章将首先介绍上述电池状态的基本含义。

3.1.1　荷电状态（SOC）

SOC 反映了电池当前可用容量占比，为无量纲量，可表示为电池充、放电过程的可用剩余容量与当前可用容量（简化时可以采用额定容量）的比值，计算式为

$$SOC_t = \frac{Q_r}{Q_{Bat}} = SOC_0 - \frac{1}{Q_{Bat}}\int I_t dt \tag{3-1}$$

式中：Q_r 为可用剩余容量，A·h；Q_{Bat} 为当前可用容量或额定容量，A·h；SOC_0 为 SOC 的初值；I_t 为不同时刻的充放电电流，A。

SOC 可以直观反映电池剩余多少能量，例如：若电芯 A 的 $SOC=50\%$，意味着该电芯剩余容量的 50%能量可供用户继续使用。由此可知，SOC 是电池能量管理最基础、最重要的电池状态之一，在电池组充电管理、均衡等方面具有重要的应用价值。

3.1.2　健康状态（SOH）

SOH 反映了电池的老化程度，随着循环次数的增加，电池会出现容量衰减和内阻增加的情况。因此，可以从容量和内阻两个角度定义电池的 SOH（无量纲量），具体如下

$$SOH = \frac{Q_{now}}{Q_{new}} \tag{3-2}$$

$$SOH = \frac{R_{now}}{R_{new}} \tag{3-3}$$

式中：Q_{now}、Q_{new} 分别为电池的当前可用容量与其标准容量，A·h；R_{now} 与 R_{new} 分别为电池的当前内阻与标准内阻，Ω。

对于大容量锂离子电池而言，其内阻值一般较小，如：储能用 280A·h 磷酸铁锂电池内阻值一般小于 $1m\Omega$，对测量设备的精度要求较高；此外，电池直流内阻也容易受温度、SOC 等多种因素影响。故多数情况下，仍然主要使用电池容量作为依据，计算电池的 SOH，即式（3-2）所示方法。假定全新电池的容量是 3000mA·h，经过一段时间使

用后，电池的可用容量为 2400mA·h，那么此时电池的 *SOH* 为 80%。

3.1.3 功率状态（*SOP*）

SOP 表示电池在特定时间段内可提供的最大充放电功率，它为无量纲量。*SOP* 对于获取当前电池系统能够满足的峰值功率需求至关重要，尤其是在高动态负载条件下，如储能系统的调频工况等。为了计算电池的 *SOP*，通常需要考虑电池的当前电压和可提供的最大电流，电压与电流的乘积即为电池在某一时刻的瞬时功率。通过对电池的电压和电流进行实时监测，并结合电池的内部阻抗等参数，可以准确计算 *SOP*。以当前电压与可提供的最大电流的方式进行定义，具体如下

$$\begin{cases} SOP_{ch} = U_{ch}I_{ch}^{lim} \\ SOP_{dis} = U_{dis}I_{dis}^{lim} \end{cases} \tag{3-4}$$

式中：SOP_{ch}、SOP_{dis} 分别为电池充、放电的 *SOP*；I_{ch}^{lim}、I_{dis}^{lim} 分别为电池电压为 U_{ch} 和 U_{dis} 时对应的最大充放电电流。

假设对于储能电池，其可提供的最大放电电流为 200A，当前电压为 300V。根据 *SOP* 的定义，可以计算出该电池在当前状态下可提供的最大放电功率为：300V×200A＝60000W（即 60kW）。这意味着在当前状态下，该电池能够提供最大 60kW 的放电功率。

3.1.4 能量状态（*SOE*）

SOE 反映了电池当前可用能量的占比，描述的是电池剩余能量与电池可提供的最大能量之间的比值。与 *SOC* 更多地关注于电池的剩余电量不同，*SOE* 主要提供了更全面的能量视角，考虑了电池能够输出的实际能量。*SOE* 的定义具体如下

$$SOE = SOE_0 - \frac{\int_0^t P(\varepsilon)\mathrm{d}\varepsilon}{E_{max}} \tag{3-5}$$

式中：SOE_0 为 *SOE* 计算的初值，为无量纲量；E_{max} 为电池可提供的最大能量，W·h；$P(\varepsilon)$ 为当前电池的功率，W。

与 *SOC* 相比，*SOE* 直接与能量损耗相关，更适合直接反映电池在实际应用中还能够提供多少可用能量，对于能源系统的能量调度至关重要。若储能电池模组可提供最大能量为 100kW·h，此时系统的 *SOE*=70%，则表明剩余可提供能量为 70kW·h。

3.1.5 功能状态（*SOF*）

SOF 主要用于评估电池在特定条件下能否正常工作，它为无量纲量。该状态通常通过简单的数值来表示，如 "1" 表示能够正常工作，"0" 表示不能正常工作。*SOF* 的定

义方式可以根据具体的应用场景和性能需求来确定，包括电池的充放电速度、输出功率及电池在不同工作模式下的响应能力等方面。一种常见的 *SOF* 定义方式是使用电池的峰值功率作为约束条件，以电池放电过程为例，具体如下

$$SOF = \begin{cases} 1 & U_{\min} \geqslant U_l \\ 0 & U_{\min} < U_l \end{cases} \tag{3-6}$$

式中：U_l 为制造商许可的电池放电截止电压，V；$U_{\min}$ 为在特定放电过程中电池的最小电压，V。

若电池当前放电过程可达到的最小电压 $U_{\min}$ 大于制造商许可的截止电压 U_l，则电池可以正常完成此次放电过程，此时 *SOF*=1；否则，认为电池无法完成本次放电过程，即 *SOF*=0。值得注意的是，电池 *SOF* 的评估应整体考虑电压、电流、温度、*SOC* 和 *SOH* 等多种因素，综合确定电池是否可以在特定工况下正常工作，以便更为全面系统地掌握电池的工作状态，了解电池的输出能力，判断电池是否能够满足所在应用场景下的能量需求。

为便于理解以上电池不同状态的含义，图 3-2 以更为形象的方式展示了电池状态的定义。*SOC* 与 *SOE* 类似，但计量单位不同，分别为 A·h 和 W·h，*SOH* 反映了电池可用容量的损失；*SOP* 和 *SOF* 的定义均与储能电池的实际运行场景工况密切相关。

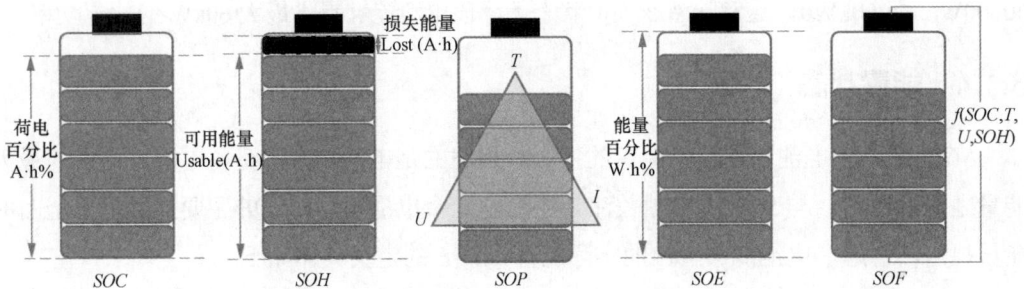

图 3-2　电池 *SOC/SOH/SOP/SOE/SOF* 的含义示意图

3.2　电池荷电状态估计方法

上节介绍了电池的多种状态，其中 *SOC* 反映的是电池当前电量，对于电池组均衡控制和能量管理具有至关重要的意义。*SOC* 是电池管理中最基础的状态量之一，准确地估计 *SOC* 对于确保电池系统高效、安全运行至关重要。本节将重点介绍 *SOC* 的估计方法。

3.2.1　电池 *SOC* 的估计方法概述

在电池管理系统中，准确获取电池的 *SOC* 是实现高效电池管理和确保电池安全的关键。*SOC* 的精确获取对于电池组中所有单体电池进行能量均衡至关重要。通过精确估计

SOC，电池管理系统 BMS 能够确保电池组每个单体电池均保持在最佳工作状态，从而提高整个电池组的性能和寿命。此外，*BMS* 对电池过充和过放的监测也依赖于精确的电池 *SOC*。过充和过放都会对电池造成损害，影响电池的性能和寿命。因此，通过精确的电池 *SOC*，*BMS* 可以及时监测其充、放电状态，并在电池即将过充或过放时采取相应措施，以保障其安全运行。

通常电池的 *SOC* 估计方法主要包括：安时积分法、开路电压（Open Circuit Voltage，OCV）法、基于电化学阻抗谱的方法、基于模型的估计方法和基于数据驱动的方法等。为了实现准确的电池 *SOC* 估计，*BMS* 通常需要将多种方法相互结合应用，上述方法的基本特点介绍如下。

（1）安时积分法。通过测量电池的充放电电流，利用时间积分来估计电池的 *SOC*。该方法简单易行，但长时间的电流积累可能产生 *SOC* 估计误差。

（2）开路电压法。通过测量电池在开路条件下的端电压，根据开路电压与 *SOC* 之间的关系来估计 *SOC*。但此方法需要建立准确的开路电压与 *SOC* 之间的关系，且实际应用过程中开路电压无法实时在线获取。

（3）基于电化学阻抗谱的方法。通过测量电池的电化学阻抗谱，根据电化学阻抗谱与 *SOC* 之间的对应关系来估计 *SOC*。但该方法的在线测量需要复杂的额外设备与数据处理。

（4）基于模型的估计方法。利用电池模型来估计电池的 *SOC*。一般而言，基于模型的估计方法可以提供较为准确的 *SOC* 估计，但需要准确的电池模型。

（5）基于数据驱动的方法。收集电池的历史充放电数据，利用机器学习等方法来建立电池的 *SOC* 估计模型。该方法可以提供较为准确的 *SOC* 估计，且不需要复杂的电池模型。

下面将对上述电池 *SOC* 估计方法进行逐一介绍。

1. 安时积分法

即利用式（3-1），在已知电池 *SOC* 初值时，实时测量电池充放电过程中的电流，并直接对电流进行积分，以计算获得电池当前的 *SOC*。安时积分法的基本原理如图 3-3 所示，本质是当 t_0 时刻电池的 *SOC* 初值为 *SOC* (t_0) 时，经过计算电流随时间的积分，即图 3-3 中电流曲线与时间轴的面积 ΔSOC（t_0，t_1），就可以得到电池在 t_1 时刻的 *SOC* 值 *SOC* (t_1)。

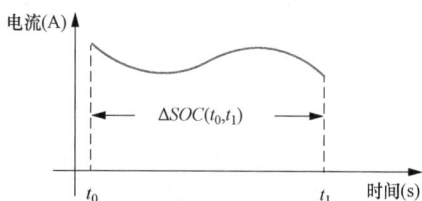

图 3-3　安时积分法的原理示意图

然而，通过式（3-1）及图 3-3 的计算过程可知，安时积分法的计算更依赖于精确的 *SOC* 初值。但在实际应用中，特别是在电池组长期连续充放电的工况下，准确的 *SOC* 初值难以获取。在连续充放电过程中，电池的电流传感器存在测量噪声，若单体电池充放电的时间较长，在此过程中电流测量的误差会不断累积，导致对电池 *SOC* 的估计逐步偏离真实值。此外，安时积分法计算过程还要考虑库伦效率的影响，而库伦效率本身与电流倍率、老化和环境温度等多种因素有关，这会导致安时积分法的计算结果出现偏差。

2. 开路电压法

该方法需要通过离线测试，预先获取不同 SOC、温度等条件下电池的 OCV-SOC 关系，并建立相应的数据库。在电池实际使用过程中，通过测量其开路电压，运用查表运算或者曲线拟合等方式，反推电池当前的 SOC。开路电压法的原理如图 3-4 所示，在电池系统运行的过程中，通过获得电池当前的开路电压 OCV_i，即可得到电池的 SOC_i。

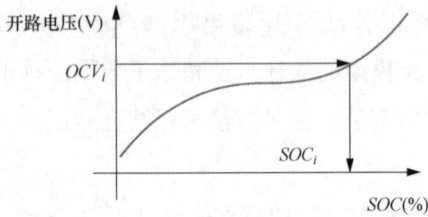

图 3-4 开路电压法的原理示意图

然而，电池开路电压难以实现在线实时监测，导致该方法在实际电池系统应用中存在一定的局限性。电池 OCV 是指电池在无负载状态下测量得到的端电压。一般而言，由于电池内部化学反应存在迟滞效应，为准确获取电池 OCV，需要将其与负载断开并静置一段时间，以使电池内部达到平衡状态。此过程通常需要将电池开路静置2h以上，实际电池系统运行过程中难以完全满足测量 OCV 所需的静置时间，这限制了开路电压法直接应用于电池的 SOC 在线估计。

与此同时，电池的 OCV-SOC 曲线与电极材料有关，并会受到电池老化的影响。这些因素使得在使用 OCV 反推 SOC 时容易产生较大的误差。特别是电力储能用的磷酸铁锂电池，在特定 SOC 范围内的 OCV 变化相对较小，其 SOC 中间区域的 OCV 曲线较为平坦，造成了开路电压法估计 SOC 容易产生较大误差。如图 3-5 所示，某磷酸铁锂电池测试的结果中，在30%~80%的 SOC 范围内，电池的开路电压仅仅变化了 72mV，表明在此 SOC 范围内，电池 OCV 与 SOC 的关系较为复杂，直接通过开路电压精准地反推 SOC 较为困难。

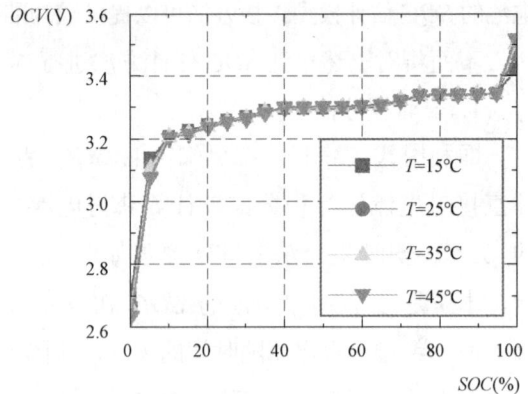

图 3-5 某磷酸铁锂电池的 OCV-SOC 曲线

根据上述介绍与分析可知，通常讨论的安时积分法和开路电压法这两种经典方法均存在各自的局限性，使得单独使用过程中在准确性与实用性方面存在不足。安时积分法的主要缺点是对初始 SOC 值的准确性要求非常高。如果初始 SOC 值设定不准确，那么随着积分过程的进行，误差会逐渐累积，最终导致 SOC 估计的结果产生较大偏差。而开路电压法需要在电池完全静置后才能进行测量，在实际应用中，特别是在需要实时监测电池 SOC 的场景下，在线获取 OCV 往往较为困难。因此，无论是安时积分法，还是开路电压法，直接用于电池的 SOC 估计均存在自身难以克服的缺陷。

但两种方法可以相互结合，取长补短。例如，在电池 SOC 估计中，可以先利用开路电压法获得相对准确的 SOC 初值；再通过安时积分法实时更新电池的 SOC，这样就可以解决传统安时积分法初值不准确的问题。同样，对于开路电压法难以在线测量的缺点，也可以通过 OCV 快速估计等手段，有效提高其实用性。如果能在短时间内快速估计电池的开路电压，就可以方便地利用 OCV-SOC 之间的关系完成电池的 SOC 估计。

3. 基于电化学阻抗谱的方法

这种方法的估计思路与开路电压法相似。开路电压法是通过测量电池在静置状态下的电压来推断电池的 SOC。而电化学阻抗谱法则是在电池工作时，通过测量其对外施加交流信号的响应来获取电池的阻抗信息，从而推算出电池的 SOC。同样，也需要预先建立电池的电化学阻抗谱与其 SOC 之间对应关系的模型。

电池的电化学阻抗谱是一种非侵入式、动态的测试方法，能够提供关于电池内部状态及性能的丰富信息，通过对电化学阻抗谱的深入分析，可以更好地理解电池的电化学动力学过程。电化学阻抗谱测量的基本原理是：向电池注入一系列不同频率的小幅交流信号，测量在这些不同频率信号下电池的阻抗响应，随后通过时频域变换进行数据处理及阻抗计算，得到频域下的电池电化学阻抗谱。

典型的电池电化学阻抗谱示意图如图 3-6 所示。其中，横轴代表阻抗的实部，纵轴代表阻抗的虚部。从图3-6中可以看出，随着频率的变化，电池的阻抗呈现不同的变化趋势，反映了电池内部复杂的动力学过程，如电荷转移反应、电解质扩散等。

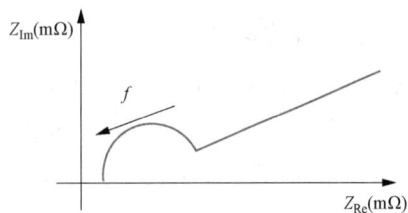

图 3-6 电池的电化学阻抗谱示意图

在实际应用中，为了利用电化学阻抗谱估计电池的 SOC，应收集不同频率下电池的阻抗数据。为了提升电池 SOC 估计的准确性，应重点分析选取与 SOC 变化具有强相关性的特定频段。一旦明确了这些关键频段，就可以建立此类频段的阻抗值与 SOC 之间的定量关系。在现场应用中，通过在线测量这些特定频段的阻抗，并结合先前建立的阻抗-SOC量化模型，即可实现对电池 SOC 的快速准确估计。

另外一种将电化学阻抗谱应用于 SOC 估计的方法是将电池的阻抗转化为等效电路模型参数。等效电路模型是一种简化的电池模型，能够模拟电池的电化学特性。通过将复杂的阻抗谱数据转化为等效电路的参数，可以从中筛选出与 SOC 密切相关的模型参数，如等效电路中的电阻和电容值，它们会随着 SOC 的变化而变化。因此，可以选取此类模型参数作为评估电池 SOC 的指标。通过实时测量电池阻抗，并结合相应的数据分析模型，就能够实现对电池 SOC 的准确估计。相比而言，直接利用特定频段的阻抗估计电池 SOC 虽然更为直接，但容易受阻抗测量误差的干扰；而使用等效电路模型的参数需要更为全面的电池阻抗测量，且需要相对复杂的模型参数计算过程，但将模型参数用于电池 SOC 估计的结果更加稳定可靠。

电化学阻抗谱的核心在于通过测量电池在不同频率下的阻抗，获得电池内部电化学反应和物理过程的信息。尽管电化学阻抗的测量较为直接，且与电池 SOC 之间存在明确的对应关系，但在实际应用中仍然面临一些挑战。例如，电池电化学阻抗谱的测量对实验设备的要求相当高。为了获得准确的阻抗数据，通常需要使用专业的电化学工作站。此类工作站不仅价格昂贵，而且体积和重量都相对较大，并不适合直接应用于实际电池模组的在线监测。因此，为了将电化学阻抗谱技术应用于电池管理系统，有必要研发便携式的测量设备，并且此类设备也应当具备足够的测量精度，同时足够小巧轻便，以便能够在不同工况下进行现场测试。

此外，电化学阻抗谱的应用受到外部因素的影响。例如，环境温度的变化会直接影响电化学反应速率，从而改变电池的阻抗特性；电池的老化过程也会导致阻抗发生变化，这是因为随着电池的使用，其内部材料结构会发生不可逆的改变，从而影响电化学反应的进行。这些因素都会对基于电化学阻抗谱的电池 SOC 估计造成干扰，使得 SOC 的准确估计变得困难。

4. 基于模型的估计方法

其核心依赖于对电池行为进行精确描述的数学模型。通过预先建立电池模型，模拟电池在实际运行过程中的各种参量，如电流、电压和温度等与电池 SOC 之间的关系。为了估计电池 SOC，可根据电池模型设计观测器或校正算法，将实际可监测的电池参量（如电流、电压等）输入到电池模型中。观测器会比较模型输出的电压与实际测量的电压之间的差异，将其作为观测器的输入，计算增益后对电池 SOC 的实时估计值进行校正。基于模型的 SOC 估计方法的关键优势在于其相对较高的估计准确性和鲁棒性。若模型精度较高且算法参数设计较为合理，该方法能够在多种工作条件下提供可靠的电池 SOC 估计。图 3-7 展示了基于模型的 SOC 估计方法的基本原理。从图 3-7 中可以看出，该方法可构造一个闭环估计系统，可根据电池实际测量值不断调节电池的 SOC 估计值。

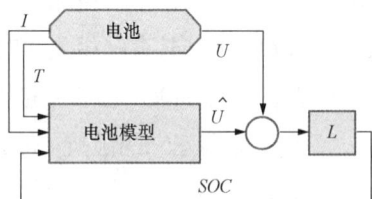

图 3-7 基于模型的电池 SOC 估计方法示意图

基于模型的 SOC 估计方法可简单表示为

$$\begin{cases} \widehat{SOC} = \dfrac{\eta}{Q_{\text{Bat}}} I_{\text{t}} - L(\hat{U}_{\text{t}} - U_{\text{t}}) \\ \hat{U}_{\text{t}} = h(SOC, I_{\text{t}}) \end{cases} \tag{3-7}$$

式中：$\widehat{SOC}$ 为电池 SOC 的估计结果；U_{t} 为电池在 t 时刻端电压的测量值，V；$\hat{U}_{\text{t}}$ 为电池模型的输出电压，V；$h(\cdot)$ 表示已建立的电池模型；L 为基于模型的 SOC 估计算法的校正增益。

电池模型是对电池实际特性的数学抽象，能够反映电池在不同工作条件下的充放电性能。为了建立准确的电池模型，通常需要对特定电芯进行离线测量，以获取模型的参数，这些参数包括额定容量、内阻及电极材料的物理化学特性等。同样，建立电池模型的方法也多种多样，不同的电池模型适用于不同的应用场景和精度要求。常用的电池模型主要包括数学模型、等效电路模型、电化学模型和数据驱动模型等，可以根据实际应用任务需求灵活选取。以下将分别对各类电池的模型进行介绍。

（1）数学模型。

即利用数学函数（如多项式、对数函数、指数函数等）直接描述电池的外特性，建立电池端电压与 SOC、电流之间的关系。数学模型的优点在于其形式简单，易于理解和计算。因此，在电池管理系统中得到了广泛应用。

以常用的能斯特（Nernst）模型为例，其表达式为

$$U_{\text{t}} = OCV - RI_{\text{t}} - k_1 \ln\left(SOC_{\text{t}}\right) + k_2 \ln\left(1 - SOC_{\text{t}}\right) \tag{3-8}$$

式中：U_{t} 为电池端电压；OCV 为开路电压；I_{t} 为充放电电流；R 为电池内阻，Ω；k_1、k_2 均为 Nernst 模型的参数；SOC_{t} 为当前时刻的电池 SOC。

尽管 Nernst 模型理论上提供了电池端电压与 SOC 关系的直观描述，但在实际应用中，电池外特性可能受到老化、温度变化和电流波动等多种因素影响。因此，为了提高模型的准确性，通常需要对 Nernst 模型进行适当优化，如额外增加修正项。

（2）等效电路模型。

通过将电池简化为一系列电路元件来描述其外特性。这些电路元件包括电阻、电容和电压源等，分别代表了电池的不同电化学特性。在基于模型的电池 SOC 估计中，常用的等效电路模型如图 3-8 所示，主要包含：描述电池 OCV-SOC 关系的电压源 E_0，通常可通过实验数据获得，并可以用数学函数来描述；表示电池内阻的元件 R_0 以及表征电池内部不同时间尺度电化学反应的 RC 并联网络，如 $R_1/\!/C_1$、$R_2/\!/C_2$ 等。

由图 3-8 可知，电池的 n 阶等效电路模型的表达式为

$$U_{\text{t}} = OCV - U_1 - U_2 - I_{\text{L}} R_0 \tag{3-9}$$

$$I_{\text{L}} = \frac{U_1}{R_1} + C_1 \frac{\mathrm{d}U_1}{\mathrm{d}t} = \frac{U_2}{R_2} + C_2 \frac{\mathrm{d}U_2}{\mathrm{d}t} = \cdots = \frac{U_n}{R_n} + C_n \frac{\mathrm{d}U_n}{\mathrm{d}t} \tag{3-10}$$

式中：U_1，U_2，$\cdots$，U_n 为电池模型中不同 RC 结构上的电压，V；U_t 为电池的端电压，V；I_L 为电池的充放电电流，A。

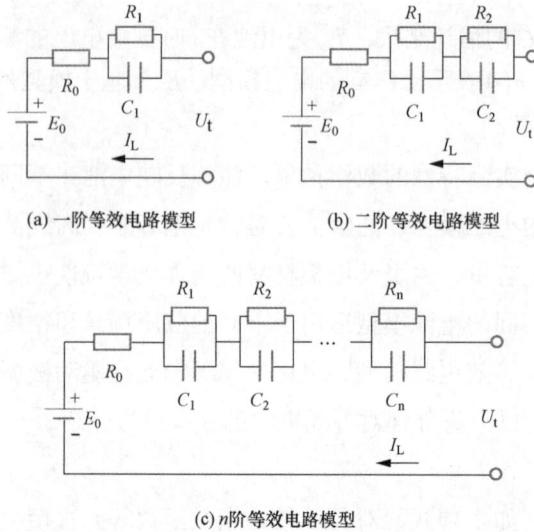

(a) 一阶等效电路模型 (b) 二阶等效电路模型

(c) n 阶等效电路模型

图 3-8　常用的电池等效电路模型

由上述分析可知，等效电路模型的优势在于其简洁且易于实现，能够提供直观的方式来描述和预测电池的外特性，同时计算成本较低。电池等效电路模型的结构种类较多，其准确性取决于模型的选择和参数的准确性。为了获得最佳的估计性能，通常需要根据电池的特性和应用场景来选择合适的模型，并通过实验数据来校准模型参数。选取较为复杂的等效电路模型结构，理论上能够更为精准地捕捉电池内部复杂的电化学反映过程，从而提升模型的准确性。但与此同时，模型的复杂度也会相应增加，并且模型参数的离线和在线获取难度也会同步提升。因此，在实际应用中，需要在模型准确性和复杂度之间找到一个平衡点，以确保在满足估计性能需求的同时，不会过度增加模型参数获取的难度。因此，在选择电池模型时，应该充分考虑模型的复杂度和实际应用的便捷性，以确保最终所选模型既具有较高的准确性，又能够方便地获取和调整模型参数。

（3）电化学模型。

通常采用若干相互耦合的偏微分方程来直接描述电池内部的电化学反应，大多数电化学模型以多孔电极理论和浓溶液理论为基础，其中最著名的电化学模型是 Newman 等开发的伪二维（Pseudo-two-Dimensional，P2D）模型。该模型在电池电化学模型的开发与应用中具有重要地位，不仅能够较为准确地描述电池内部的电化学反应，还能为电池的设计和优化提供有力的理论支持。Newman 的 P2D 模型通过引入一系列的假设和简化，将原本复杂的三维问题转化为二维问题，从而大大降低了模型的计算难度，同时仍能保持较高的准确性。

尽管 P2D 模型在电池电化学建模领域具有重要地位，但其全阶形式包含大量的偏微分方程，这些方程的求解带来了相当高的计算复杂度，使得全阶 P2D 模型难以直接应用于电池 SOC 的在线估计，特别是在实时监测系统中，对计算资源需求和响应时间的要求均相对严格。为此，在电池状态估计应用方面，需要对 P2D 模型进行不同形式的简化与模型降阶。例如，可以将电池电极简化为单个球形颗粒，忽略液相电解质的动力学效应，假设多孔电极的孔壁通量均匀分布等。通过上述简化，可以得到单粒子模型（Single Particle Model，SPM），该模型在保持一定准确性的同时，还显著提高了计算效率。但是，即便电化学模型已经经过简化，直接应用于 SOC 估计时，仍然面临一系列挑战。首先，电化学模型参数的测量往往需要通过复杂的实验手段来获取，这些参数的准确性和稳定性对模型性能有直接影响。其次，电池在实际工况下的表现可能会受到多种因素的影响，如温度、电流、老化等，这些因素可能导致模型适应性较差，难以用于 SOC 的准确预测。此外，为了更好地将电化学模型应用于电池 SOC 估计，需要探索新的电池建模和参数估计方法，以提高模型的鲁棒性和适应性。同时，也需要开发更为高效的计算方法，以降低模型的计算量，使其能够在资源受限的条件下得到应用。

（4）数据驱动模型。

它采用了一种不同的方式来构建电池的外特性，规避了对电池电化学动力学过程的直接描述，使用机器学习算法来揭示电池模型输入（如电流、SOC、温度等）与输出（通常是电池端电压）之间的关系，其原理如图 3-9 所示。数据驱动模型的建立过程主要包括三个基本环节：首先是样本数据收集，要求大量收集电池在各种工作条件下的输入和输出数据；其次是模型训练，此阶段需要利用机器学习算法和收集到的样本数据来挖掘输入与输出之间的映射关系；最后是模型验证，主要用于评估模型的准确性和泛化能力，确保模型能够在全新的、未知的数据上也能准确预测电池电压。

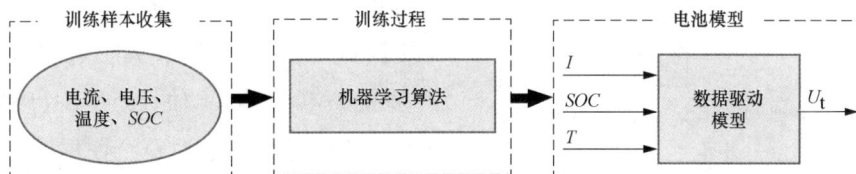

图 3-9　电池数据驱动模型的建模原理图

在电池数据驱动建模领域，多种机器学习方法已经被广泛研究和应用。其中，常用方法包括支持向量机（Support Vector Machine，SVM）、多元自适应样条回归（Multivariate Adaptive Regression Splines，MARS）、极限学习机（Extreme Learning Machine，ELM）和递归神经网络（Recurrent Neural Network，RNN）等。这些方法的核

心优势在于无需复杂的电化学反应机理等先验知识，就能直接从数据中学习到模型输入与输出之间的映射关系。尽管这些数据驱动方法在建模时具有一定的优势，但也存在局限性。首先，此类方法的性能高度依赖于训练样本的质量和数量，为了构建一个准确和泛化能力强的模型，需要收集大量且覆盖多种工况的训练数据集；其次，数据驱动模型往往缺乏透明度，即模型的决策过程不够清晰、直观，导致模型的可解释性较差；最后，对于未在训练数据中出现的工况，模型的泛化能力可能会受到限制，需要模型在部署前进行充分的验证和测试，以确保其实际使用性能。在设计数据驱动模型时，需要综合考虑模型的准确性、泛化能力、计算效率以及可解释性等多方面因素，以开发出既高效又可靠的电池数据驱动模型。

为了实现准确的电池 SOC 估计，合理设定基于模型的 SOC 估计算法中的校正增益 L 至关重要。校正增益 L 在整个估计框架中起到了调节 SOC 估计误差的作用，其取值直接影响到电池 SOC 估计的收敛速度和稳态误差。在当前基于模型的 SOC 估计方法中，校正增益 L 的计算方法较多，其中常用的方法如图 3-10 所示。这些方法通常利用电池的数学模型，通过优化校正增益 L 的取值，以实现更准确的 SOC 估计。然而，基于模型的估计方法准确性很大程度上依赖于电池模型的精度。在实际应用中，模型的参数可能会随着电池使用时间的增加而缓慢变化，参数的变化会影响到模型的准确性。建立能够适配全寿命周期的电池模型仍然相对困难，因为这要求模型能够适应电池从全新状态到老化状态的各种变化。电池的老化过程通常是缓慢且复杂的，这使得从实际数据中准确识别和更新模型参数具有一定的挑战性。因此，基于模型的电池 SOC 估计方法在实际电池管理系统应用中也存在一定的局限性。可以采用数据驱动的方法来更新模型参数，或者开发自适应滤波器来实时调整校正增益 L，以提高电池 SOC 估计方法的鲁棒性和适应性，使其能够在电池整个使用寿命周期内提供准确的 SOC 估计。随着电池管理系统技术的进步，基于模型的 SOC 估计方法有望在电池管理系统中发挥更大的作用。

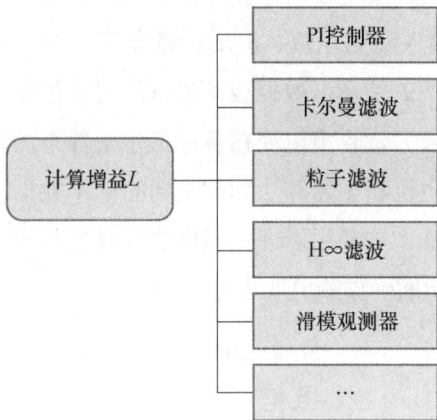

图 3-10 基于模型的 SOC 估计算法中 L 的计算

计算增益 L
- PI控制器
- 卡尔曼滤波
- 粒子滤波
- H∞滤波
- 滑模观测器
- …

在众多的电池 SOC 估计方法中，基于模型的估计方法因其较高的准确性和鲁棒性而备受关注。在学术界和工业界，大量与电池 SOC 估计相关的文献和研究报告均倾向于采用这种方法。然而，基于模型的 SOC 估计方法也面临着一些挑战。首先，电池模型的建立需要大量的实验数据和深厚的电化学知识；其次，模型的复杂性和计算成本可能会限制其在资源有限的电池管理系统中的应用，尤其是在部分商业化电池管理系统中，计算资源非常有限，需要模型在保持较高准确性的同时，尽可能地减少计算的复杂度；最后，模型参数的准确性和适应性也是影响 SOC 估计性能的关键因素。电池在长期使用过程中，其内部特性会发生变化，如电极材料的老化、电解液浓度的变化等。因此，如何实时准确地更新模型参数，以及如何提高模型对不同工况的适应性，是提高基于模型的 SOC 估计方法性能的重要方向。

5. 基于数据驱动的方法

它提供了一种直接且实用的电池 SOC 估计方法，该方法的核心在于收集一定量的样本数据，通常包括电池的电流、电压等测量值，以及对应的 SOC 标签。通过分析这些数据，可以建立电池的电流、电压等测量值与其 SOC 之间的关系，实现对电池 SOC 的准确估计。以神经网络结构为例，基于数据驱动的电池 SOC 估计方法的原理如图 3–11 所示。

一般而言，数据驱动方法多采用类似神经网络的结构，其训练过程相对较为耗时。为了在实际应用中部署此类电池 SOC 模型，通常需要先进行离线训练。模型在已有的数据集进行训练，直到达到满意的性能。一旦完成训练，模型就可以被部署到电池管理系统中进行在线

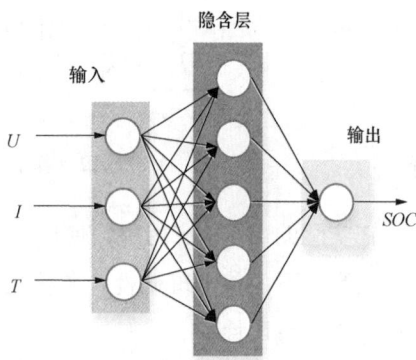

图 3–11　基于数据驱动的电池 SOC 估计方法的原理图

应用，实时估计电池的 SOC。当训练样本数量充足，且训练过程中的参数选择得当时，基于数据驱动的方法通常能够提供较为准确的 SOC 估计结果。然而，电池在实际应用中会面临复杂多变的工作环境，如温度变化、充放电倍率变化和电池老化等因素都可能影响电池 SOC 估计的准确性。

因此，尽管基于数据驱动的方法在理论上具有较大潜力，但其在实际电池系统应用中应对复杂多变的工作环境的有效性仍需进一步验证。为了提高这些方法在实际应用中的性能，需要不断增强模型的泛化能力和鲁棒性。此外，还应开发新的算法和计算框架，以减少训练时间，并提高在线估计的效率。

3.2.2　基于模型的电池 SOC 估计方法

基于模型的电池 SOC 估计方法基本原理如图 3–12 所示，从算法层面来看，该方法主要包括电池模型和估计算法两个重要部分。电池模型的输入为电流 I_L、荷电状态的估计值 $\widehat{SOC}$、温度 T 等，输出为端电压的估计值 U_t。通过将电池模型的端电压 U_t 与实际电池电压测量值 U 进行比较，可计算出偏差 ΔU。若电池模型完全准确，且电

池的 SOC 已经校正到真实值，此时的偏差 ΔU 应为 0V。而估计算法可以利用该偏差 ΔU 作为反馈信息，来校正 SOC 的估计结果。通过利用观测器等多种算法，在线计算获得校正增益 L 后，使用该增益 L 对电池的 $\widehat{SOC}$ 进行补偿校正。通过分析该结构可发现，由于具备反馈校正的整体结构，基于模型的 SOC 估计方法并不需要准确的 SOC 初值。此外，也有多种算法可以用于计算校正增益 L，可根据实际情况灵活选取合适的算法。

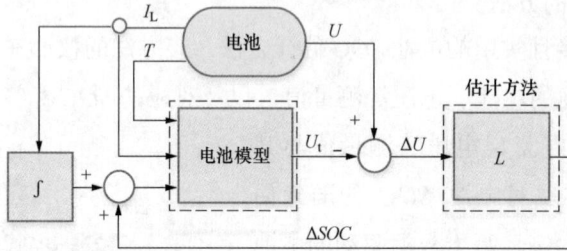

图 3-12　基于模型的 SOC 估计方法基本原理图

在实际的 BMS 应用中，使用基于模型的电池 SOC 估计方法，必须要综合考虑多个关键因素。下面将从准确性、鲁棒性和复杂度三个维度，分别讨论基于模型的电池 SOC 估计方法的适用性。

基于模型的电池 SOC 估计方法的准确性与电池模型的精度密切相关。因此，为了提高电池 SOC 估计的准确性，必须尽可能地提升电池模型的精度，并减少在建模过程中引入的误差。然而，电池内部复杂的电化学反应使得建立精确的电池模型变得非常具有挑战性。在实际应用中，电池可能会面临复杂多变的工作条件，并受到多种外部因素的影响，如温度、充放电倍率和老化等，这些因素都会对电池的性能产生影响，从而影响到模型的准确性。等效电路模型中的参数并非固定不变，它们会随着 SOC、温度和充放电倍率等因素的变化而变化。因此，要建立准确的电池模型，其难度相当大。实际应用中可以采用电池模型参数实时更新的方法。通过及时更新模型参数，以确保电池模型在复杂工况下仍能保持较高的准确性。这种方法可以有效地动态捕捉电池在实时工作条件下的性能变化，从而提高 SOC 估计的准确性。

此外，除了电池模型本身可能存在的误差，电池的电流和电压测量结果也可能受到一定程度的噪声干扰。这些噪声可能来源于测量设备的精度限制、环境干扰等不确定因素。因此，在设计和选择电池 SOC 估计方法时，除了要求方法本身具有较高的准确性之外，还应考虑所提方法在电流、电压噪声以及电池建模误差等干扰因素下的鲁棒性。基于模型的电池 SOC 估计方法通常包含反馈校正环节，使得在实际应用中此类方法对于测量噪声和模型误差具有较强的鲁棒性。通过反馈校正，估计方法能够根据新的测量数据来不断调整 *SOC* 的估计值，从而减少累积误差。为了降低 *SOC* 估计方法对测量噪声和模型误差的敏感性，可以设计特定方法。例如，可以使用滤波技术来平滑测量数据，减少噪声的影响，提高 *SOC* 估计的稳定性和准确性。在实际应用中，还需要考虑电池管理系统的硬件资源限制，如计算能力、存储空间和能源消耗，这些均会对所选用的电池模型和 *SOC* 估计方法产生影响。因此，在选择电池模型和估计方法时，需要综合考量方法的复杂度和准确性，以确保在有限的硬件资源下，能够实现高效且可靠的 *SOC* 估计。

本节以扩展卡尔曼滤波为例，详细阐述了电池 *SOC* 的典型估计方法。电池模型本质上是一个非线性系统，因此，在基于模型的 *SOC* 估计中，非线性滤波方法得到了广泛应用，以便有效地处理电池模型的非线性特性，提高 *SOC* 估计的准确性。常用的非线性滤波方法主要包括扩展卡尔曼滤波（EKF）、无迹卡尔曼滤波（UKF）、中心差分卡尔曼滤波（CDKF）、均方根无迹卡尔曼滤波（SR-UKF）、均方根中心差分卡尔曼滤波（SR-CDKF）、粒子滤波（PF）和 H-无穷滤波。

由于卡尔曼滤波仅适用于对线性系统的状态估计，而对于电池这样的非线性系统，就需要采用扩展卡尔曼滤波来处理。扩展卡尔曼滤波通过在相应的估计点处局部线性化的电池模型，实现了对非线性电池模型的状态估计。其基本步骤见表 3-1，主要包含预测（预测下一个状态的均值和协方差）和更新（更新状态的均值和协方差）两个关键环节。采用扩展卡尔曼滤波估计电池 *SOC* 的整体框架如图 3-12 所示，将其中的估计方法替换为扩展卡尔曼滤波，即可通过卡尔曼滤波算法计算增益 *L*。扩展卡尔曼滤波是对非线性系统的一阶近似线性化处理，这种近似在处理非线性较强的模型时可能会引入一定的估计误差，甚至在某些情况下可能导致滤波结果的发散。

表 3-1　　　　　　　　　　　　扩展卡尔曼滤波的步骤

扩展卡尔曼滤波	
状态空间方程	$\begin{cases} X_k = f(X_{k-1}, u_k) + w_k \\ Y_k = h(X_k) + v_k \end{cases}$ 式中：w_k 和 v_k 分别为系统噪声和观测噪声，假设它们分别是协方差为 Q_k 和 R_k 的零均值高斯噪声
计算步骤	1）状态预测　　$X_{k+1\|k} = f(X_{k\|k}, u_k)$ 2）协方差预测　$P_{k+1\|k} = A_k X_k A_k^{\mathrm{T}} + Q_k$ 3）增益矩阵　　$K_k = P_{k+1\|k} C_k^{\mathrm{T}} (C_k P_{k+1\|k} C_k^{\mathrm{T}} + R_k)^{-1}$ 4）状态估计　　$\hat{X}_{k+1} = X_{k+1\|k} + K_k \left[Y_k - h(X_{k+1\|k}, u_k) \right]$

扩展卡尔曼滤波	
计算步骤	5）协方差估计 $P_{k+1}=(I-K_kC_k)P_{k+1\|k}$ 式中：$A_k=\dfrac{\partial f(\cdot)}{\partial X}\Big\|_{X=X_{k\|k}}$；$C_k=\dfrac{\partial h(\cdot)}{\partial X}\Big\|_{X=X_{k+1\|k}}$

以电池的二阶等效电路模型为例，将其用于基于扩展卡尔曼滤波的电池 SOC 估计，需要建立电池二阶等效电路模型的状态空间方程，具体如下

$$\begin{cases} X_{k+1}=AX_k+Bu_k+Q_k \\ Y_{k+1}=CX_k+Du_k+R_k \end{cases} \tag{3-11}$$

其中 $A=\begin{pmatrix} -\dfrac{T}{R_1C_1}+1 & 0 & 0 \\ 0 & -\dfrac{T}{R_1C_1}+1 & 0 \\ 0 & 0 & 1 \end{pmatrix}$；$B=\begin{pmatrix} \dfrac{T}{C_1} \\ \dfrac{T}{C_2} \\ 0 \end{pmatrix}$；$C=\begin{pmatrix} -1 & -1 & \dfrac{\partial g(SOC)}{\partial SOC} \end{pmatrix}$；$D=R_0$；

$$X_k=\begin{bmatrix} U_1 & U_2 & SOC \end{bmatrix};\ Y_k=U_t(k);\ u_k=I_L(k)$$

式中：T 为两步之间的采样时间；$g(SOC)$ 为 OCV 与 SOC 之间的关系表达式；$U_t(k)$、$I_L(k)$ 为第 k 步的电压、电流值。

式（3-11）为由电池二阶等效电路模型转化而来的状态空间方程，其中，A、B、C、D 可由等效电路方程经过离散化后计算获得，感兴趣的同学可自行推导。在此基础上，按照表 3-1 所示的计算步骤，即可对电池的 SOC 进行在线估计。采用多种非线性滤波方法的 SOC 估计结果如图 3-13 所示。可以看到，采用非线性滤波方法可不依赖于准确的 SOC 初值，电池 SOC 估计的结果也会逐步收敛到其参考值。

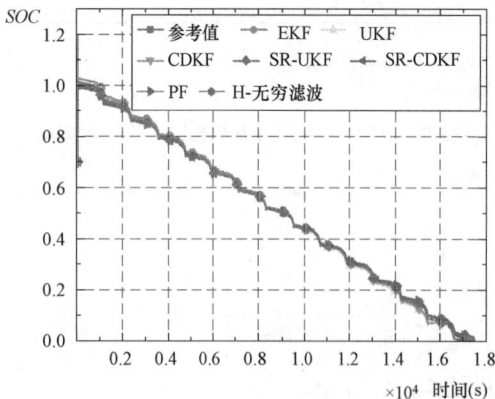

(a) SOC 估计

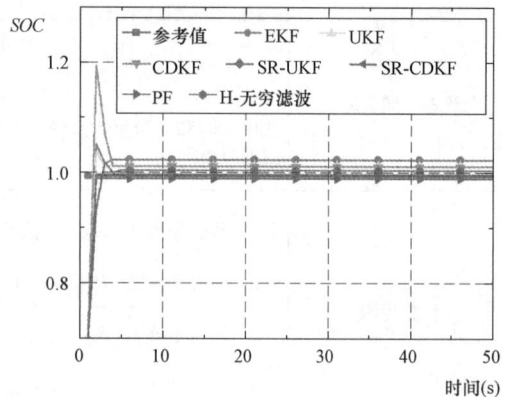

(b) 0~50s

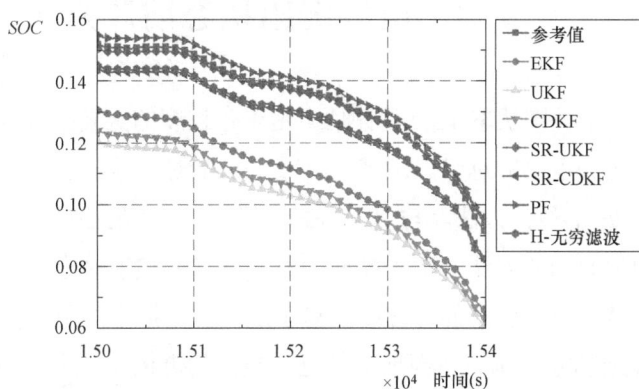

(c) 低SOC区域

图 3-13　多种非线性滤波方法的 SOC 估计结果图

3.2.3　影响电池 SOC 估计准确性的因素

尽管存在多种不同类型的方法，旨在提高 SOC 估计的精度，但实际中准确获取电池的 SOC 仍然面临诸多挑战。充放电倍率、温度和电池老化等外部因素均会对电池的 SOC 计算产生影响。以下将分别讨论这些关键因素对电池 SOC 估计方法的影响。

实际应用场景中电池充放电倍率会发生变化，而充放电倍率的改变会影响电池当前的容量和内阻，因此，各种电池 SOC 估计方法的精度均不可避免地受此因素的影响。电池的温度主要受模组热管理影响，由于电池系统结构设计的差异，模组热分布可能会呈现一定差异性。电池温度的变化对其性能的影响非常显著，包括电池的容量和内阻等参数都会受到影响。因此，在实际应用中，电池的温度控制和热管理对于维持其 SOC 估计的准确性同样至关重要。

此外，由于电池出厂时的不一致性，电池组所有单体的容量也会呈现差异性，并且该差异会随着电池组的老化程度不断加剧。通常的电池 SOC 估计方法难以完全兼顾电池组内所有单体的差异，进而影响对电池组 SOC 整体评估的准确性。不同充放电倍率、温度和老化程度下的电池容量并不相同，增加了安时积分法中容量选取的难度，同时会影响电池充放电的效率，进而影响安时积分法估计电池 SOC 的准确性。

对于基于模型的 SOC 估计方法，电流倍率、温度的变化以及电池的老化都可能会对电池模型的精度产生影响，造成估计误差。相比之下，基于数据驱动的方法在估计 SOC 时，对电池模型的依赖程度较低，但需要更多不同倍率、温度和老化程度下电池测试的数据样本。多种类型数据样本可以帮助算法更好地学习电池在不同工作条件下的性能变化规律，从而提高估计 SOC 的准确性。然而，获取这些数据样本通常需要大量的试验测试，同时增加了算法设计的成本。

3.3 电池健康状态估计方法

电池另外一个关键状态 *SOH* 是评估电池老化程度的重要指标，对于整个电池储能系统的运维具有至关重要的意义。本节将延续上一节对电池状态估计方法的讨论，继续深入介绍电池 *SOH* 的估计方法。与 *SOC* 估计类似，*SOH* 的估计同样可以采用基于模型的方法和基于数据驱动的方法。基于模型的方法通常依赖于对电池老化机制的深入理解和精确建模，而基于数据驱动的方法则侧重于从历史数据中学习电池老化的规律。在介绍具体的 *SOH* 估计方法之前，需要明确的是，电池的老化是一个多因素耦合的复杂衰减过程，受到多种因素的影响，如充放电循环、温度和电流密度等。因此，无论是基于模型的方法，还是基于数据驱动的方法，都需要充分考虑这些因素对电池老化的影响，以实现对 *SOH* 的准确估计。

3.3.1 电池 *SOH* 的估计方法概述

在电池使用和存储过程中，由于多种副反应的存在，电池会不可避免地逐渐老化，导致其容量持续衰减、充放电性能不断下降。当电池老化到一定程度时可能造成安全隐患，如热失控等问题。因此，为了保障电池的合理使用，对电池组进行有效的寿命管理变得至关重要。电池的 *SOH* 是 BMS 对电池组运维的关键状态参数，通过对电池 *SOH* 的监测和评估，可以及时发现电池老化的问题，并采取相应的措施进行维护和更换，从而确保电池组的安全性和可靠性。将电池的 *SOH* 估计方法主要划分为四类：直接测量法、经验模型法、基于模型的方法和基于数据驱动的方法。

如前文所述，随着电池的老化，其容量会减小，同时内阻会逐渐增大。因此，最直接获取电池 *SOH* 的方法就是直接测量电池的容量或者内阻，并按照式（3-2）及式（3-3）的定义计算电池的 *SOH*。一般而言，当电池内阻超过初始内阻值的 160% 或者容量下降到初始容量值的 80% 时，电池已经达到了其截止寿命。然而，测量电池的容量需要采用标准的测试方法，在特定条件下应进行至少一次完整的电池充放电，这通常需要耗费较长的时间。对于大容量储能型电池，由于其内阻值一般较小，且电池内阻的测量易受多种因素干扰，导致内阻测量结果偏离真实值。因此，除了直接测量内阻外，还应尝试使用其他能够反映电池老化程度的方法，如容量增量（Incremental Capacity，IC）曲线和微分电压（Differential Voltage，DV）曲线等。随着电池老化程度的加剧，IC 曲线的峰值会逐渐降低，而 DV 曲线的特定区域也会因电池的老化产生形变，这些变化可以作为电池老化程度的参考指标。然而，需要注意的是，不同正负极材料的电池 IC 曲线和 DV 曲线并不完全相同。同时，为了获得准确的 IC 曲线和 DV 曲线，测量过程中需要配合高精度电流和电压传感器，对电池进行缓慢的小电流充放电测试。这种测试方法不仅成本较高，而且测试过程比较耗时。

经验模型法一般通过使用指数函数、幂函数或多项式函数等方式，直接构建电池老化的影响因素与其容量或者内阻之间的关系，预测电池的剩余寿命。具体如下

$$Q_{\text{Bat}} = a_1 e^{a_2 SOC} t^{a_3} \tag{3-12}$$

$$R_{\text{Bat}} = a_4 SOC^{a_5} t^{a_6} \tag{3-13}$$

式中：a_1、a_2、a_3、a_4、a_5、a_6 为经验模型待拟合的参数。

经验模型法的优势在于其简单直观，能够快速给出电池的性能预测结果。然而，这种方法的准确性受到模型参数选择和对电池老化机制理解程度的影响。在实际应用中，电池老化是一个复杂的过程，受到充放电循环、温度、电流密度等多种因素的影响。因此，需要对电池的老化机制有深入的理解，并选择合适的模型参数，以提高经验模型法的预测精度。由式（3-12）及式（3-13）可知，电池 SOH 估计经验模型的建立，依赖于大量的前期电池加速寿命测试数据，而获取这些数据本身就需要较长时间的电池加速寿命测试。为了实现准确的电池 SOH 估计，经验模型法应充分考虑温度、电流倍率和放电深度等诸多不同工况下的外部应力，这些因素对电池性能的影响各不相同。因此，在设计经验模型时，需要利用控制变量法对各个因素分别设计相应的测试实验。然而，单个电池的循环老化至少需要数月时间，完成如此庞大规模的实验测试将会非常耗时。此外，特定经验模型往往只适用于指定的被测试电池，对于不同厂家、不同型号和不同类别的电池，其适用性会存在一定的不确定性。这是由于不同电池的设计和制造工艺可能会导致电池性能的差异，从而影响经验模型的预测精度。

基于模型的 SOH 估计方法，通过构建电池的内阻或容量的估计模型，选取合适的算法，能够直接在线辨识电池的内阻和容量，并根据此类电池性能参数（如内阻、容量等）的变化，评估电池的健康状况和剩余寿命，其具体原理如图 3-14 所示。

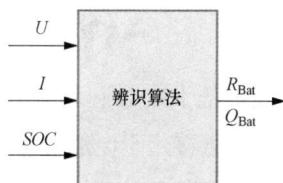

图 3-14 基于模型的电池 SOH 估计原理图

需要注意的是，电池的内阻和容量的在线辨识所需的电池模型与 SOC 估计所使用的模型有较大差异。因此，为了满足电池容量和内阻估计的需求，需要专门针对这些需求重新设计参数辨识模型。但在模型的设计过程中，需要考虑电池老化是一个长周期过程，电池的内阻和容量不会在短时间内显著变化。例如，电池内阻的在线辨识容易受到传感器噪声的影响，为了降低由测量噪声引入的估计误差，并提高算法的计算效率，可以选择较长时间尺度进行 SOH 估计。另外一种常见选择是设计电池 SOC 与 SOH 的联合估计算法，实现对电池容量和内阻的估计。但在这种情况下电池 SOC 估计的精度难以保证，准确地在线估计电

池容量和内阻仍然面临较大困难。

电池老化是一个相对缓慢的过程，此过程能够积累大量的历史数据。随着物联网、大数据等技术的快速发展，以及云平台的普及应用，这些数据为利用基于数据驱动的方法估计电池的 SOH 提供了潜在的应用条件。基于数据驱动的电池 SOH 估计方法，利用机器学习算法从历史数据中挖掘有效信息，直接建立电池老化特征与其 SOH 之间的对应关系，该方法原理如图 3-15 所示。

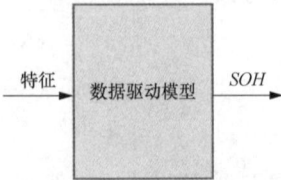

图 3-15　基于数据驱动的电池 SOH 估计原理图

通常运用基于数据驱动的方法估计电池 SOH，应首先收集大量的历史数据，包括电池在不同工作条件下的性能参数，如电压、电流、温度等。通过对这些原始数据进行分析，可以提取与电池 SOH 具备高度相关性的特征。在特征筛选后，选取电池 SOH 估计模型的训练样本，并对这些样本进行离线训练，以建立基于数据驱动的 SOH 估计模型。一旦数据驱动模型训练完成，就可以利用电池的日常运行数据在线提取电池老化特征，并将这些特征作为模型的输入，实现电池 SOH 的在线估计。整个建模及估计过程的主要流程如图 3-16 所示，包括数据收集、特征提取、训练模型和在线估计等环节，通过上述环节的有机结合，可以实现对电池 SOH 的准确估计。

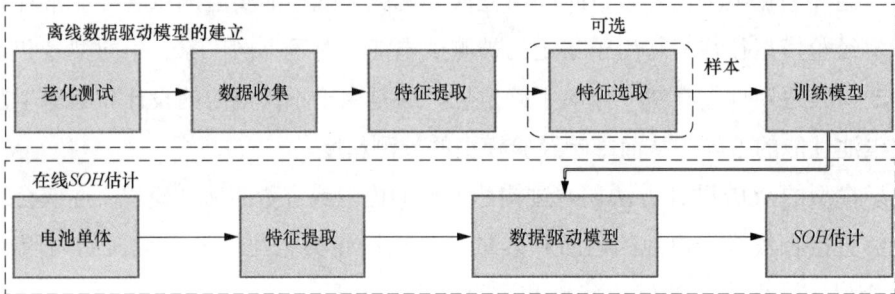

图 3-16　利用数据驱动方法估计电池 SOH 的主要流程图

使用基于数据驱动的方法建模的最大优势在于能够方便地将各种与电池老化相关的特征和信息直接用于电池 SOH 的估计，包括电池充放电过程的电压曲线、IC 曲线、DV 曲线和电化学阻抗谱等。另外，也可以利用多种机器学习算法构建电池老化特征与 SOH 之间的关系，主要方法包括前馈神经网络、支持向量机、相关向量机、高斯过程回归、随机森林回归和递归神经网络等。近年来，随着深度学习技术的快速发展，它也被广泛应用于电池的 SOH 估计。深度学习模型，如卷积神经网络（Convolutional Neural Network，CNN）和循环神经网络（RNN），能够从大量数据中学习到复杂的非线性关系，并可以捕捉到数据的微小变化，使其在电池 SOH 估计中具有较高的准确性和鲁棒性。常用于电池 SOH 估计的数据驱动算法如图 3-17 所示。

综上，如前文所述，在电池 *SOH* 的估计方法中，直接测量法通过设计测量手段直接获取电池的内阻与容量，经验模型法使用数学函数拟合电池老化测试数据，基于模型的方法能够在线更新电池的内阻和容量，而基于数据驱动的方法能够使用多种老化特征来估计电池的 *SOH*。

3.3.2　采用短时电池脉冲的电池 *SOH* 估计方法

由于电池实际应用工况复杂多变且电池类型多样，从长周期的固定工况中提取老化特征，建立电池的 *SOH* 估计模型面临以下主要难点。

（1）时间成本较高。如果电池老化特征需要从耗时较长的工况中获取，那么应用数据驱动模型时也必须获得电池在该特定工况下的测量数据，所需时长相同，可能导致实际应用中难以满足对电池 *SOH* 定期监测的需求。

（2）获取难度较大。由于实际应用工况复杂多变，并非所有情况都能满足长周期特征测量的要求，可能导致相应的电池老化特征无法及时获取，进一步增加了基于数据驱动的电池 *SOH* 估计的应用难度。

本节介绍一种电池老化特征提取方法，该方法能够从短时电流脉冲测试中快速获取所需的电池老化信息。电池的电流脉冲测试如图 3-18 所示。测试过程中，对电池施加特定时长和幅值的电流脉冲，激发电池内部的电化学反应，相应的电池电压响应曲线如图 3-18 中的红色曲线所示，该曲线可以提供电池的响应速度、电压峰值和恢复时间等。

随着锂离子电池功率特性的衰减，电池的内阻会不断增大。电流脉冲测试是一种有效的手段，用于检测电池的功率特性。在电池老化过程的不同阶段，通过对电池施加特定的电流脉冲，可以观察到对应的电压响应会随着电池老化程度的变化而发生变化。例如，当 $SOC=20\%$ 时，对磷酸铁锂电池施加幅值为 10A、持续时间为 18s 的电流脉冲后，测量到电压响应曲线如图 3-19 所示。可以看出，随着电池的不断老化，电压响应曲线的形状也会相应变化。因此，考虑从电压响应曲线中提取电池的老化特征，以建立电池 *SOH* 的估计模型。若已知图中电流脉冲跳变时刻为 t_1、t_2、t_3 和 t_4，即可快速获得相应的电压响应值 U_1、U_2、U_3 和 U_4，并作为电池老化的特征。

图 3-17　常用于电池 *SOH* 估计的数据驱动方法示例图

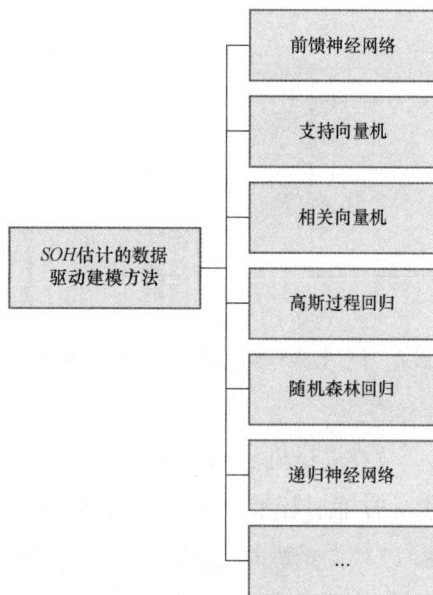

前馈神经网络

支持向量机

相关向量机

SOH 估计的数据驱动建模方法

高斯过程回归

随机森林回归

递归神经网络

...

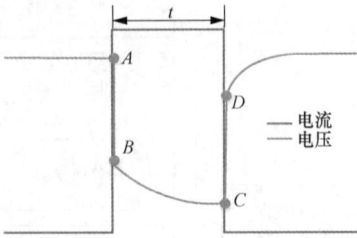

图 3-18　电池的脉冲电流测试及电压响应曲线

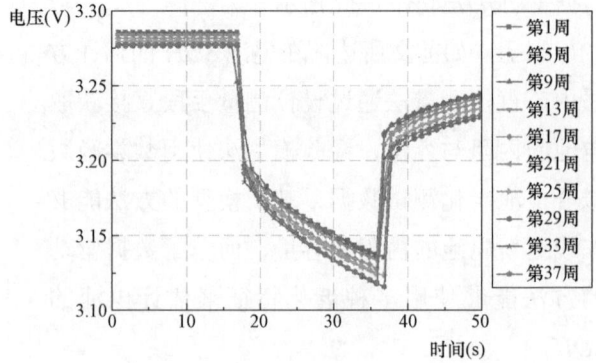

图 3-19　脉冲电流测试的电池电压响应曲线

支持向量机是一种常用的数据驱动方法。通过支持向量机的训练过程，可以建立电池的 SOH 估计模型。然而，此数据驱动模型的建立过程与支持向量机中超参数的选取密切相关。支持向量机的超参数 C、ε 和 γ 与模型训练后的表现直接相关，需要根据要解决的特定问题来设定取值。传统的数据驱动模型建立方法是一般直接从电池老化测试的原始数据进行特征选取，然后依据个人经验设定训练数据驱动模型的超参数，以建立最终的电池 SOH 估计模型。在这个过程中，特征选取是一个重要的环节，决定了模型能够捕捉到的关键信息。然而，传统方法的特征选取在整个估计模型获取过程中往往被视为可选项，仅依据个人经验进行特征选取和超参数调节，显然无法有效保证所建立估计模型的效率和准确性。

为了实现电池 SOH 估计模型的优化，需要综合考虑电池老化特征的选取和超参数的设定。通过使用遗传算法进行同步优化，可以获得更加高效的电池 SOH 估计模型。这种方法的整体框架如图 3-20 所示，通过统一的框架可以实现老化特征的选取和支持向量机中超参数的同时优化。

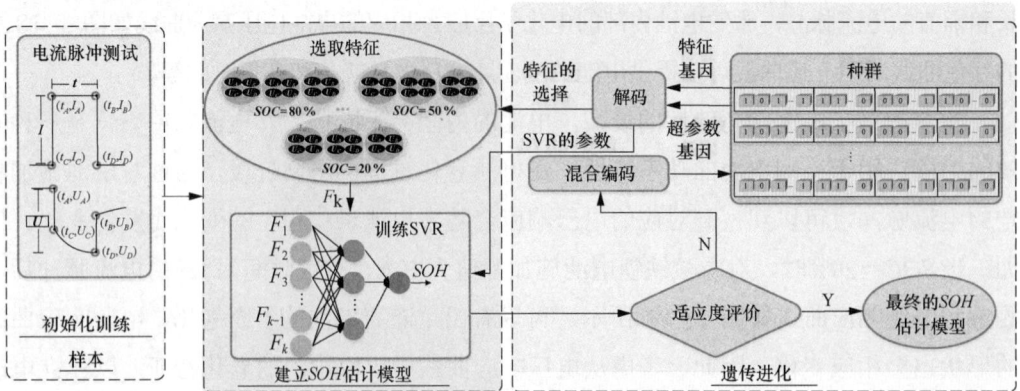

图 3-20　一种基于遗传算法的电池 SOH 估计模型整体框架图

在初始化阶段，对电池老化特征进行选取，并对超参数进行设定。之后，基于这些初始条件，建立锂离子电池 SOH 的估计模型。然后，以该估计模型的准确性作为评估依据，计算当前个体的适应度。适应度反映了模型的实际应用性能，通常与模型的准确性、鲁棒性等指标相关。在评估完当前个体适应度后，利用遗传算法中的基因操作来产生下一代个体。这些基因操作包括交叉、变异等，目的是引入新的特征和超参数组合，以探索更优的解决方案。经过多次迭代寻优之后，遗传算法会逐渐收敛到最优解，从而获得建立优化的电池 SOH 估计模型所需的老化特征和超参数。此过程是一个不断优化和迭代的过程，每次迭代都会对老化特征和超参数进行调整，以期提升模型的性能。

适应度评估在遗传算法中至关重要，种群中适应性较好的个体有更大概率被保留到下一代。基于数据驱动模型的泛化能力对于估计模型的实际应用非常关键，因此本节选取电池 SOH 估计模型进行五重交叉验证。将验证后所获得的均方误差（Mean Squared Error，MSE）作为评价函数，具体如下

$$MSE_{cv} = \frac{1}{n} \sum_{x_i, y_i \in D} \delta(f_{SVR}(D/D_i, x_i), y_i) \tag{3-14}$$

式中：D 为由 n 个片段组成的模型训练样本；x_i 为相应训练样本的输入，y_i 为输出；D_i 为测试集，$i \in [1, n]$，n 为交叉验证的组数。

以五重交叉验证为例，此时 $n=5$，所有训练样本被随机分成 5 组。每次使用其中 4 组作为训练集，建立 SOH 估计模型；1 组作为测试集，验证模型的精度。以式（3-14）的结果为例，可依次将交叉验证的过程重复 n 次，遍历全部训练样本之后，得到所有估计结果的平均 MSE。$f_{SVR}(D/D_i, x_i)$ 为测试集中样本的估计值；$\delta(f_{SVR}(D/D_i, x_i), y_i)$ 为模型估计值和真实值之间的 MSE。

通过应用图 3-20 所提出的估计方法，可以得到两块不同单体电池容量的估计结果，如图 3-21 所示。从图 3-21 中可以看出，估计值与参考值之间保持了较高的一致性，表明所提的估计方法具有较高的准确性。此外，通过估计电池当前容量与其初始容量的比值，可以方便地获取电池当前的 SOH。

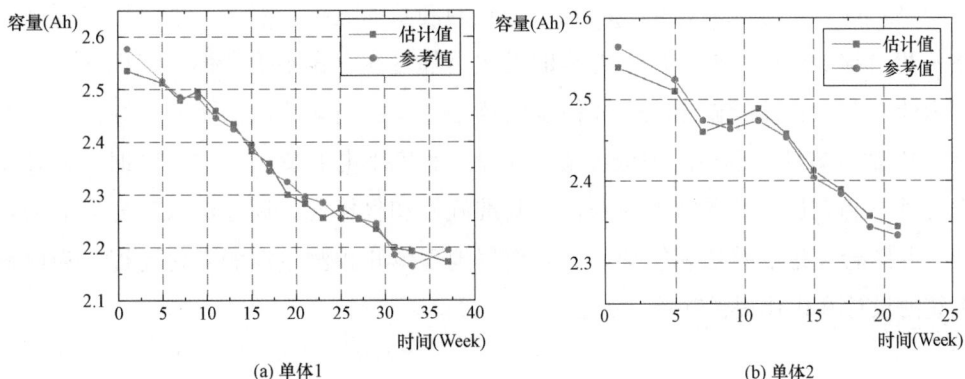

(a) 单体1　　(b) 单体2

绝对误差(Ah)

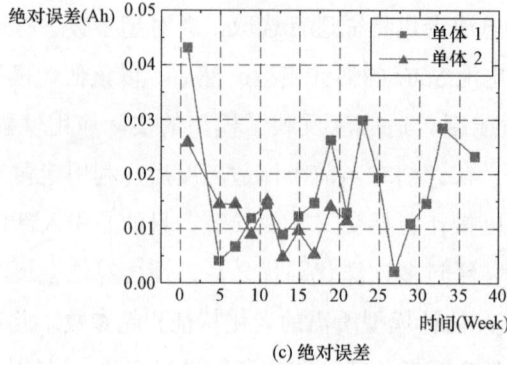

(c) 绝对误差

图 3-21　本节所述方法的电池容量估计结果图

3.3.3　影响电池 *SOH* 估计准确性的因素

电池性能的下降和容量的衰减往往是多种因素共同作用的结果，这些因素包括但不限于电池内部发生的物理反应、化学反应以及与之相关的副反应。这些反应之间存在一定的耦合关联性，共同影响着电池的性能表现。

对于储能系统而言，电池容量的降低直接导致可用能量的减少，进而影响电池组的整体性能。然而，电池容量损失的过程是一个非线性过程，其老化机理复杂，难以精确描述。特别是在循环寿命方面，电池的衰减规律更为复杂，这使得对电池性能的准确预测和评估面临巨大挑战。

对于锂离子电池而言，其实际容量取决于电池内部活性物质的数量和利用率。电池容量变化的根本原因在于其老化过程中正负极活性材料的损失（Loss of Active Material，LAM）以及可用锂离子的损耗（Loss of Lithiumion，LLI）。然而，这三种老化模式并非孤立存在，而是相互之间具有耦合作用。在单一的老化模式中，可能同时触发其他几种老化形式，从而加剧电池性能的下降。

在循环和储存过程中，锂离子电池内部发生的反应会引起阴极和阳极的 LAM 以及 LLI。外部条件（如温度过高、过度充放电等）也会加速上述过程。因此，从宏观时间尺度观测，锂离子电池的容量衰减是一个较为漫长的过程。然而，由于这些复杂的外部条件和内部反应的共同作用，电池的老化路径可能存在不确定性和随机性，当前研究尚未能对其老化路径做出较全面精确的描述。电池老化路径的不确定性是影响各种电池 *SOH* 估计方法准确性的关键因素。在设计和应用电池 *SOH* 估计方法时，需要充分考虑这种不确定性，并寻找方法来提高其准确性和鲁棒性。通过深入研究电池的老化机理，并结合先进的算法和模型，可以更好地理解和预测电池的老化过程，为电池管理系统的设计和优化提供支持。

小　结

本章全面系统地介绍了储能系统各种类型的电池状态，并着重对电池 *SOC* 和 *SOH* 的估计方法进行了详细的阐述。对于 *SOC* 和 *SOH*，整体介绍了常用估计方法的原理和优缺点，并分别选取了典型的 *SOC* 和 *SOH* 估计方法作为案例，对估计过程及结果进行了必要的说明。对于 *SOC* 估计，主要介绍了基于模型的方法和基于数据驱动的方法，以及它们的优缺点，并给出了一个基于模型的 *SOC* 估计方法案例。对于 *SOH* 估计，则重点介绍了直接测量法、经验模型法、基于模型的方法和基于数据驱动的方法，并给出了一个基于数据驱动的 *SOH* 估计方法案例。对影响电池 *SOC* 和 *SOH* 估计方法准确性的多种外部因素进行了梳理，包括充放电倍率、温度、老化等。这些因素都会对电池的性能产生影响，从而影响 *SOC* 和 *SOH* 的估计准确性。本章的内容是后续电池均衡及电池管理系统设计的重要前提。

思　考　题

3-1　储能系统的电池状态通常包含哪些？请分析 *SOC*、*SOE* 有什么区别？

3-2　电池的 *SOH* 为什么主要选择容量作为计算依据？请思考实际应用中 *SOH* 估计是否可以直接用电池容量计算？

3-3　假设某电池额定容量为 200A・h，初始容量为 20A・h，采用 50A 电流进行充电操作，充电时间为 3h，采用安时积分法计算其 *SOC*，如果电流测量没有误差，那么此时的 *SOC* 应为多少？如果电流测量误差持续为正偏差（测量比实际值大）0.5%，那么此时的 *SOC* 应为多少？

3-4　请分析基于模型的电池 *SOC* 估计方法的优缺点，可采用哪些方式改善基于模型的电池 *SOC* 估计精度？

3-5　对某锂离子电池进行如图 3-22 的测试：由 *A* 时刻到 *B* 时刻，放电电流由 0A 变为 100A，此时电池电压由 3.20501V 降低为 3.20483V，请据此计算电池内阻。

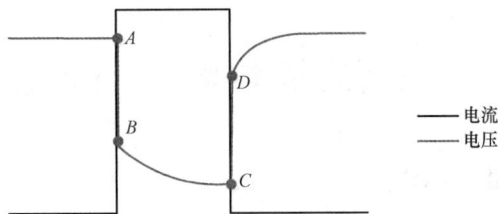

图 3-22　题 3-5 图

第4章

储能系统的均衡模式

蓄电池或超级电容等储能电源在实际的应用中，为满足容量、电流和电压等级的需求，通常需要对单体进行串并联成组使用。

由于单体电池参数的不一致，在对串联电池组进行循环充放电的过程中，容易造成单体电池的过充或过放，进而导致可靠性、安全性和耐久性等方面的问题。而造成单体电池间差异的因素主要有以下方面。

（1）电池当前生产工艺的限制，即使同一批次的电池也会出现性能不一致的情况。

（2）各单体电池的自放电率不一致。

（3）电池组在使用过程中，温度、放电效率和保护电路对电池组的影响差异会被放大。

在实际充放电过程中，只要有一个单体电池被充满（放空）或达到充电（放电）的截止电压，就必须停止充（放）电。如果不采取相应的均衡措施，各单体电池的荷电状态或端电压就会出现较明显的差异，并且这种差异会随着循环次数的增加而不断扩大。一般来说，单体数量越多，保证单体电池性能的一致性越困难，对串联电池组性能的影响也越明显。在实际应用过程中，可以从以下两个方面来减少单体电池性能不一致带来的影响：一是成组前电池的筛选，即尽量选择单体电池性能一致性较好的电池进行成组；二是采用电池均衡技术，对成组电池中性能存在差异的单体电池进行均衡管理，以延长电池组实际使用寿命，保证电池组安全运行。但是，在成组前选择性能较一致的单体电池在保证电池组均衡能力方面的作用有限，并不能完全消除电池组在使用过程中产生的差异性。因此，储能电池组的均衡技术研究对提升电池组性能、延长电池使用寿命及保证电池组安全稳定运行具有重要意义。

4.1 均衡的基本概念与评价参数

4.1.1 电池均衡的基本概念

受单体电池容量、电流和电压限制，在实际应用过程中必须对电池进行成组使用，以满足系统对容量、电流和电压的要求。电池成组的方式主要包括电池的串联、并联和串并联三种。串联可以提高电池组的电压；并联可以提高电池组的电流；串并联可以兼顾电压和电流。不论采用哪一种方式，单体电池间的差异都需要进行均衡处理，以保证电池组的性能。

电池均衡是利用电力电子技术，平衡电池组内各单体电池的电压或荷电状态 SOC 的过程，从而保证每个单体电池在正常使用时保持相同的状态。电池均衡的目标主要有以下两个方面。

（1）防止单体电池过充或过放，保证电池组安全运行。

以锂离子电池为例，过充电会导致锂离子电池正极材料结构变化，造成容量损失，且其分解释放的氧气会与电解液发生剧烈的化学反应，导致电池膨胀、漏液，严重情况下甚至会导致电池爆炸。同时，过放电可能会造成电极活性物质受到不可逆破坏，充电能力只能部分恢复，电池组容量明显衰减。

（2）降低电池容量的短板效应，提高电池组可用容量和循环寿命。

电池短板效应是单体电池成组使用时的常见问题。在多个单体电池成组使用过程中，若某个单体电池性能相对较差，会导致整个电池组性能受到限制。因为电池组在实际充放电过程中，只要任一单体被充满或放空，就必须停止充电或放电。为了解决这一问题，采用电池均衡管理技术，对电池组中的各个单体电池进行均匀充放电，如图4-1所示，能有效降低电池容量的短板效应，提高电池组可用容量和循环寿命。

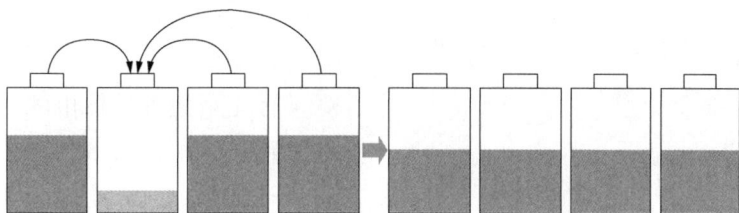

图 4-1　电池组带均衡电路效果

目前，针对均衡技术的研究主要集中在均衡策略和均衡电路两个方面。均衡策略的研究需要确定合适的均衡判据，制定衡量电池一致性的指标，并以此为基础设计均衡算法；而均衡电路的研究侧重于电路结构的设计，为不同种类的电池开发不同的均衡电路。

4.1.2　均衡策略的选择

均衡策略是指选择一种合适的均衡判据，并以此为基础设计合适的均衡控制算法。目前的均衡策略主要有基于电池电压的均衡策略和基于电池 SOC 的均衡策略两种。

1. 基于电池电压的均衡策略

由于电池电压在实际使用过程中较容易获得，因此基于电池电压的均衡策略是一种常用的均衡策略。该策略以各单体电池电压趋于一致作为均衡结束的判据。电池电压一般包括开路电压和工作电压两种。以开路电压作为均衡变量时，只能在电池组处于搁置状态下使用。当电池组在充放电时，开路电压测量较为困难。同时，以锂离子电池为例，电池开路电压在平台期变化范围较小，要求均衡系统采集模块具有较高的精度，以上原因在一定程度上限制了其在实际工程中的应用。

以电池工作电压作为均衡变量时，不受电池组处于工作或搁置状态的限制。电池工作电压可以直接测量，且相比开路电压，其变化范围更大，采集精度上更容易满足要求。以工作电压为均衡变量，可以在不过充过放的前提下，尽可能地提高电池组的容量利用率。对于老化程度较深、内阻较大的电池，在非满放的情况下，以工作电压一致作为均衡变量，可以保证其工作过程中 SOC 的变化范围小于其他电池，进而减缓该电池的老化速度，延长整组电池的使用寿命。因此，以电池工作电压为均衡变量应用范围更广。

基于工作电压的具体均衡策略有两种。

一是基于最大值和最小值的均衡策略。以充电过程为例，设置充电均衡上限的最大值和最小值。当单体电池电压高于 U_{max} 值时，该单体电池进行放电均衡；当该单体电池电压低于 U_{min} 值时，放电均衡停止。

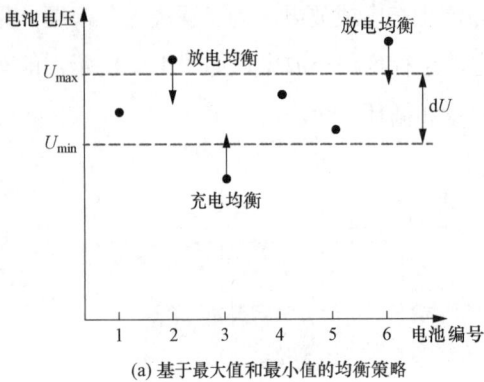

(a) 基于最大值和最小值的均衡策略

二是基于电压均衡控制的均衡策略，首先采集各单体电池的电压并计算电压的平均值 U_{avg}，根据电压平均值确定均衡控制范围上限 $U_{avg}+dU$ 和下限 $U_{avg}-dU$，如图 4-2 所示。位于均衡控制范围内的电池不需要均衡。对高于控制范围上限的单体电池进行放电均衡以降低电压，对低于控制范围下限的单体电池进行充电均衡以提升电压，最后使得各单体电池电压都位于均衡控制范围内，实现均衡的目标。其中，设立均衡控制的范围，可以避免对于某一单体电池的反复均衡，确保均衡系统的稳定运行。

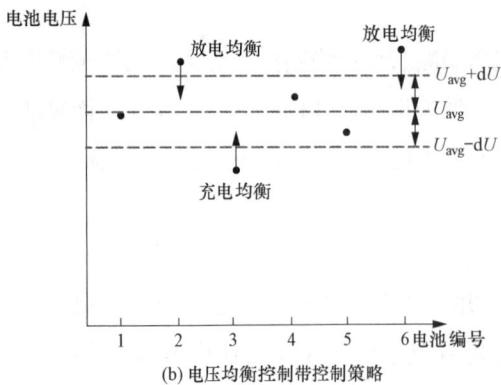

(b) 电压均衡控制带控制策略

图 4-2　电压均衡控制策略

基于工作电压的均衡策略实施比较简单，只需要通过电压采集电路测得各个单体电池电压，即可进行均衡判断。但是，由于电池工作电压受到内部参数和外部使用条件的影响，电压采集精度问题会导致开关频繁动作，进而影响均衡的稳定性。

2. 基于电池 SOC 的均衡策略

从电池内部来看，直流内阻、极化电压、最大容量和 SOC 能够直接反映单体电池的内部差异。对于电池的单个充放电过程来说，直流内阻、极化电压和最大容量变化很小，可以忽略不计。SOC 表征当前电池剩余容量占最大可用容量的比例，将其作为均衡变量，可以忽略电池组内单体电池间最大可用容量的差异，使所有单体电池同时达到充放电截止电压，从而有效利用电池组容量。同时，SOC 保持一致意味着所有单体电池均工作于相同的放电深度，避免由于放电深度不同导致电池老化速度的差异。只有当所有单体电池在任意时刻的 SOC 值保持一致时，电池组的 SOC 值才能真实反映整个电池组的剩余容量状态。

基于 SOC 的具体均衡策略如图 4-3 所示，首先通过采集各单体电池的电压和电流估算电池的 SOC 状态，并选择电池组 SOC 平均值 SOC_{avg} 作为均衡的目标。与电压均衡策略类似，根据 SOC_{avg} 确定均衡控制的上限 $SOC_{avg}+\mathrm{d}SOC$ 和下限 $SOC_{avg}-\mathrm{d}SOC$，位于均衡控制范围内的电池不需要均衡。对高于控制范围上限的单体电池进行放电均衡以降低其 SOC 值，对低于控制范围下限的单体电池进行充电均衡以提升其 SOC 值，最后使得各单体电池 SOC 值都位于均衡控制范围内，实现均衡的目标。设立均衡控制范围可以避免均衡发生波动，减少均衡系统的频繁动作。

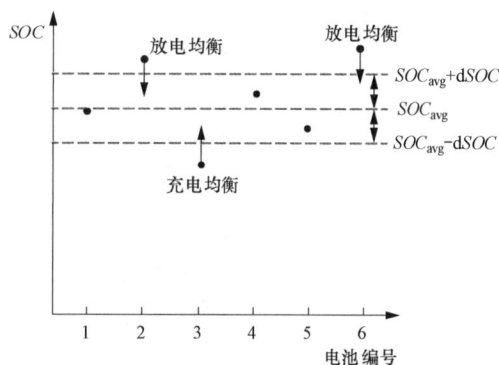

图 4-3 基于 SOC 的具体均衡策略

SOC 估算方法一般比较复杂，因此基于 SOC 的均衡策略主要面临 SOC 的估算精度以及实时性的问题。在充放电初期，SOC 差异较小，如果均衡系统无法识别，到后期就会对其造成较大压力，甚至导致均衡失败。

此外，有学者提出将剩余可用容量作为均衡指标。与 SOC 作为均衡指标类似，以当前剩余可用容量作为均衡指标也是从容量角度对电池组进行均衡，同样能够避免低容量电池导致的短板效应，充分发挥电池组的能力。在组内电池老化程度差异不大的情况下，以剩余可用容量作为均衡变量和以 SOC 作为均衡变量是一致的。但是如果组内电池老化程度不同，某一时刻 SOC 达到一致后，由于不同电池 SOC 变化速率不同，以剩余可用容量作为均衡目标，可以延缓后续不一致问题的出现。以剩余可用容量作为均衡指标的主要问题在于如何在线实时估算电池当前最大可用容量，目前的估算方法大多只能实现离线估算，且估算精度难以保证。

4.1.3　评价均衡的基本参数

1. 均衡电流

均衡电流是指在电池组均衡过程中，均衡电路中流过的电流。它是用来均衡电池组内各个单体电池之间的差异，确保电池 SOC 相对均衡的重要参数。均衡电流的大小取决于电池组的设计和均衡电路的特性。一般来说，均衡电流要足够大，以便能在较短的时间内将电荷从 SOC 较高的单体电池转移到 SOC 较低的单体电池上。但是，均衡电流过大会造成单体电池过大的负载，产生严重的热效应，进而影响电池的寿命和使用安全性。因此，需要系统考虑均衡电流大小的选取。

常见的均衡电流有方波形电流、三角波形电流和正弦波形电流。

当均衡电路为被动均衡，即采用阻性元件将多余能量释放掉时，均衡电流波形一般为方波形。方波形电流如图 4-4 所示，电流可表示为

$$I = I_0 \ (nT \leqslant t \leqslant t_0 + nT, \ n \in N) \tag{4-1}$$

方波形电流的平均电流为

$$I_{\text{avg}} = I_0 t_0 / T \tag{4-2}$$

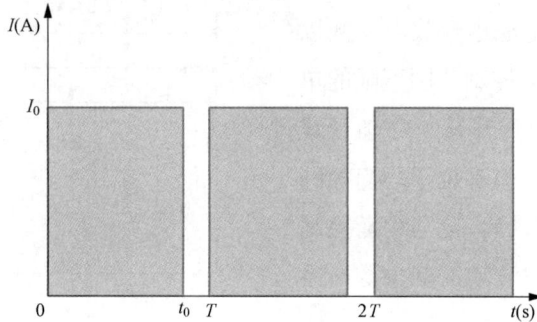

图 4-4　方波形电流

当均衡电路为主动均衡，即存在电感和电容等储能元件时，均衡电流波形可为三角波形或者正弦波形。三角波形电流如图 4-5 所示，电流可表示为

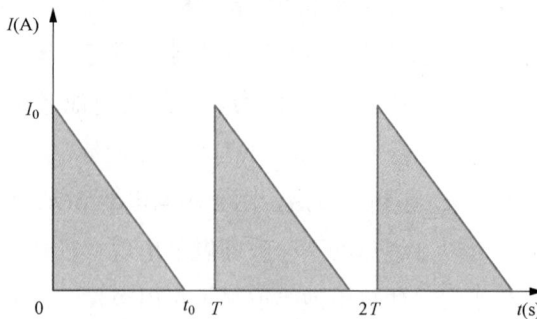

图 4-5　三角波形电流

$$I = I_0 \ [1 - (t - nT) \ / \ t_0] \ (nT \leqslant t \leqslant t_0 + nT, \ n \in N) \qquad (4-3)$$

三角波形电流的平均电流为

$$I_{avg} = \ 0.5 \ I_0 t_0 / T \qquad (4-4)$$

正弦波形电流如图 4-6 所示,电流可表示为

$$I = I_0 \ \sin(t - nT) \ nT \leqslant t \leqslant (0.5 + n)T, \ n \in N \qquad (4-5)$$

正弦波形电流的平均电流为

$$I_{avg} = I_0/\pi \qquad (4-6)$$

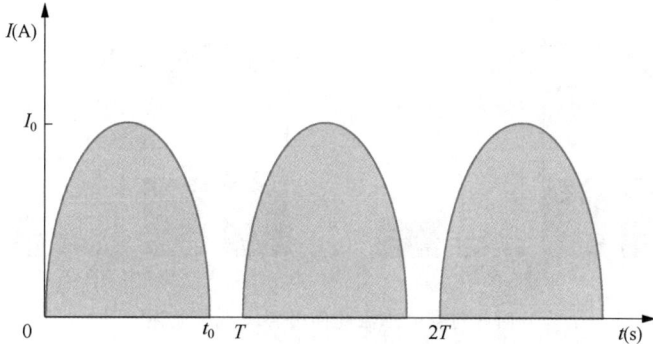

图 4-6 正弦波形电流

2. 均衡后电池的一致性

电池一致性是指由统一规格型号的单体电池组成的电池组,其电压、荷电量、容量及其衰退率、内阻及其变化率、寿命、温度和自放电率等参数的一致性。电池一致性评价主要有基于外电压的一致性评价和基于容量的一致性评价。

基于电压的一致性评价是目前常见的一种评价方式,它利用电池电压之间的差异来衡量电池组的一致性。利用电压方差衡量电池外电压的一致性虽然理论上具有良好的效果,但是在电池充电或放电时,外电压包含了电池自身电压、导线电压等,因此不能完全反映电池的一致性。

基于容量的一致性评价是根据短板效应实现的,串联电池组的最大可用容量就是电池组中容量最小单体电池的最大可用容量。因此,只有保证各电池 SOC 一致,才能够完全利用电池组的容量。反映电池容量最直接的参数是电池 SOC 与 SOH,而这两个参数均需要通过其他参数进行求解。

3. 效率

均衡效率是指均衡电路在实际运行中完成均衡操作的效率或能力。它表示均衡电路将电池组中的能量或电荷从 SOC 较高的单体电池转移到 SOC 较低的单体电池的有效程度。均衡效率受电路设计、电池特性、均衡策略以及工作条件等影响。对实际电池系统,一般用均衡时间效率或能量转移效率来表示。

均衡时间效率是指从高电量电池向低电量电池转移相同的电量，所用时间越短，均衡越快。一般用均衡电流的大小来衡量均衡速度。同时，均衡时间效率与电量转移次数成反比关系。如果从高电量电池向低电量电池进行能量转移，仅需一次即可完成能量转移，比需两次完成能量转移效率高，如图4-7所示。

能量转移效率是指均衡电路输出功率与输入功率的比值。它主要取决于电路拓扑设计和电路元件选型，并与能量转移次数成反比关系，即

$$\eta = \frac{P_{\text{out}}}{P_{\text{in}}} = \frac{U_{\text{out}}I_{\text{out}}}{U_{\text{in}}I_{\text{in}}} \tag{4-7}$$

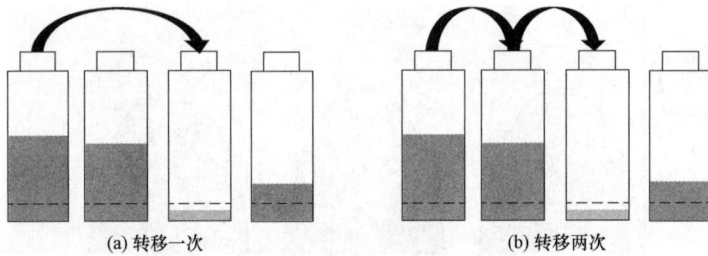

(a) 转移一次　　　　　　　　　(b) 转移两次

图4-7　电池组均衡转移次数示意图

4.2　串联均衡的基本方法与电路

4.2.1　串联均衡的基本方法

串联均衡针对的是电池串联条件下的均衡，是目前最主要的均衡模式。串联均衡方法有很多，按照均衡原理大体上可分为被动式均衡和主动式均衡两种。被动式均衡又称为能耗式均衡，其原理主要是通过能量消耗的方式将电压较高单体电池的能量消耗掉。经过一段时间的能量消耗后，被均衡单体电池的电压降低，通过逐步对比并消耗各个电压较高的单体能量，从而实现电池组的均衡。这种均衡方式的优点是电路结构简单，容易实现，且成本较低；缺点是均衡电流小，能量全部以发热的形式耗散，均衡效率低，器件发热严重需要外加散热模块，且安全隐患大等，一般只适用于低功率场合。

主动式均衡又称为能量转移法，其原理是通过电感、电容和变压器等外部电路储能元件，实现能量从较高的单体电池向较低的单体电池的转移，即通过削峰填谷的方式实现电池组的均衡。这种均衡方式的优点是能量通过储能元件完成传递，均衡电流较大，能量损耗小，均衡效率高；缺点是电路结构和控制策略比较复杂，同时由于电路中存在开关器件，有部分能量会以发热的形式耗散。该方法主要适用于功率较大的场合，尤其适用于锂离子电池这种严禁过充的电池。

4.2.2　串联均衡的基本电路

从均衡能量转移的角度，所有的均衡系统可分为被动式均衡和主动式均衡。电池均衡结构如图 4-8 所示。

1. 被动式均衡方案

（1）固定电阻均衡拓扑结构。

固定电阻均衡电路拓扑结构如图 4-9 所示。其工作原理为：在每个单体电池两端并联相同阻值的电阻，当充电完成后，单体电池通过并联的电阻持续放电，直至实现电池电压的均衡。单体电池的放电速度取决于其电压的大小，电压高的电池放电速度快，电压低的电池放电速度慢。该拓扑结构优点是电路简单，成本低；缺点在于无论电池是处于充电状态还是放电状态，分流电阻都会将单体电池的能量以热量的形式耗散掉。同时，由于没有开关控制器件，该结构只适用于铅酸电池和镍氢电池，因为这两种电池在过充时不会损坏单体电池。

（2）可控电阻均衡拓扑结构。

可控电阻均衡电路拓扑结构如图 4-10 所示。与固定电阻均衡拓扑结构不同的是，可控电阻均衡电路会在每个并联电阻支路串联一个均衡开关 S_i，通过均衡开关 S_i 和分流电阻 R_i 实现对充电电流的调节。均衡电流的大小取决于均衡开关的占空比或开关周期。

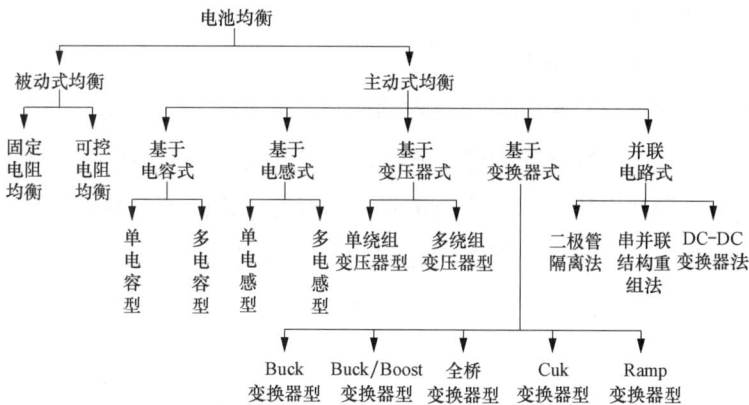

图 4-8　电池均衡结构

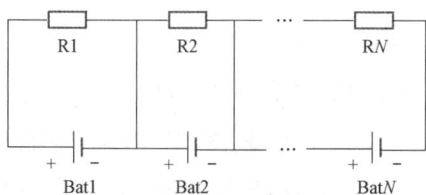

图 4-9　固定电阻均衡电路拓扑结构

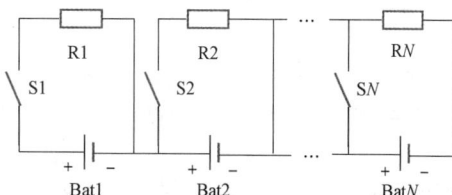

图 4-10　可控电阻均衡电路拓扑结构

83

与固定电阻均衡拓扑结构相比，当均衡完成后，该结构所有开关均会关断，解决了由于均衡电阻造成的持续放电问题。但由于该结构多余能量仍然通过电阻耗散掉，存在能量浪费、较严重散热问题，对热管理要求很高。

由于 MOSFET 较传统开关具有开关速度快、驱动功率小等优点，在实际电路中应用广泛。基于 MOSFET 的可控电阻均衡电路拓扑结构如图 4-11 所示。该结构将传统开关更换为 MOSFET 器件，每组 MOSFET 和电阻串联后，再与相应的单体电池并联。当检测到相应的单体电池电压达到阈值时，说明此电池已充满，控制电路产生相应波形信号，控制对应 MOSFET 导通，使单体电池被旁路，电流经 MOSFET 流过电阻，能量以热量的形式耗散。该结构具有体积小、控制简单和成本较低等优点，但电路均衡电流比较小，多为 100mA 左右，导致均衡速度慢。

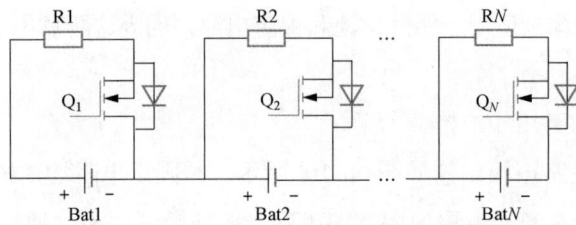

图 4-11　基于 MOSFET 的可控电阻均衡电路拓扑结构

2. 主动式均衡方案

（1）基于电容式均衡拓扑结构。

基于电容式均衡电路，也称飞渡电容均衡法，其原理是：采用"一个飞跨电容+开关矩阵"的方式，利用电容器作为储能元件，通过开关控制均衡电路的通断，实现电荷从高电压单体电池向低电压单体电池的转移。在电容式均衡的电路拓扑结构中，根据参与均衡的电容数量，又分为单电容型和多电容型均衡结构。

基于多电容型均衡电路拓扑结构如图 4-12 所示。对于多电容型均衡电路，其工作原理是：一组电容器在串联电池组的相邻电池之间转移电荷，所有开关同时动作，在上下触点之间轮流接通，通过这种简单的动作，电荷在两相邻单体电池之间转移，最终电荷由高压单元传递到低压单元，经过开关的反复切换，即可实现均衡。理论上，该方法不需要单体电池的电压检测模块，但为了避免开关一直处于动作状态，可以加入电压检测单元，当出现单体电池电压差异时，控制单元会发出信号驱动开关动作。

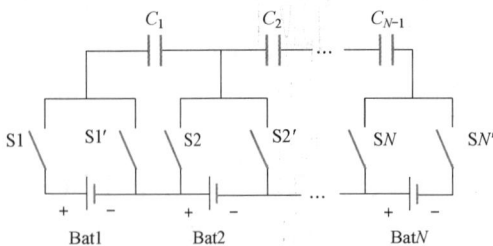

图 4-12　多电容型均衡电路拓扑结构

该拓扑结构的特点主要有如下四点。

1）开关电容拓扑仅存在少量回路电阻损耗，效率较高。

2）由于电容自身的充放电特性，当均衡电容与接通的单体电池之间电压差较大时，其均衡电流大，均衡速度快。但随着均衡的进行，当均衡电容与单体电池之间的电压差逐渐缩小时，均衡电流变小，均衡速度降低。

3）在电池能量转移方向改变的情况下（例如 Bat2 有多余能量，Bat1 能量不足），均衡策略无须改变。

4）转移发生在相邻电池间，不能跨越多个单体电池进行均衡。

以电池 Bat1 向 Bat2 转移量能为例，在 Δt_1 时段内，开关 S1 和 S2 闭合，缓冲电容 C_1 与电池 Bat1 并联，如图 4-13（a）所示。此时，电池 Bat1、电容 C_1 和回路电阻 R_1 构成一阶 RC 电路，电容 C_1 开始充电，直至其电压等于电池 Bat1 的电压。

根据图 4-13（b）所示的等效电路，可得到电池对电容的充电电流 i_C 和电池 Bat1 上的电压 U_{B1} 为

$$\begin{cases} i_C = C\dfrac{\mathrm{d}u_C}{\mathrm{d}t} \\ U_{B1} = i_C R_1 + u_C \end{cases} \tag{4-8}$$

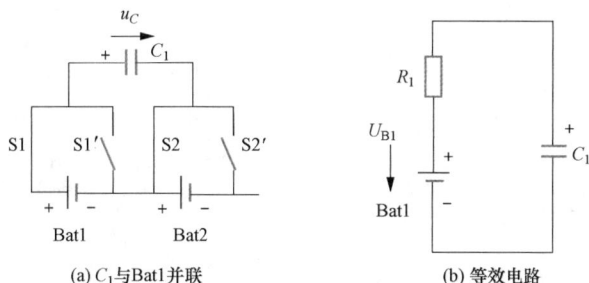

(a) C_1 与 Bat1 并联 　　　　　　(b) 等效电路

图 4-13　电池 Bat1 向电容 C_1 转移能量电路示意图

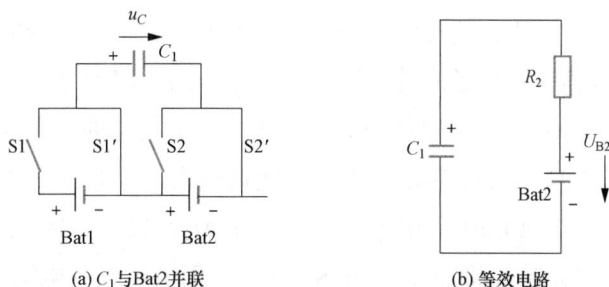

(a) C_1 与 Bat2 并联 　　　　　　(b) 等效电路

图 4-14　电容 C_1 向电池 Bat2 转移能量电路示意图

在 Δt_2 时段内，开关 S1 和 S2 断开，开关 S1′和 S2′闭合，缓冲电容 C_1 与电池 Bat2 并

联，如图 4-14（a）所示。此时，电池 Bat2、电容 C_1 和回路电阻 R_2 构成一阶 RC 电路，电容 C_1 开始充电直至其电压等于电池 Bat2 的电压。

根据 4-14（b）所示的等效电路，可得到此时电容放电电流 i_C 和电容两端电压 u_C 为

$$\begin{cases} u_C = U_{B1} - (U_{B1} - U_{B2})e^{\frac{t}{R_2C}} \\ i_C = \frac{1}{R_2}(U_{B2} - U_{B1})e^{\frac{t}{R_2C}} \end{cases} \tag{4-9}$$

电容 C_1 两端电压和流过电容 C_1 的电流 I_C 曲线，如图 4-15 所示。

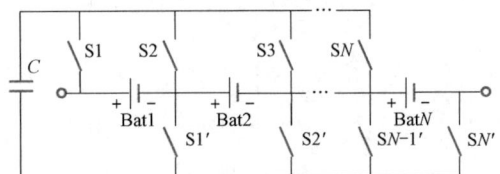

单电容型均衡电路拓扑结构如图 4-16 所示。在单电容型均衡电路中，只需要一个电容 C 作为能量转移的载体。其工作流程为控制中心检测电池组中各单体电池的电压，通过均衡控制策略，找到电压过高的单体电池，并控制其两端开关闭合，将多余能量传递给电容；电容充电完毕后，断开电压过高的单体电池两端开关，随后闭合电压过低的单体电池两端开关，将电容与其连接，这样电容就可以给电压过低的单体电池充电。基于单电容型的均衡拓扑结构，由于只使用单个电容，因此可以实现任意最高和最低电压或荷电状态的单体电池之间的能量转移，均衡速度较快。但开关器件的瞬时启动电流较大，同时导通压降也直接影响均衡效果。

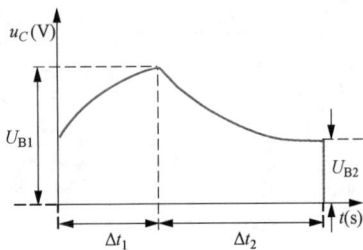

图 4-15　电容 C_1 两端电压变化曲线　　　　图 4-16　单电容型均衡电路拓扑结构

该拓扑结构的特点有如下两点。

1）多电容型拓扑只可以在相邻电池间转移能量，而单电容型拓扑可以实现在任意两个电池之间转移能量，减少了能量转移次数，提高了能量转移效率。

2）任意时刻，只能有一对电池同时参与均衡，因此均衡的时间效率较低。

以电池 Bat1 向 Bat2 的转移能量为例，在 Δt_1 时段内，开关 S1 和 S1'闭合，电容 C 与电池 Bat1 连接，此时电池 Bat1 向电容 C 充电；在 Δt_2 时段内，将 S1 和 S1' 断开，则电池 Bat1 与电容 C 断开连接。将开关 S2 和 S2'闭合，则电容 C 与电池 Bat2 相连，电容 C 给 Bat2 充电，从而实现能量从电池 Bat1 向 Bat2 转移。

（2）基于电感式均衡拓扑结构。

与基于电容式均衡电路类似，基于电感式均衡电路利用电感作为储能元件，通过开

关控制均衡电路的通断，实现电荷从高电压单体电池向低电压单体电池转移。同时，根据参与均衡的电感数量，可以分为单电感型和多电感型均衡电路。

基于多电感型均衡电路拓扑结构，多电感主动均衡是在相邻两单体电池之间放置一个电感，如图 4-17 所示。通过控制开关的通断时间，配合储能电感，实现能量在相邻两单体电池之间转移。该均衡方案扩展性好，且均衡电流大，但当需要均衡的单体电池相隔较远时，经过多次中间传输，降低了均衡速度，同时也会增加了能量损耗。

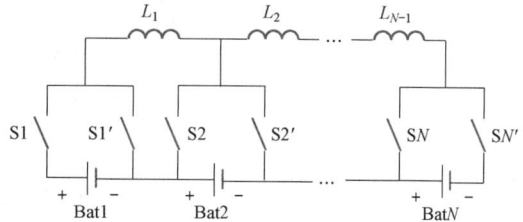

图 4-17　多电感型均衡电路拓扑结构

电感开关法的两种工作模式。

1）断续导通模式（Discontinuous Conduction Mode，DCM）。在开关周期内，电感电流总会回到零，意味着电感被适当地复位，即当功率开关闭合时，电感电流为零。该模式下，前半部分积累的所有能量在后半部分转移到待均衡的单体电池中，均衡电流在有限时间减小到零。

2）连续导通模式（Continuous Conduction Mode，CCM）。在开关周期内，电感电流从不会回到零，或者说电感从不复位，意味着在开关周期内电感磁通从不回到零，开关器件闭合时，线圈中还有电流流过。在该模式下，前半部分积累的能量只有一部分被转移，连续模式可以减少电流纹波，但若开关器件选择为晶体管，开关发生在非零电流下，会导致晶体管的功率损耗显著增加。

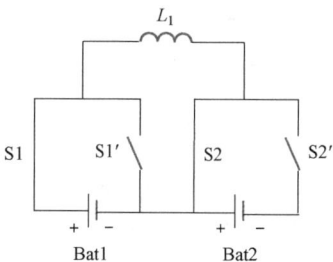

图 4-18　L_1 与 Bat1 并联

以断续导通模式为例，介绍多电感型均衡拓扑工作原理。当需要将能量从电池 Bat1 转移到 Bat2 时，在 t_1 时间内，将 S1 和 S2 闭合，S1′ 和 S2′ 断开，均衡电感 L_1 与电池 Bat1 相连，电池 Bat1 对均衡电感 L_1 进行充电，充电电流为 i_1，如图 4-18 所示。电感 L_1 两端电压可表示为

$$u_L = L \frac{di_L}{dt} \tag{4-10}$$

可计算获得 i_L 表达式为

$$i_L = \frac{1}{L} \int u_L dt = \frac{U_{B1} t_1}{L} \tag{4-11}$$

当电感上电压恒定时，电感流过的电流随时间增大，且与电感大小成反比。电感越小，电流上升越快。当均衡电感上电流为 i_L 时，电感上存储的能量可以表示为

$$W_L = \frac{1}{2} L i_L^2 \tag{4-12}$$

在 t_2 时间内，开关 S1 和 S2 断开，S1′ 和 S2′ 闭合，均衡电感与电池 Bat2 相连。由于

电感上电流的连续性，均衡电感 L 对电池 Bat2 进行充电，充电电流为 i_2，如图 4-19 所示。

$$\begin{cases} i_2 = \dfrac{1}{L}\int u_L \mathrm{d}t = I_{L\max} - \dfrac{U_{B2}(t-t_1)}{L} \\ I_{L\max} = \dfrac{U_{B1}t_1}{L} \end{cases} \tag{4-13}$$

电感 L 上电流 i_L 和电压 u_L 的变化趋势如图 4-20 所示。当电感上电压恒定时，电感流过的电流随时间减小，且与电感大小成反比。电感越小，电流下降越快。

该拓扑结构仅能实现相邻单体电池之间的能量转移。改进后的多电感型均衡电路拓扑结构，可实现任意单体电池之间的能量转移，拓扑结构如图 4-21 所示。以能量从单体电池 Bat1 向 Bat3 转移为例，介绍其工作原理。

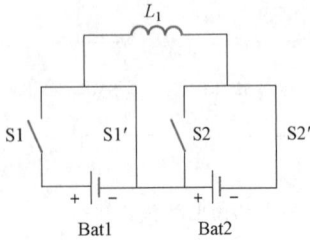

图 4-19 L_1 与 Bat2 并联

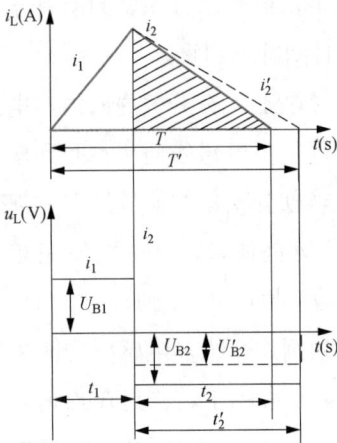

图 4-20 电感 L 上电流 i_L 和电压 u_L 的变化趋势

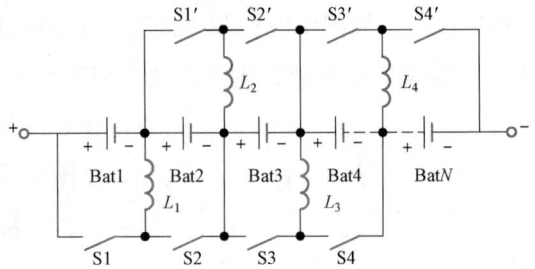

图 4-21 改进后的多电感型均衡电路拓扑结构

当检测到单体电池 Bat1 电压较高时，在 t_1 时间时，开关 S1 闭合，其余开关断开，电池 Bat1 与电感 L_1 相连，电池能量由 Bat1 向 L_1 转移；在 t_2 时间时，开关 S1 断开，开关 S2、S2′、S1′闭合，电池 Bat3 与电感 L_1 相连，实现能量从电感 L_1 到电池 Bat3 的转移。

该拓扑电路的特点有以下两点。

1）电感拓扑中，电感值的大小会同时影响均衡电流和存储能量的大小。因此，为了保证均衡速度，应当综合考虑电感大小和均衡开关导通频率的关系。

2）可以实现多个单体电池的同时均衡，但是由于均衡电感的电流流向问题，能量只能在相邻两个单体电池之间传递。

单电感型主动均衡拓扑结构中，每个单体电池两端通过开关连通两条单向路径，分别连向中间储能元件电感 L 的两端。通过控制开关阵列式，能量在任意两个单体电池之间转移，如图 4-22 所示，以实现能量的削峰填谷。该方案通过开关阵列选通，使电池组内任意两单体电池之间可以进行能量转换，加快了均衡速度，减少了均衡过程的能量损失。但是，由于同一时刻只有两个单体电池参与能量转移，因此开关控制相对复杂，而且单电感型主动均衡的能量转移效率相较于变压器式均衡仍然较低。

以电池 Bat1 向 Bat2 转移能量为例：首先，开关 S1 和 S1'闭合，电容 L 与电池 Bat1 连接。此时，电池 Bat1 能量向 L 转移；随后，将 S1 和 S1'断开，则电池 Bat1 与电感 L 断开连接。将开关 S2 和 S1'闭合，则电感 L 与电池 Bat2 相连，电感 L 给 Bat2 充电，从而实现能量从 Bat1 向 Bat2 的转移。

（3）基于变压器式均衡拓扑结构。

基于变压器式均衡拓扑电路，又称为反激变换拓扑。它包括基于单绕组变压器型和基于多绕组变压器型。基于单绕组变压器型均衡电路拓扑结构如图 4-23 所示，为每个单体电池配备一个变压器和一个整流二极管。变压器在此结构中可视作两个耦合电感，当均衡开关 S1 导通时，一次电感电流上升，由于同名端关系，输出二极管截止，变压器吸收能量；当均衡开关 S1 关断时，一次电感感应电压反向，变压器存储的能量通过二次侧释放。通过控制一次开关 S1 的开通与关断，实现电池组能量的均衡。

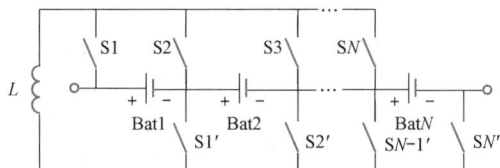

图 4-22　单电感型均衡电路拓扑结构

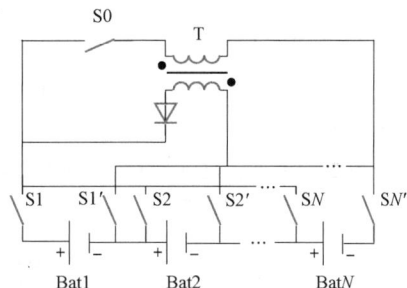

图 4-23　基于单绕组变压器型均衡电路
拓扑结构

基于多绕组变压器型均衡电路一般指反激式多绕组变压器均衡电路拓扑结构，具体如图 4-24 所示。工作在 DCM（断续导通模式）下，主要有单铁心和多铁心的多绕组变压器。变压器式主动均衡通过充电阶段的顶部均衡和放电阶段的底部均衡，防止单体电池过充或过放，最终控制所有单体电池的能量差异在一定阈值范围内。该方案能量转移对象为单体电池和电池组，不涉及电池之间相互转移的问题，只需要判定单体电池的能量和电池组平均能量的差值是否在一定范围内。若单体电池能量低于电池组平均能量，则控制与电池组相连的变压器一次绕组导通，由电池组给能量较低的单体电池补充能量；若单体电池能量高于电池组平均能量，则控制与该单体电池相连的二次绕组导通，由单体电池向电池组转移多余能量。因此，该电路结构具有控制测量简单、容易操作的优点。但它也存在明显缺点：一是电路中多输出绕组的高频变压器设计与制作较为困难，当单体电池数量较多时几乎不可能实现；二是电路成本较高。

以能量由电池组向单体电池 Bat2 转移为例，其工作原理为：当电池组内电压高于其他电池电压时，主回路开关 S 闭合，电池组通过电池组与变压器 T 相连，如图 4-24 中红线所示路径，由于变压器同名端，变压器 T 一次侧右端电压高，则二次侧各绕组左端电压高，使二极管 VD2 导通，如蓝线路径所示，进而使能量由电池组向 Bat2 转移。

变压器一次、二次电流波形及变压器磁通波形如图 4-25 所示。

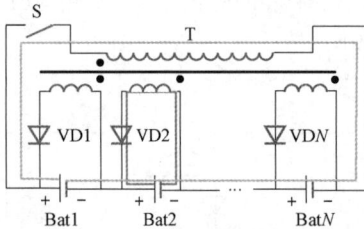

图 4-24 基于多绕组变压器型均衡电路
拓扑结构

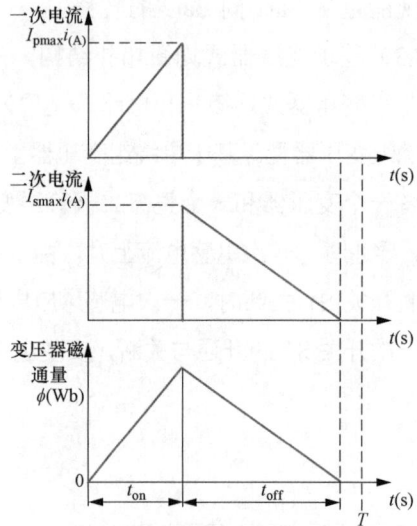

图 4-25 变压器一次、二次电流波形及
变压器磁通量波形

在 $t_0 \sim t_{on}$ 期间，开关 S 闭合，变压器一次绕组中电流开始从 0 到 I_{pmax} 线性增加，此时变压器在铁芯中储存能量有

$$L_p \frac{di_p}{dt} = U_i (0 \leqslant t \leqslant t_{on}) \tag{4-14}$$

$$i_p(t) = \frac{U_i}{L_p} t (0 \leqslant t \leqslant t_{on}) \tag{4-15}$$

$$I_{pmax} = \frac{U_i}{L_p} t_{on} \tag{4-16}$$

在 $t_{on} \sim t_{off}$ 期间，开关 S 断开，变压器一次绕组中磁场反向，变压器二次绕组与二极管构成电流通路，如蓝色线条路径所示，变压器内存储的能量释放到电池组中。

$$L_s \frac{di_s}{dt} = U_{out} + U_F (t_{on} \leqslant t \leqslant t_{on} + t_{off}) \tag{4-17}$$

$$i_s(t) = I_{smax} - \frac{U_{out} + U_F}{L_s}(t - t_{on})(t_{on} \leqslant t \leqslant t_{on} + t_{off}) \tag{4-18}$$

相比于单绕组变压器型均衡电路的工作周期，电池电压变化极其缓慢，因此输出电压 U_{out} 可认为是定值，二次电流线性变化，则二次电流平均值为

$$I_{savg} = \frac{I_{smax}}{2} \times \frac{t_{off}}{T} \tag{4-19}$$

I_{smax} 与高频变压器的效率 η 之间的关系为

$$\eta \frac{1}{2} L_p I_{pmax}^2 = \frac{1}{2} L_s I_{smax}^2 \tag{4-20}$$

反激变压器可等效为绕制在同一磁芯上的两个耦合电感，则

$$\frac{L_p}{L_s} = n^2 \tag{4-21}$$

$$I_{smax} = n\sqrt{\eta} I_{pmax} \tag{4-22}$$

$$I_{savg} = \frac{t_{on} t_{off} U_i}{2TL_p} n\sqrt{\eta} = \frac{d[(1-D)U_i]}{2L_p} n\sqrt{\eta} \tag{4-23}$$

式中：D 为一次侧导通占空比。

若所选二次侧续流二极管的正向导通压降过大，则二次电流导通时间 t_{off} 缩短，减小了二次电流的平均值。同时，二次侧二极管也造成了电路效率的极大浪费，则有

$$t_{off} = \frac{I_{smax} L_s}{U_{out} + U_F} \tag{4-24}$$

$$\eta_s = \frac{U_{out}}{U_{out} + U_F} \tag{4-25}$$

该电路拓扑的特点有以下两点。

1）二极管正向导通压降为 U_F，使用正向压降降低的肖特基二极管（正向导通压降为 0.4～0.7V），不仅对此电路的效率影响极大，而且降低了二次侧平均电流，减缓了均衡速率。

2）二极管属于不可控器件，且单向导通，因此，能量仅能从电池组向单体电池转移，对电池组均衡而言效果不佳。

多磁芯式变压器主动均衡增加了均衡结构的扩展性，每个单体电池对应一个小变压器。当单体电池的数量发生变化时，只需要增加相应变压器的数量，如图 4-26 所示。但是该方案需要的变压器数量较多，导致成本高，占用空间大，且难以布置。

（4）基于 DC/DC 变换器式均衡拓扑结构。

基于 DC/DC 变换器式均衡策略是指利用 DC/DC 变换电路。（常见的如各式直流变换器）实现串联电池组中能量的转移和均衡。典型的均衡策略包括基于 Buck 变换器、Buck/Boost 变换器和 Cuk 变换器等，其电路拓扑结构如图 4-27 所示。严格来说，以上

三种拓扑结构只是 DC/DC 变换器设计中的几种转换技术，与前面所述电路结构相比，并未引入新的电气元件。相反，在这几种电路结构中，还可能与之前介绍过的电路结构存在相互借鉴之处。

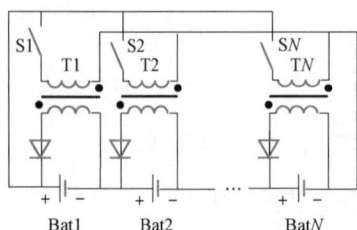

图 4-26　多磁芯变压器式均衡电路
拓扑结构

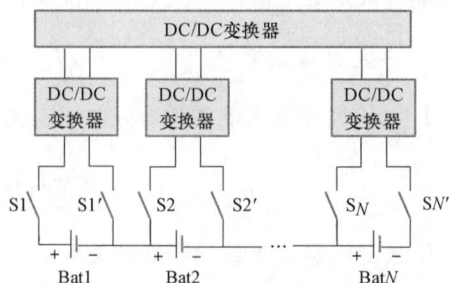

图 4-27　基于 DC/DC 变换器式均衡电路
拓扑结构

1）基于 Buck 变换器均衡结构。Buck 变换器属于降压型 DC/DC 变换器结构，其输出电压等于或小于输入电压，是一种单管非隔离直流变换器。根据电感电流 I 是否连续，Buck 变换器有连续导电模式、不连续导电模式和临界导电模式三种工作模式。连续导电模式为线性系统，控制相对简单方便；而不连续导电模式为非线性系统，控制相对复杂。

2）基于 Buck/Boost 变换器均衡结构。Buck/Boost 变换器是升降压型 DC/DC 变换器结构，每两个单体之间形成一个变换器，通过电容或者电感等储能元件转移单体能量，实现能量在相邻单体间的单向或双向流动。多电感型均衡结构就是由 Buck/Boost 变换器结构组成的升降压型均衡电路。该方案的基本思路是：将高电压单体中的电能取出后，再进行合理的分配，从而实现均衡。电路结构相对简单，应用的元器件数目也较少，是一种性能较好的均衡方案。但需要注意的是，当多个单体同时放电再分配时，会出现支路电流叠加的情况，因此仍需仔细设计相关参数，以保证系统稳定运行。

3）基于 Cuk 变换器均衡结构。Cuk 变换器又称为 Buck/Boost 串联变换器，是针对 Buck/Boost 升降压变换器输入电流和输出电流脉动值较大的缺点而提出的一种单管非隔离 DC/DC 升降压反极性变换器。与 Buck/Boost 变换器相似，Cuk 变换器也同时具有升压和降压功能，可工作于电流连续、断续和临界断续三种模式。与之前变换器相比，Cuk 变换器均衡电路在整个均衡周期内，无论开关闭合还是断开，能量都会一直通过电容和电感传递给相邻电池。

变换器式电路存在的主要问题是能量只能在相邻电池间传递，如果电池节数较多，均衡效率将大受影响。另外，该电路对开关控制的精度要求较高，且使用了较多的元器件，特别是 Cuk 型电路，其成本较高，拓扑结构如图 4-28 所示。其均衡原理为：如果要实现 Bat1 电池能量向 Bat2 转移，首先闭合 Q1′开关，使 Bat1 多余能量在电容 C_1 上储存；随后断开 Q1′，闭合 Q2，将储存在电容 C_1 上的能量转移到 Bat2 上，从而实现能量在 Bat1 和 Bat2 之间的转移。

现有的电池均衡电路种类很多，它们在均衡能力和性能上各有不同。在选择均衡电路的过程中要充分考虑其稳定性和经济性，并针对不同的工作环境进行选择。由分析可知，虽然现有的基本均衡技术在均衡领域具有各自的优势，但也存在一些亟待解决的技术问题，导致均衡能力无法达到要求。

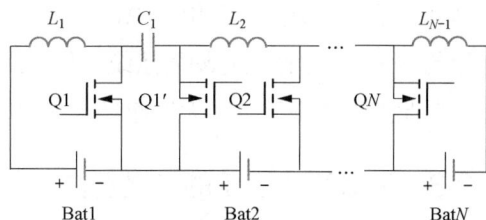

图 4-28 基于 Cuk 变换器电路的均衡电路拓扑结构

综上所述，几种均衡拓扑结构对比见表 4-1。

表 4-1　　　　　　　　　　　　　　均衡拓扑结构对比

均衡电路	结构	速度	效率	使用工况	控制	成本	发热
开关电阻	简单	慢	低	充电	简单	低	严重
电容型	较复杂	较慢	较低	充放电	较复杂	较低	轻微
电感型	较复杂	较快	较高	充放电	较复杂	较高	轻微
Cuk 变换器	复杂	快	高	充放电	复杂	高	较轻微
多绕组变压器	复杂	较快	高	充放电	复杂	高	较严重

均衡电路的核心是电容、电感等储能元件。由电容和电感的特性可知，电容两端电压不能突变，流过电感的电流也不能突变。在电容均衡电路中，当系统开启均衡时，电容会不断地在相邻两节单体电池间切换，导致均衡电容的电压值不断波动。因此，电池电压也受到电容两端电压值波动的影响而发生一定幅度的波动，这种现象会对电池管理系统的电压采集产生非常大的影响，导致数据采集精度降低。在电感均衡电路中，由于其均衡回路存在电感，均衡回路电流不会发生突变，因此，电池电压不会产生较大的波动。此外，电容作为系统的均衡元件，其特性使均衡回路电流一直处于跳变状态，且幅值非常大，所以每个均衡电容需要串联一个限流电阻。若该电阻过大，会使均衡速度下降；若该电阻过小，又会使均衡电流过大。而在均衡过程中，限流电阻会消耗能量，导致均衡效率降低。基于电感式的均衡电路虽然具有较高的复杂度和成本，但其均衡效果和扩展性较好。基于变压器式的均衡结构在工作过程中，均衡电流较大，复杂度较高，软件设计难度大，扩展性差。但这种结构的均衡效果较好，能量损耗较少。由以上分析可知，在均衡控制电路组成结构上，电感均衡方案要优于电容均衡方案。

在电池组的均衡设计时，选择基于电感或基于变压器结构的均衡硬件电路效果较好。对于均衡变量的选取，目前大部分电池管理系统的均衡模块选取工作电压作为均衡依据，技术较为成熟。理论上说，以单体电池 SOC 为均衡变量的均衡效果会更好，单体电池的 SOC 一致性也是均衡系统工作的最终目的。但是，目前 SOC 的估计精度不是很高，以此为均衡变量将加大均衡误差，同时软件设计较复杂。

4.2.3 串联均衡系统的控制算法

1. 差值控制算法

差值控制算法见表 4-2。首先获取各单体电池的电压，计算电池组的平均电压 U_{avg}，并将电池组平均电压作为均衡目标。然后计算每个单体电池外电压与平均电压之间的压差 dU，将事先设定好的均衡开启电压差 dU_i 作为均衡开启条件。

表 4-2　　　　　　　　　　差 值 控 制 算 法

电压差 dU	电池状态	均衡方式
$dU > dU_i$	电压偏高	放电均衡
$-dU_i < dU < dU_i$	电压良好	不需要均衡
$dU < -dU_i$	电压偏低	充电均衡

设定均衡开启电压差 dU_i 作为均衡开启条件，能够避免对单体电池频繁开启放电均衡和充电均衡，从而减少由此产生的波动和能量损耗。

2. 变步长控制算法

变步长控制算法是在差值控制算法的基础上，增加了一系列均衡开启电压差 dU_1、dU_2、dU_3，见表 4-3。

表 4-3　　　　　　　　　　变 步 长 控 制 算 法

电压差 dU	电池组状态	均衡方式
$dU < dU_1$	电压一致性满足需求	无须均衡
$dU_1 < dU < dU_2$	电压一致性较差	开启小步均衡
$dU_2 < dU < dU_3$	电压一致性很差	开启常规均衡
$dU_3 < dU$	电压一致性非常差	开启大步均衡

相较于差值控制算法，变步长控制算法的均衡电流更灵活。当电池之间的差异较大时，能够更快、更高效地进行均衡；当电池之间的差异较小时，能减少均衡电流带来的能量损耗。

3. 模糊控制算法

模糊控制算法流程图如图 4-29 所示。首先明确输入和输出变量，将均衡目标和影响均衡的因素作为输入变量，再根据均衡电路设计输出变量，然后设定输入和输出变量的论域和隶属度函数，并建立规则库。实际应用中，首先通过论域和隶属度函数对输入变量进行模糊化，然后依照规则库进行模糊推理，最后通过解模糊度得到输出变量。

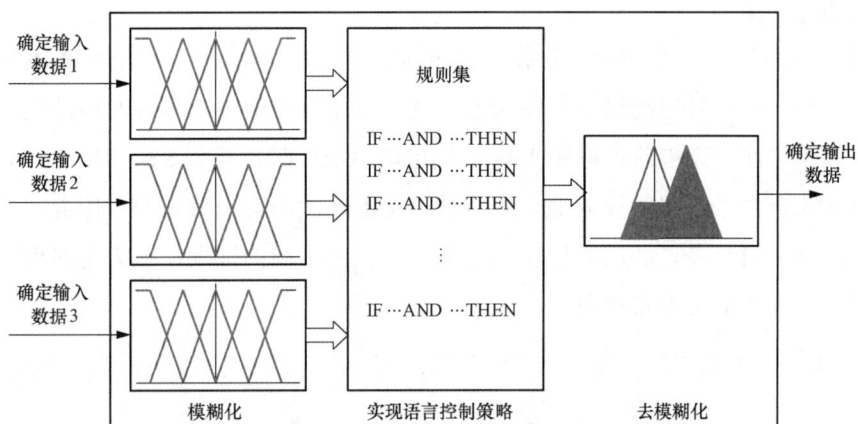

图 4-29 模糊控制算法流程图

模糊控制算法具有鲁棒性强、适应性好和容错性高的优点，能够满足对非线性系统的控制需求，且能够动态地调整均衡电流，从而提升均衡效率。

除了上述介绍的均衡控制算法，还有 PID 算法、自适应控制算法等其他算法。综上所述，应根据电池的特性选取合适的均衡判据、设计均衡电路以及均衡控制算法，以实现高效的能量均衡。

4.3 并联均衡的基本方法与电路

4.3.1 并联均衡的原理

理想的均衡方式是所有电池的能量及其端电压都相同，即并联电池组内的单体电池电压始终相等。并联均衡原理和连通器原理类似，如图 4-30 所示。并联电池中电压高的单体电池会自动给电压低的单体电池充电。

图 4-30 连通器原理

在充电过程中，并联均衡会分流充电电流，给电压低的电芯多充电，而电压高的电芯少充电。因此，不会出现"劫富济贫"的现象，避免了最高和最低电压电芯的额外充放电负担，同时也无须考虑均衡过程会对个别电芯寿命产生影响，进而影响整个系统的寿命。

4.3.2 并联均衡电路

并联均衡电路主要用于实现电池组在充电过程中的并联均衡，以及在放电过程中的电池组串联使用。

1. 二极管隔离法

二极管隔离法的并联均衡电路拓扑结构如图 4-31 所示。当电池组充电时，开关 S1~SN-1 断开，此时电池组呈并联状态，充电电源通过两个二极管对电池充电，且电源电压应高于电池的充电截止电压 1.4V。当电池组放电时，开关 S1~SN-1 闭合，电池组呈串联状态，由于二极管反向截止的特性，电池之间不会出现短路。因此，并联均衡电路拓扑的核心思想是，利用并联两端电池电压自动均衡的原理，在充电时使电池组并联，在放电时使电池组串联使用。

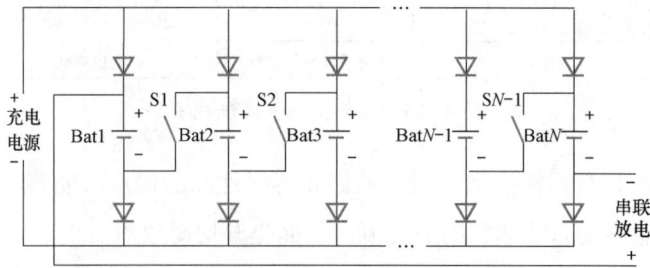

图 4-31 二极管隔离法的并联均衡电路拓扑结构

2. 串并联结构重组法

串并联结构并联均衡电路拓扑如图 4-32 所示。与基于二极管隔离法并联均衡电路拓扑原理类似，在电池组充电时，P1~PN、P1'~PN' 闭合，S1~SN-1 断开，电池组呈并联状态；在电池组放电时，P1~PN、P1'~PN' 断开，S1~SN-1 闭合，电池组呈串联状态。

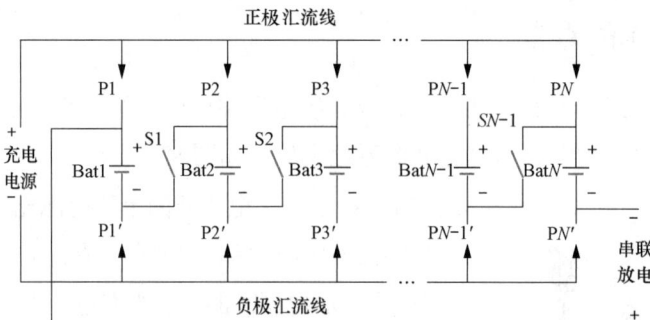

图 4-32 串并联结构并联均衡电路拓扑

3. DC/DC 变换器法

基于 DC/DC 变换器并联均衡电路拓扑如图 4-33 所示。DC/DC 变换器并联均衡法将每个电池（组）并联一个 DC/DC 变换器，电池的充放电电流受该变换器的控制。充电时，根据每个电池（组）的电压值，调节变换器对电池（组）的充电电流，从而实现各个电池（组）的均衡；放电时，根据每个电池（组）的电压值，调节变换器对电池（组）的放电电流，从而平衡各电池（组）的输出率。

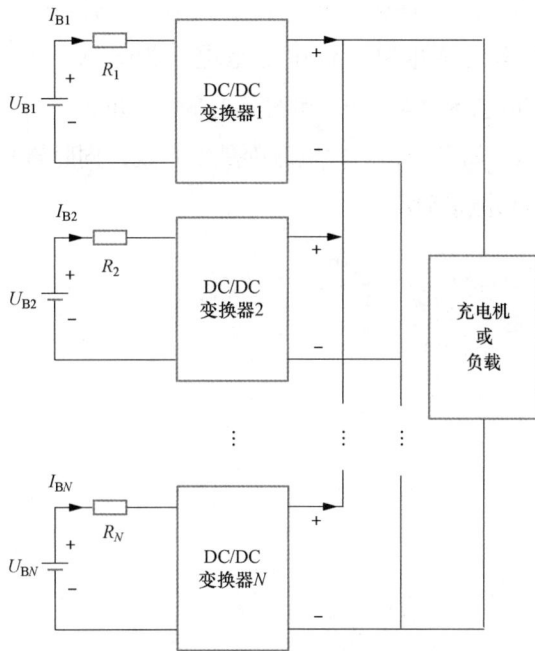

图 4-33　DC/DC 变换器并联均衡电路拓扑

小　　结

本章介绍了电池均衡的基本概念及均衡策略的选择依据，针对串联均衡和并联均衡，分别介绍了目前常用的均衡拓扑，如开关电阻型、单电容型、多电容型、单电感型、多电感型、变压器绕组型及基于 DC/DC 变换器型，并对其工作原理和特点进行介绍。在选择均衡电路及均衡策略时，一般根据实际系统需求进行综合考虑，包括电池类型和数量、工作环境、项目需求、成本等因素，这样才能有效提升电池模块的工作可靠性和使用寿命。

思　考　题

4-1　电池储能系统为什么需要进行均衡？主要作用是什么？

4-2 均衡的主要依据参量有哪两种？各自的优点和缺点是什么？

4-3 均衡效果的评价非常重要，主要的评价参数有哪些？

4-4 为什么串联均衡是储能系统的主要均衡方式？

4-5 被动均衡能实现大电流均衡吗？请给出原因？

4-6 请给出单飞跨电容均衡电路的主要形式，并分析其工作流程和特点。

4-7 请给出单飞跨电感均衡电路的主要形式，并分析其工作流程和特点。

4-8 请给出多绕组变压器均衡电路的主要形式，并分析其工作流程和特点。

4-9 多绕组变压器均衡电路，设电池组电压为 12V，被转移单体电池电压为 2.7V，转移电流一次侧峰值为 1A，一次侧导通时间为 50μs，变压器电压比为 1：4，二次侧续流时间为 0.45μs，如果一、二次电流都是斜直线，同时转移时电池电压不变，那么请给出均衡电路的转移能量效率。

第 5 章

储能系统中电池管理系统设计

由电化学电池构成的储能系统具有结构灵活、效率高、规模易于调整且并网方便等优点，适用于多种电力储能应用场景。然而，单体电池一般电压为 2～4V，容量有限，即便是 280A·h 的大容量电池，其电量也仅为 1kW·h 左右。因此，单体电池根本无法满足电力储能对功率和容量的要求，需要通过大量单体电池的串联、并联扩大功率容量，这样才能投入电力储能应用。

以一个 100kW/200kW·h 的小容量储能系统为例，如果采用 280A·h 的磷酸铁锂电芯，需要的总量大约为 230 只。对于更大容量的电力储能系统，需要的电池数量更多。如此大量的电池连接在一起，需要一套完善的管理系统，以便对单体电池以及电池组进行监测和管理，保证整个电池系统能够安全可靠的工作。实现这一功能的核心就是电池管理系统（BMS）。

本章从 BMS 的基本结构和功能出发，介绍了整个系统的基本架构、特征参量获取、处理电路和相关组成部件的设计，并分析了系统的电磁兼容要求和基本设计方法，通过以上介绍，帮助建立 BMS 设计开发的基本概念和方法。

5.1 BMS 的基本结构与功能

电池管理系统（Battery Management System，BMS）是电池储能系统实现电池管理的核心，旨在确保电池组的安全有效运行，实现对电池组的检测及控制。BMS 的本质是一套能够对电池组进行监控和管理的嵌入式系统，具有如下功能：对运行过程中的电池电压、温度、电流等数据进行采集；根据外部需求控制电池组的充放电过程，估算电池的 SOC、SOH 等多种内部状态；根据电池电压或 SOC，通过均衡电路实现电池均衡；完成电池组的管理与保护，并通过总线与外界进行信息交互等。

5.1.1 BMS 的基本功能

BMS 基本功能主要包括电池状态监测、电池信息管理、电池故障诊断及预警、电池热量管理、电池状态评估、电池充放电管理和电池均衡能量管理。

1. 电池状态监测

电池的状态监测主要是采用多种传感手段，采集与电池相关的各种参数，为后续的分析与控制提供数据基础。采集的参数包括单体电池的电压、电流、阻抗（内阻）、表面温度、表面压力，电池包的电压和电流，电池簇的电压和电流等。

2. 电池信息管理

在一个储能系统中，由于电池数量大，参数种类多，同时参数获取需要实时性且不能中断，因此参数的信息量巨大。根据现有的一般兆瓦时级别的储能系统测算，一个月的数据量可达 10GB，需要对电池信息进行妥善管理和存储。电池的信息管理系统对电池等参数状态信息进行分类存储，并能够展示电池的实时数据以及历史曲线，同时输出电池采集信息与相关设定阈值对比结果以及相关数据的计算结果，为电池的故障诊断、预警等功能提供数据支持。

3. 电池故障诊断及预警

对于电池储能系统而言，安全可靠运行是其核心要素。在 BMS 中必须对电池的故障进行诊断，并及时做出预警，主要包括电池和电池包的故障检测、故障类型判断、故障定位、故障信息上传以及故障预警。根据现有的参数类型，电池与电池包的故障主要包括过充、过放、过电流、温度异常和热失控等。

4. 电池热量管理

电池在正常充放电过程中会产生欧姆热、极化热等，导致电池温度超出正常允许的范围，特别是多电池组成电池包后，靠正常的对流无法将电池产生的热量导出，因此必须增加强制冷却措施，如采用液冷或风冷方式。BMS 需要综合电池自身产热、环境温度及充放电需求，控制电池储能系统中的加热/散热系统，使储能电池尽可能工作在最佳温度，实现电池的热量管理，保证电池安全且长时间运行。

5. 电池状态评估

电池包括多种状态信息，如荷电状态（SOC）、健康状态（SOH）等，这些状态是表征电池充放电程度、容量衰减程度和电池安全特性的重要内部信息。然而，这些状态无法直接通过测量参数获得，需要利用测得的电压、电流、温度和阻抗（内阻）等信息间接获得。因此，BMS 需要开展 SOC、SOH 等状态的评估，为均衡管理、安全管理等功能提供基础。

6. 电池充放电管理

电池储能系统的充放电是通过 PCS 完成的。在进行充放电时，必须了解电池的 SOC 状态，并根据 SOC 状态以及预先设定的上下限决定充电或放电多少，这需要由 BMS 确定后，通过通信网络控制 PCS，根据允许的工作条件进行合理的充放电。

7. 电池均衡能量管理

在第 4 章中已经介绍了电池的均衡问题。由于电池数量多，电池间不可避免存在容量等差异，随着工作时间的延长，这种差异会导致电池出现不一致情况，因此需要通过均衡来实现电池间的一致性。均衡电路与相关的算法等是 BMS 的核心功能之一，它们弥补了单体电池实际容量之间的差距，使每个单体电池容量较为一致，从而提高了整个电池组的充放电效率，并延长了电池寿命。

5.1.2　BMS 的基本结构

电池储能系统中的 BMS 随着系统规模和电池种类的变化而有所不同。比如，采用液流电池的 BMS 与常用的锂离子电池、铅酸电池的结构存在很大区别。本章主要介绍锂离子电池、铅酸电池或钠电池等比较相似的电池种类的BMS。虽然这些电池的工作电压范围、电池状态变化规律等特性不相同，使得 BMS 的控制、计算模型方面也存在差异，但是总体来说，BMS 的基本结构是相同的，不同的 BMS 结构差异主要是储能系统规模导致的，和电池种类关系不大。

由于储能系统应用场合不同，其规模从千瓦到百兆瓦不等，因此需要管理的单体电池、电池包和电池簇的数量差异巨大，不同的数量使得 BMS 的结构也存在集中式和主从分布式两种形式。

1. 集中式的 BMS 结构

如图 5-1 所示，集中式的 BMS 结构一般是以 CPU 为核心的计算机系统，采用单一控制器，负责 BMS 中的参数采集、状态评估和均衡管理等全部功能，并结合通信网络与储能系统中其他子系统进行信息交互，实现储能。

（1）优点。

1）由于采用单一主控制器，BMS 的结构简单，硬件成本低，且易于实现。

2）BMS 内部不需要通信，只需要与其他系统

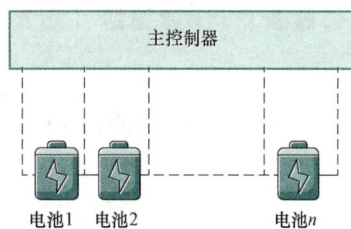

图 5-1　集中式的 BMS 结构示意图

进行通信交互，因此其通信负载相对较小，具有较好的实时性。

（2）缺点。

1）由于采用单一主控制器对全部电池进行监测、控制与管理，因此当电池规模增大时，控制器本身的硬件和处理计算等方面的负担会随之增加，计算控制的实时性很难得到有效保障。因此，这种结构不适用大规模储能系统，一般只用于千瓦级别的储能系统。

2）采用单一主控制器虽然结构简单，但一旦发生故障，整个系统将停止工作，降低了系统的可靠性。此外，维修时只能针对整个系统进行，无法分成多个部分分时进行，这影响了储能系统的使用效率，降低了系统的可用性。

综上所述，BMS 集中式结构只能应用于小规模的储能系统，难以应用于大规模的储

能电站，因此这种结构只有很少的应用实例，已经基本被分布式结构取代。

2. 主从分布式的 BMS 结构

当电池数目随着储能系统规模增大而快速增加时，单个控制器进行电池管理变得不可行。因此，多个控制器共同对电池进行管理成为必然。如何协调多个控制器协同工作是这种 BMS 结构需要解决的核心问题。

储能系统中，电池组成方式通常是先将多个电芯串联成一个电池组（电池包、电池箱），然后将这些电池组串联成电池簇（电池串、电池柜），最后这些电池簇再并联成为电池阵列（电池堆），以满足储能系统所需要的功率和容量需求。可以看出，电池组成方式是分层、分布式的。因此，根据储能系统的电池构成方式，多个控制器 BMS 一般采用主从分层管理的结构，分别对电池包、电池簇和电池阵列进行监测和管理，各层级之间通过数据通信总线进行数据交互，实现从电池单体到电池阵列的全面管控。

主从分布式的 BMS 结构如图 5-2 所示。按照电池组织结构将控制器分成多个层级，上级控制器负责电池阵列等的管理，下级控制器负责对下面电池层级的管理，上下级控制器之间通过数据总线相连接，并通过总线与各个层级控制器进行信息和命令交互，以完成电池的统一管理。

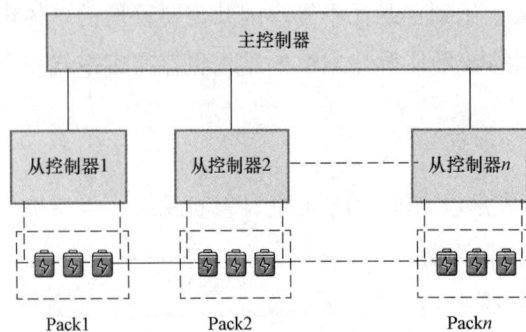

图 5-2 主从分布式的 BMS 结构图

主从分布式的 BMS 结构具有许多优点。

（1）扩展性好。当电池数量发生变化时，BMS 的整体结构保持不变，仅在电池包、电池簇等环节增加或减少相应的控制器。这些控制器接入总线后，通过软件配置即可完成电池管理的调整。

（2）可靠性高。由于采用总线方式完成上下级控制器的连接，而不是传统的一对多通信方式，因此减少了控制器间的通信线缆，这既降低了误差和干扰的影响，又提高了接入的便利性。

（3）便于维护。由于每个控制器的管理对象大幅减少，因此即使单个电池包控制器出现问题，整个系统也可正常工作。对故障进行维修时，也只需要针对故障部分进行，维护工作量低，对储能系统的正常工作影响小。

储能系统的电池数量规模庞大，目前其 BMS 通常根据电池包、电池簇和电池阵列三层结构采用从控（电池包）、主控（电池簇）和总控（电池阵列、电池堆或电池集装箱）三级架构，实现电池模组（Pack）-簇-堆的分级管理和控制。BMS 的三级架构如图 5-3 所示。

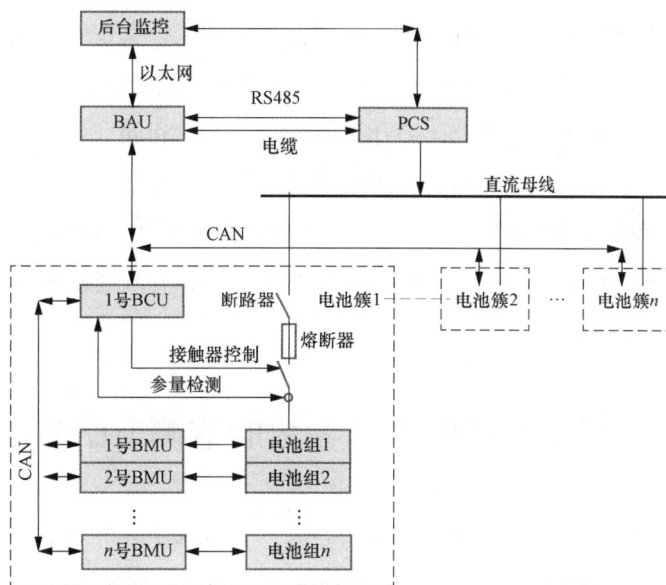

图 5-3　BMS 三级架构图

第一级是电池管理单元（从控），通常用 BMU（Battery Management Unit）表示。由于缺乏严格统一的标准，有些厂家也称之为 ESBMM（Energy Storage Battery Management Module）或 CSU（Cell Supervision Unit）等。作为 BMS 的最底层单元，它为电池包（Pack）服务，其监测控制的对象是电池的单电芯。因此，该单元的主要功能是采集单体电池的电压、温度等多种状态信息，并负责执行单体电池的均衡策略。信息采集后，经数据总线与第二级进行通信，通常采用 CAN 的通信方式。

第二级是电池簇控制管理单元（主控），通常用 BCMU（Battery Cluster Management Unit）或 BCMS（Battery Cluster Management System）表示。其监测控制的对象是由多个电池包（电箱）串联构成的电池簇，主要功能是采集电池簇电压、电流和绝缘的信息，控制保护用的接触器，同时负责和 BMU 的通信并获取 BMU 中电芯的信息，开展电池 SOC 估算等。信息采集后，经通信总线与第三级进行通信，通常采用 CAN 或者以太网（Ethernet）的通信方式。

第三级是 BMS 管理主机或者堆级管理单元（总控），通常用 BSMU（Battery Stack Management Unit）、ESMU（Energy System Management Unit）、BAMS（Battery Array Management System）或 BAU（Battery Array Unit）等表示。其主要功能是采集第二级 BCU 传输的信息，并对信息进行存储、显示等，同时具备实时告警、总断路器的控制和触点反馈以及与 PCS、EMS 和就地监控的实时通信功能。另外，BSMU 也实现了对空调器、消防等动环设备信息的透传和控制功能。BSMU 与 EMS 通常采用以太网进行通信，与 PCS 通常采用网口、485 或者 CAN 进行通信。

储能电站的 BMS 采用了这种三级架构方案，它是比较典型的主从分布式结构。在此结构中，采集任务主要由 BMU 承担，计算任务则由 BCMS 和 BAU 负责。因此，采集和计算功能被分开实现，这种设计提升了系统的实时性和处理效率，同时各个部分的管理对象和功能非常明确，为故障定位和维修带来了极大的便利。整体系统的增加或减少主要对应的是 BMU 和 BCMS 的变化，扩展性好。综上所述，这种三级架构的 BMS 设计，能够满足大规模储能系统在电池管理方面处理能力、处理速度和规模适应性等的需求，是当前的主要结构形式。

5.2　储能系统中相关参数的监测方法与电路

参数监测是 BMS 实现对电池组管理的基础，只有准确获取电池、模组、系统等各种参数，才能有效表征储能系统的状态，实现状态评价、均衡和充放电控制等功能。

5.2.1　需监测的参数种类

储能系统涉及的参数种类较多，包括电、热、力等多种类型，基本可以分为电参数、温度湿度参数和机械参数三大类。

1. 电参数

储能系统的作用是实现电能的储存与释放，因此在整个结构和运行过程中会涉及多种电参数，主要类别如下。

（1）电压，包括单体电池的电压、电池包/簇电压、直流母线电压和交流电压等。

（2）电流，包括电池电流、直流母线电流和交流电流等。

（3）电阻，包括电池的欧姆内阻、电池阻抗。

（4）电池状态，包括 SOC、SOH、SOP 等。

（5）系统电量参数，包括系统功率、系统容量、系统效率等。

2. 温度湿度参数

电池在充放电的过程中，由于电池的内阻、导线和电池内部的电化学反应等因素，必然会产生热量，导致电池升温。若电池的温度过高，可能引发电池热失控，进而造成燃烧爆炸危险，因此有必要测量单体电池和电池组的温度。同时，电池对工作环境也有一定要求，因此也需要测量环境温度，以保证电池可靠安全工作。另外，在电池工作中，湿度会影响电池的绝缘性能，因此也需要对其进行测量。

3. 机械参数

电池在充放电过程中，由于电化学反应引起的材料形态变化会导致电池内部出现不同程度的膨胀，这种膨胀反映到电池表面就是电池应力的变化，电池的应力变化与电池的状态密切相关，因此在机械参数测量中重点关注电池的应力测量。

5.2.2　电参数的监测方法

BMS 电参量主要包括电流、电压以及电池内阻，本节从监测方法和对应电路展开介绍。

1. 电流参数的监测方法与电路

电流是 BMS 监测中非常重要的一个电参数，电流能够反映储能系统的工作状态，由于储能系统分层分级的结构特点，电流的监测与一般电力装备的电流监测存在很大不同，主要特点包括以下方面。

（1）电流的变化范围大。储能系统需要监测的电流范围广泛，从零到数百安培不等，出现短路等故障时的电流可能达到额定电流的数倍甚至 10 倍以上。

（2）直流与交流电流并存。传统电力设备中的电流监测主要依据设备所属系统是交流或直流来进行，储能系统中，由于电池部分为直流，并入电网部分为交流，因此在系统监测中存在交流和直流两种需求。

（3）电流测量的精度要求较高。储能电池 SOC 的估算方法大多采用安时积分法，因此要求电流测量精度高，以保证 SOC 估算的准确性。

（4）电流测量的隔离问题。电流测量通常是通过传感器将被测电流量与后续处理电路进行隔离，但是在储能系统中，由于需要测量电流的位置众多（如电池、电池簇、直流母线、交流母线等），因此电流测量对隔离提出了更高要求，避免因增加测量回路而在不同电位的电路中引发短路故障。

目前测量电流的主要技术原理主要包括：以法拉第电磁感应定律为基础的测量互感器、以霍尔效应为原理的电流传感器、以电阻电压变换为原理的测量电路、以巨磁阻效应为原理的电流传感器和以磁光效应为原理的电流传感器。这些技术原理不同，适用性也各不相同，可以在储能系统中用于不同位置、不同需求的电流检测。

（1）以法拉第电磁感应定律为基础的互感器。

铁芯电流互感器示意图如图 5-4 所示。其一次绕组串联在被测电路（一次回路）内，二次绕组与测量回路串联，接近于短路状态。

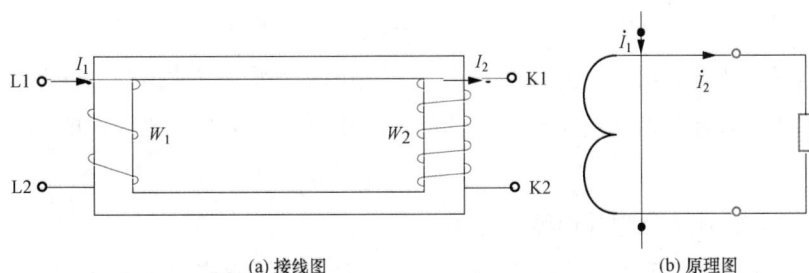

(a) 接线图　　(b) 原理图

图 5-4　铁芯电流互感器示意图

电流互感器二次绕组的磁动势 $\dot{F}_2 = \dot{I}_2 W_2$ 对一次绕组的磁动势 $\dot{F}_1 = \dot{I}_1 W_1$ 起去磁作用，如果忽略电流互感器的铁芯损耗和线圈损耗，则 $\dot{F}_1$ 和 $\dot{F}_2$ 的大小相等、方向相反，其合成磁动势为零，所以

$$I_1 W_1 = I_2 W_2 \tag{5-1}$$

由此可得电流互感器一次电流与二次电流的比值，即

$$K_i = \frac{I_2}{I_1} = \frac{W_1}{W_2} \tag{5-2}$$

式中：W_1 为一次绕组的匝数；W_2 为二次绕组的匝数。

铁芯电流互感器是目前电力装备中主要的电流测量传感器，但它存在体积、重量随电流等级升高而增加，高压线路中需要充油，二次输出电流大，线性范围有限等问题。

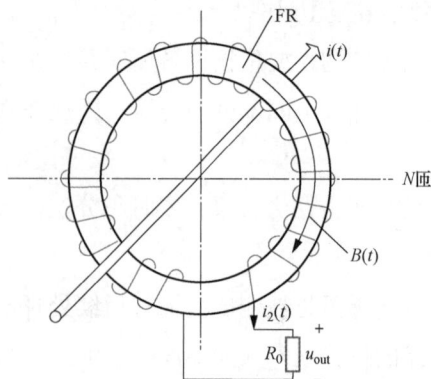

图5-5　空心电流互感器原理图

为了解决铁芯电流互感器体积大、重量重及线性范围小等问题，提出了空心电流互感器。空心是指把线圈绕制在非铁磁材料（如酚醛树脂、尼龙等材料）的骨架上，以避免铁磁材料磁化曲线（$B-H$ 曲线）线性范围有限而带来的线性范围窄的问题。空心电流互感器也称为罗氏线圈（Rogowski 线圈）电流传感器，图 5-5 为空心电流互感器的原理图。空心电流互感器的输出电压为

$$u_{\text{out}} = R_0 i_2(t) = -K \frac{\mathrm{d}i(t)}{\mathrm{d}t} \tag{5-3}$$

式中：R_0、i_2 分别为空心电流互感器的取样电阻和输出电流。

式（5-3）表示空心电流互感器输入与输出的关系，从该式可以看出输出电压正比于被测电流的微分。对于工频正弦交流而言，输出电压 u_{out} 的有效值与被测电流 i 的有效值成正比，但相位滞后90°。若直接将 u_{out} 作为被测电流的信号，智能监控器中的数字处理器将无法根据测得的线路电压和电流准确计算其他电参数。因此，在实际使用中，通常需要在罗氏线圈回路中加入积分环节，使 u_{out} 与 i 的相位保持一致。

不论是铁芯还是空心电流互感器，由于一次电流必须交变才能在二次侧产生感应，因此这类传感器只能测量交流电流。在储能系统中可以用来测量系统中的高、低压交流回路电流。

（2）以霍尔效应为原理的电流传感器。

霍尔效应的基本原理如图5-6所示。对于垂直置于磁感应强度为 B 的磁场中的霍尔元件 H，当输入控制电流 I_{C} 时，将产生霍尔电动势 E_{H}，其大小由下式确定，即

$$E_H = R_H I_C B / d \qquad (5-4)$$

式中：R_H 为所用材料的霍尔常数，也称霍尔电阻，$V \cdot m / (A \cdot T)$；d 为薄片厚度，m；I_C 为控制电流，A、B 为磁感应强度，T。

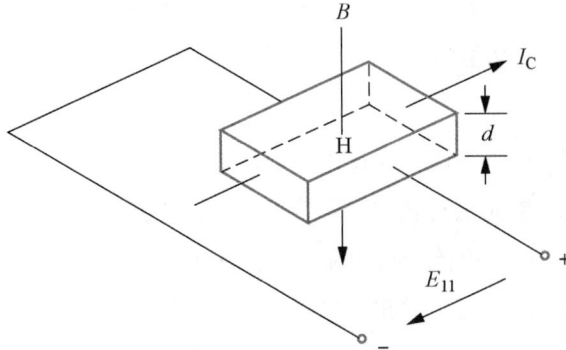

图 5-6　霍尔效应原理图

　　根据霍尔效应的原理可以看出，当把霍尔效应片放置在被测电流产生的磁场中时，通过测量该磁场即可推算出被测电流大小，目前通常采用零磁通霍尔电流传感器测量电流。

　　零磁通霍尔电流传感器原理如图 5-7 所示。该传感器由带有气隙的环形铁芯、霍尔元件和产生控制电流 I_C 的电源等组成。霍尔元件被安放在铁芯的气隙中，被测导线直接穿过环形铁芯。当被测导线中有电流 I_1 流过时，会在铁芯中产生垂直于霍尔元件表面的磁场 B。零磁通霍尔电流传感器的铁芯上绕有一个匝数为 N_S 的补偿（二次）绕组。霍尔元件输出的电压经功率放大后向补偿绕组供电，产生补偿电流 I_S 及相应的补偿磁动势 H_S。由 H_S 产生的磁通 Φ_S 与被测电流 I_1 产生的磁通 Φ_1 方向相反。当电流传感器中 Φ_S 与 Φ_1 大小相等时，霍尔元件将在零磁通的条件下工作，则有

$$N_1 I_1 \overset{\longleftrightarrow}{=} \overset{\longleftrightarrow}{=} N_S I_S \qquad (5-5)$$

式中：N_1 为流过被测电流的导线匝数，一般为 1；N_S 为补偿绕组匝数。

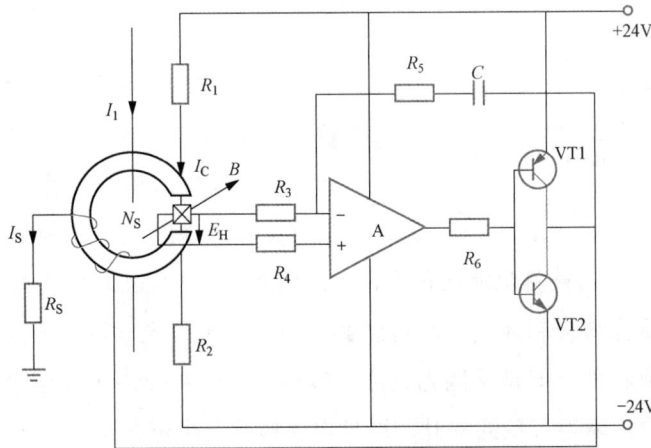

图 5-7　零磁通霍尔电流传感器原理图

式（5-5）表明，零磁通霍尔电流传感器补偿绕组电流与被测电流成正比。因此，通过测量 R_S 两端的电压，即可求得被测电流。

零磁通霍尔电流传感器可以测量电流的频率范围从直流到几百千赫兹，测量范围宽，同时具有结构简单、体积小的特点，但是由于需要外供电源，因此在储能系统中可以用来测量电池直流回路的电流。

（1）电阻测量法。

电阻测量法是利用欧姆定律，通过电阻将电流变换为电压信号，再利用隔离变换装置将电压信号送入处理单元进行模拟–数字变换。这种测量方法可以测量交直流电流，且电路简单。但是由于被测电流流过电阻时会产生欧姆热，使得电阻温度升高，从而影响电阻阻值，降低了测量精度。因此，电阻测量法一般适用于小电流场合，随着储能系统工作电流的增大，该方法已经较少采用。

（2）巨磁阻效应法。

巨磁阻又称特大磁电阻（Giant Magneto Resistance，GMR），是指在外磁场的作用下，电阻会发生巨大的变化。当磁场为零时，GMR 材料的电阻最大；当磁场正向或者负向增强时，GMR 材料的电阻均减小，且不同结构材料的电阻下降百分比有所不同。利用这一特性，将 GMR 放置在被测电流产生的磁场中，通过电阻的变化即可获得磁场大小，进而得到被测电流的大小。目前，巨磁阻传感器在储能系统中应用很少，未来可以用于测量直流或交流电流。

（3）磁光效应法。

法拉第磁光效应是指当光波通过置于被测电流产生的磁场内的磁光材料时，其偏振面

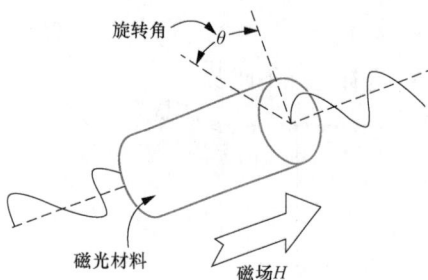

图 5-8　法拉第磁光效应原理图

在磁场作用下将发生旋转，通过测量旋转的角度即可确定被测电流的大小。图5-8为法拉第磁光效应原理图。图中的旋转角度 θ 计算式为

$$\theta = VHL \qquad (5-6)$$

式中：V 是光纤材料的 Verdet 常数，是指将磁光材料置于单位电流产生的磁场内，光波在其中通过单位长度时引起的旋转角的大小；H 是磁场强度；L 是通过磁光材料的偏振光光程长度。由于磁化强度 H 与被测电流成正比，因此由式（5-6）可求得被测电流值。

利用法拉第磁光效应制成的电流传感器，由于采用了光学测量方式，因此具有良好的绝缘特性和隔离特性。但是又因为它成本较高，目前主要用于高压系统的交流电流测量，在储能系统中，随着容量的提升，这种电流传感器也可在交流高压侧得到应用。

2. 电压参数的监测方法与电路

电压是 BMS 监测中非常重要的一个电参数，它能反映储能系统中电池、电池组、PCS 等部件的状态。在储能系统中，不同元件、不同位置的电压监测要求有较大差异。与一般电力设备相比，储能系统的电压监测特点包括以下三方面。

（1）监测的电压幅值范围大。在储能系统中，单体电池、电池包、电池簇等位置都需要进行电压监测，单体电池电压为几伏，电池包电压为几十伏，电池簇电压为几百到上千伏，交流电压更是从 400V 到几万伏不等。因此需要考虑不同电压幅值差异，合理选择电压测量方式。

（2）监测的电压交直流并存。和电流监测一样，储能系统中包含直流部分和交流部分，因此电压监测也分为交流和直流两种。

（3）不同测试位置存在不等电位。单体电池、电池包、电池簇及交流变换等储能系统的不同位置，其电压的参考点都不一致。因此，测量电压时需要考虑不等电位下的隔离测量与信号传输问题。

目前，测量电压的主要方法包括以电阻分压方式的测量电路、以法拉第电磁感应定律为基础的电压互感器和以霍尔效应为原理的电压传感器等，其中不同的方法适用性有所区别。

（1）电阻分压法。

对于比较高的被测电压信号，由于无法直接送入低电压测量回路，可以通过电阻分压电路进行测量。电阻分压法原理如图 5-9 所示。

由图 5-9 可以看出，采用电阻分压法的输入电压和输出到测量回路的电压关系为

$$U_1 = \frac{R_1 + R_2}{R_2} U_2 \qquad (5-7)$$

式中：U_1 为被测电压；U_2 为分压电压；R_1、R_2 为串联回路中的分压电阻。

这种测量方法电路简单，输出电压由电阻间的比例关系决定，实现方便。它可以测量一个电池包内的单体电池

图 5-9　电阻分压法原理图

电压，但是由于被测电路和测量电路为共地连接，当被测电压较高或参考电位不稳定时，容易造成测量回路损坏，因此这种情况下不能应用该电路。

（2）电磁式电压互感器和电容式电压互感器。

电磁式电压互感器原理如图 5-10 所示。电磁式电压互感器输入和输出电压的关系为

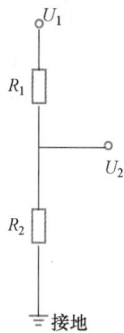

$$\frac{U_1}{U_2} \approx \frac{E_1}{E_2} = \frac{W_1}{W_2} = K_u \qquad (5-8)$$

式中：U_1、U_2 分别为一次输入电压和二次输出电压；E_1、E_2 分别为一、二次感应电动势；W_1、W_2 分别为一、二次绕组的匝数。

从式（5-8）可见，该互感器的输入和输出电压关系正比于绕组的匝数比值 K_u。

电容式电压互感器原理如图 5-11 所示。

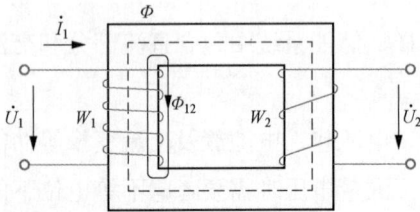

图 5-10　电磁式电压互感器原理图　　　图 5-11　电容式电压互感器示意图

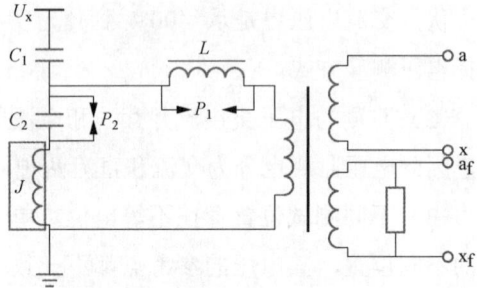

电容式电压互感器的电压关系为

$$K_{fy} = \frac{U_{C2}}{U_x} = \frac{C_1}{C_1 + C_2} \qquad (5-9)$$

式中：K_{fy} 为电容分压比；U_{C2} 为分压后输出的电压；U_x 为线路电压；C_1 为分压主电容；C_2 为分压输出电容。

适当调整电容器 C_1 和 C_2 的电容量，即可得到所需分压比 K_{fy}。电容 C_2 的输出电压再经过一级电磁式电压互感器后，其最终输出即可满足电压测量要求。

电磁式和电容式电压互感器都是基于法拉第电磁感应定律设计的，它们的主要特点是结构简单，线性度好，能实现输入和输出隔离测量。然而，它们都只能测量交流电压，因此在储能系统中，主要用于系统中高压交流部分的电压测量。

（3）霍尔效应电压传感器。

霍尔效应是针对磁场的物理效应，电压本身并不能直接产生磁场，而是需要将其转换为通过导线或绕组的电流，才有产生相应的磁场。

霍尔电压传感器的工作原理是，首先将被测电压变换成电流，以产生霍尔元件所需的磁场，然后利用零磁通霍尔电流传感器的基本结构进行电流测量，再通过比例转换，即可得到被测电压。

霍尔电压传感器的环形铁芯上一般绕有几千匝的绕组，这些绕组与一个限流电阻串联后接至被测电压，得到 10～20mA 的电流，形成励磁安匝，并产生磁场。通过置于环形铁芯中的霍尔元件和相应处理电路测得电压。由于耐压等因素影响，霍尔电压传感器一般只能达到 6000V。因此，在储能系统中可以用其测量直流簇电压和低压交流电压。

3. 电池内阻的监测方法与电路

电池并不是理想电压源，而是存在内部阻抗。其内阻与电池自身的状态具有密切关系，因此测量电池内阻十分必要。由于电池并非无源器件，因此电池的内阻测量不能简单利用欧姆定律进行，目前有两种方法可以进行内阻测量。

（1）直流放电法。

图 5-12 为直流放电法测量电池内阻的原理图。在被测电池两端直接并联一个功率电阻，先测出开路电压，然后在短时间内（通常 2~3s）对电池产生一个较大的放电电流（安培级别），同步测出放电过程的电池电压和电池放电电流。由于工作时电池处于电路的零状态，无暂态参数影响，因此电池内阻 R_0 为

$$R_0 = \frac{U_2 - U_1}{I_2 - I_1} \tag{5-10}$$

式中：U_1 为测量开始时的电池电压；U_2 为放电持续 2~3s 的电池电压；I_1 为测量开始时的电池电流（一般等于 0）；I_2 为放电持续 2~3s 的电池电流。

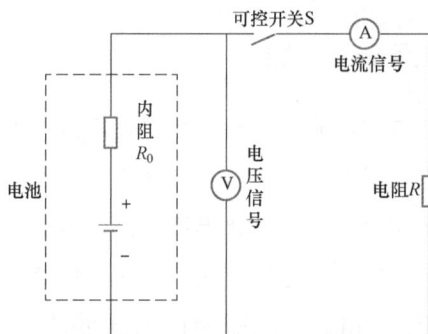

图 5-12　直流放电法原理图

这种方法的优点是实现简单，易操作。其缺点是由于采用放电过程测量，因此放电持续时间会对测量结果产生较大影响，同时放电时也会对电池的状态产生一定影响。另外，如果测量时放电电流较小，那么电池电压不易出现大幅度波动，内阻测量数值精度也得不到有效的提高；如果放电电流较大，则对测量回路会产生较大压力。电池内阻的极化作用无法完全通过直流内阻来反映。

（2）交流注入法。

相对内阻而言，电池阻抗能更全面地反映电池状态。通过多个频率下的阻抗构成的阻抗谱，可以获得电池的健康状态、内部温度等多个参量。对电池阻抗的测试和应用也是目前研究开发的热点。电池在静置或浮充工作状态下，内部的化学反应处在较为平稳的阶段，可以视作一个相对稳定的电化学系统。通过对电池施加电流或电压型的交流小信号扰动，可以响应出同频信号，测量该激励和响应信号即可获得该频率下的电池阻

抗。通过多个频点信号激励可以获得电池的阻抗谱，该方法测量的原理图如图 5-13 所示，

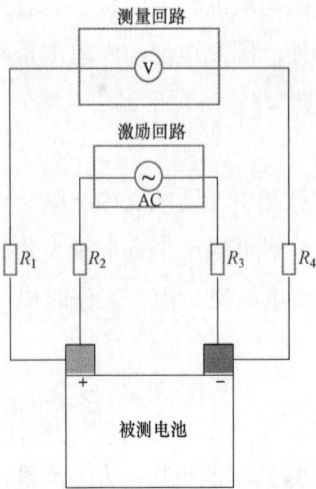

图 5-13　交流注入法测量电池阻抗的原理图

其测量过程可用以下公式进行描述

$$\dot{U}(\omega) = \dot{I}(\omega)\dot{Z} \qquad (5-11)$$

式中：ω 为激励电流信号频率，$rad \cdot s^{-1}$；$\dot{U}(\omega)$ 为电池两端响应信号，V；$\dot{I}(\omega)$ 为激励电流信号，A；$\dot{Z}$ 为电池等效交流阻抗，Ω。

与直流放电法不同，交流注入法不仅可以离线测量电池内阻，还可以在线测量电池内阻；还能够测量不同规格、不同类型的电池，且对电池没有损害；通过多个频点测量，可获得电化学阻抗谱（Electrochemical Impedance Spectroscopy，EIS）；不需要进行额外放电，可反复测量，不影响使用寿命和循环次数。

5.2.3　电池温度的监测方法与电路

温度是影响电池性能的重要因素。电池工作对环境温度有明确的要求，温度过低或过高都可能导致电池加速老化甚至直接失效。在充放电过程中，电池因其内部电阻和电化学反应会产生热量，导致温度升高。如果温度过高，或者出现内短路、过充等异常工况，电池温度会快速上升，可能诱发电池热失控，引发燃烧、爆炸等严重的安全问题。因此，开展电池的温度监测是 BMS 不可或缺的一项重要功能。

在储能系统中，对电池温度监测目前常用的方法包括热电阻/热敏电阻法、热电偶法和红外测温法等。随着技术发展，光纤等新的温度监测方法的研究与应用正在逐渐兴起。下面重点介绍前面三种监测方法。

1. 热电阻/热敏电阻

电阻式温度传感器是利用元件材料自身电阻随环境温度变化而改变的特性制成的。根据元件所用材料的不同，可分为热电阻和热敏电阻两大类。

（1）热电阻：是利用金属导体（如铜、镍、铂）制成的测温电阻。

（2）热敏电阻：是将金属氧化物陶瓷半导体材料或是碳化硅材料经成型、烧结等工艺制成的测温元件。

电阻式温度传感器的电阻特性曲线如图 5-14 所示。

从图 5-14 中可以看出，热电阻本身随温度变化基本呈线性特性，不过变化率较小，如 PT1000 系列铂热电阻的电阻值随温度变化公式为

$$R = R_0(1 + AT + BT^2) \qquad (5-12)$$

式中：R 为当前温度下的电阻，R_0 取 1000Ω；T 为被测温度；A 为线性系数，取值 0.0038623139728；B 为二次修正系数，取值 -0.00000065314932626。

从公式（5-12）可以看出，虽然电阻和温度的关系可以近似为一条直线，但是由于温度系数过小，使得电阻变化的绝对值也很小。热电阻虽然稳定性好，但是对测量电路的精度要求却很高。

热敏电阻包括两种：电阻温度系数为正值称为正温度系数（Positive Temperature Coefficient，PTC）热敏电阻，电阻温度系数为负值称为负温度系数（Negative Temperature Coefficient，NTC）热敏电阻。从图 5-14 中可以看出，热敏电阻与温度的非线性关系特点显著，其中，NTC 阻值 R 与温度 T 关系为

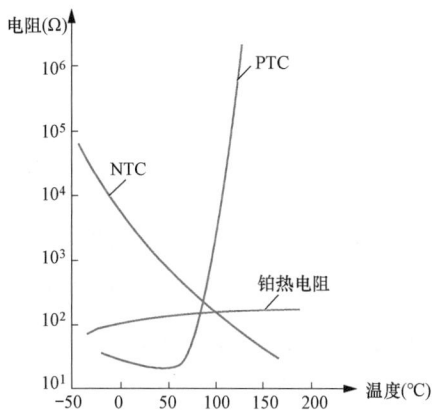

图 5-14　电阻特性曲线

$$R = R_0 e^{B(1/T - 1/T_0)} \tag{5-13}$$

式中：R_0 为温度处于 T_0 时的电阻值；B 为变化系数。

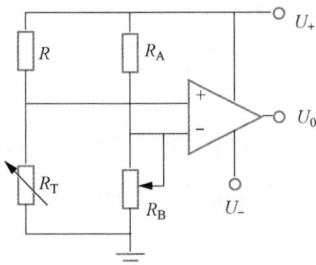

图 5-15　线性化测量电路

由于热敏电阻存在非线性的特性，需要在测量电路中进行线性化处理。一种简单的线性化测量电路如图 5-15 所示，适用于温度测量范围不大的场合。

相比热电阻，热敏电阻的温度系数绝对值较大，灵敏度更高。但是由于自身的非线性特性需要进行额外的处理，因此可以通过电路线性补偿来实现，或者是在软件中通过算法进行变化处理。在储能系统的温度检测中，可以利用热敏电阻测量环境温度或电池表面温度，利用热电阻测量电池表面温度。

2. 热电偶

当同一金属材料在不同空间位置的两点间温度不同时，这两点间会产生电位差，这一现象被称为热电效应。不同金属材料在相同的温差下产生的热电动势也不同。因此，如果将两根不同材料的金属丝 A 和 B 绞合在一起，使一端直接相连，这样就构成了热电偶，金属丝 A 和 B 就是热电极。使用时，热电极直接相连的一端贴在被测物体表面，称为热端；而另一端与测量仪表连接，称为冷端，如图 5-16 所示。由于两根热电极的热

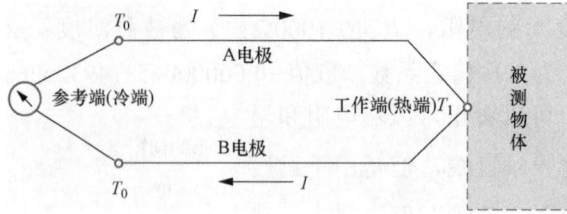

图 5-16 热电偶原理图

电效应不同，当被测物体的温度发生变化时，它们的冷端之间会产生电位差，这个电位差即为热电动势。在热电极材料选定后，其热电动势的大小取决于热端和冷端间的温度差，热电偶的作用是将被测物体与现场环境间的温度差转变为热电动势，因此，热电偶测量的是被测物体表面的温升，只有在冷端被置于 0℃环境时，由热电动势测得的才是温度。

热电偶可选用多种材料，不同材料适用于不同场合。在储能系统的温度监测中，由于温度范围有限，常选用铜–康铜热电偶。铜–康铜热电偶的热电动势与温度的关系为

$$E_t = a + bt \tag{5-14}$$

式中：E_t 为铜–康铜热电偶热电动势；a、b 为系数。

在储能系统中，可以利用热电偶测量电池的多点表面温度，测量回路简单。但是需要注意的是，热电偶输出的电动势很小（毫伏级），因此后续处理电路需要进行高比例放大，这容易引入噪声，导致测量偏差。

3. 红外测温

红外测温技术是一种非接触、被动式的设备诊断技术。可用它在不停电的状态下对带电部件进行测试，特别适合那些无法安装接触式监测的部件进行实时、非接触式温度监测。同时，由于红外测温是被动地接收物体发出的红外线，因此无须对设备外加红外光源，测温线路设计也更为简单。

自然界任何一个物体的温度只要高于绝对零度（0K），就会以波的形式向外辐射能量，这些能量的大小和物体的温度存在数学关系。根据斯特藩–玻尔兹曼（Stefan-Boltzmann）定律，物体红外辐射的能量与它自身的热力学温度 T 的四次方成正比，并与比辐射率 ε 成正比，其能量与温度的关系式为

$$E = \sigma\varepsilon T^4 \tag{5-15}$$

式中：E 为某物体在温度 T 时单位面积和单位时间的红外辐射总能量；σ 为 Stefan-Boltzmann 常数，$\sigma = 5.6697 \times 10^{-12}$ W/（cm^2·K^4）；ε 为比辐射率，即物体表面辐射本领与黑体辐射本领的比值，黑体的 $\varepsilon = 1$；T 为物体的绝对温度。

目前，红外温度传感器在工业领域主要为热探测器，其中热电堆式红外温度传感器的应用最为广泛。其工作原理示意图如图 5-17 所示，它是一个热端与一个红外接收器相连的热电偶，红外接收器接收到被测物体辐射的红外光后，使其温度发生改变，热电偶将温度差转换为电动势信号输出。由于红外温度传感器的输出与温度成四次方关系，因此，一般需要在电路中进行处理，使最终输出与输入呈现为线性关系。

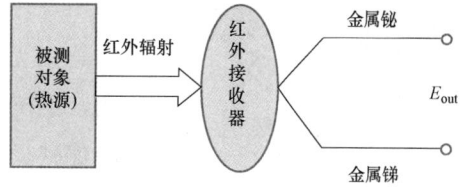

图 5-17　热电堆式红外温度传感器工作原理示意图

4. 其他温度测量方法

（1）基于半导体温度传感器的温度测量方法。

半导体温度传感器是利用温度对晶体振荡器固有频率造成的线性影响来进行温度测量的测试。

（2）交流阻抗法。

交流阻抗法是通过测量不同温度下电池的交流阻抗，并建立电池内温与其交流阻抗的映射关系，来实现电池的内温估计。这种方法的优点是不需要改造电池结构，只需要测量电池的交流阻抗（包括阻抗模值、相角、实部和虚部），并利用已建立的映射关系来计算电池内温，实现过程比较简单。缺点是需要进行大量的实验来构建这种映射关系。

（3）光纤测温传感器。

由于温度的变化可以引起光纤中传输光的特性发生改变，因此可以通过测量温度对传输的光强、相位等参数的影响来获取温度信息。由于测试用信号为封闭在光路中的光信号，因此这种方法可以很好地减少干扰对测量结果的影响。此外，光纤布设方便，还可以测量应力等参数，满足电池包内多电池测量需求，是当前储能系统检测的重要发展方向。

5.2.4　电池应力的监测方法

电池是完成电化学反应的装置。在其充电或放电的过程中，电池内部的电解液会产生变化，导致其体积出现膨胀，进而在电池外壳产生应力，其应力的变化与电池健康状态和安全状态密切相关。因此需要开展电池应力的监测，以便对电池状态进行准确评价。应力监测通常使用压力测量传感器和薄膜压力传感器。

1. 压力测量传感器

压阻式压力传感器是最常用的压力传感器，它利用了单晶硅的压阻效应。在单晶硅的基片上，通过扩散工艺（或离子注入工艺及溅射工艺）制成特定形状的应变元件。当应变元件受到压力作用时，其电阻会发生变化，从而反映压力的变化。

为提高测量灵敏度，大多数压阻式压力传感器的结构都是在硅膜片上制作四个零压

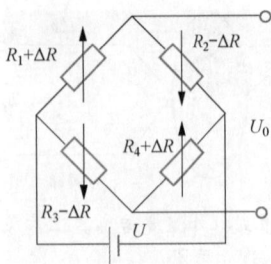

图 5-18 压阻式压力传感器
电路原理图

力下电阻值相等的应变元件，并将它们连接成惠斯通电桥。在无压力作用时，电桥保持平衡；一旦受到压力作用，电桥四个桥臂元件中，两个电阻值增加，另外两个电阻值减少，破坏了电桥的平衡。压阻式压力传感器电路原理如图 5-18 所示。在未受压力作用时，四个桥臂电阻值相等且均为 R，电桥输出电压为 0。受到压力作用后，两个桥臂电阻值增加 ΔR，另外两个桥臂电阻值减小 ΔR，电桥输出端将产生电压。此外，每个电阻值会随温度变化，设变化量为 ΔR_T。

由图5-18 可知，电桥在电源电压为 U 时，其输出电压 U_0 为

$$U_o = U \frac{\Delta R}{R + \Delta R_T} \tag{5-16}$$

式中：ΔR 为压力引起的桥臂电阻变化量；ΔR_T 为温度引起的桥臂电阻变化量。压阻式压力传感器一般采用钢制外壳以保护应变片，这种设计方式使得其测量电池应力时安装比较麻烦，特别是在电池包内，由于各个电池需要紧紧装在一起，传感器很难放置在电池之间，因此这种传感器只能应用在实验室的电池应力测试中。

2. 薄膜压力传感器

薄膜压力传感器的基本工作原理是利用受到应力后材料微形变而产生的电阻变化进行测量。与传统的压阻式压力传感器相比，该传感器本身很薄（厚度小于 1mm），具有高柔性、灵活性和高灵敏度的特点，因而被广泛应用于医疗监测、体育锻炼、汽车电子和工业生产等场景。在测量过程中，薄膜压力传感器的压力直接作用在膜片上，使膜片产生与介质压力成正比的微位移，进而使传感器的电阻发生变化。

薄膜压力传感器由于厚度小，可以直接贴装在电池表面，用于在电池包中的电池组，实时测量电池实际运行过程中的应力变化，有效监测电池表面形态变化，从而为电池的安全保护提供重要信息。

5.3　BMS 设计与开发

5.3.1　BMS 的整体结构与组成

储能系统由于管理的电池数量多，因此根据 5.1.2 节的介绍，BMS 一般采用主从分

布式多级管理结构，对应电池的组织方式，分成 BMU、BCU 和 BAU 三个层级，分别对电池包（电池箱）、电池簇和电池阵列进行监测和管理，在各个层级之间采用不同通信总线进行数据交换，实现储能系统中全部电池的管控。

BMU 在整个 BMS 中属于最底层且最重要的参数测量部分，负责测量单体电池电压、温度等参数，并将测量的参数上传到更高一层的系统。对整个 BMS 来讲，很多参数测量来源于 BMU，如果对单体电池进行初始状态的 SOC 估计，就需要 BMU 对其进行精确的电压测量。

BCU 是处于 BMU 和 BAU（监控系统）的中间节点，主要负责采集电池整簇（直流母线）的电压、采集电池簇的电流、估算电池的 SOC 和 SOH 等多种状态、进一步处理和显示 BMU 测量得到的参数等工作，同时还与 BMU 和 BAU（监控系统）进行通信。BMU 一般通过 CAN 或其他类型的现场总线，将测量的数据、报警信息等上传到 BCU，BCU 再通过工业以太网与 BAU 进行通信。

BAU（监控系统）一般采用配备监控软件的工业计算机来实现其功能，主要负责对 BMS 进行系统管理，并与 EMS、PCS 进行通信，根据需求完成储能系统的充放电操作。

在三层结构中，最底层的 BMU 是整个 BMS 的核心，也是本节 BMS 设计介绍的重点。

5.3.2 BMS 各部分的设计开发

1. BMU 设计

BMU 是储能系统中 BMS 的最底层单元，如图 5-19 所示，BMU 主要面向单体电池，负责从单体电池到电池组的管理，具备实时监测电池组内各单体电池电压、电流、温度、压力等参量，并实现单体电池的均衡管理等功能，同时具备上述参量异常（单体电池电压偏离阈值、单体电池间压差过大、充放电电流异常、内阻和阻抗异常、温度过高或过低等）时的上报和管理功能。BMU 主要由处理器单元、各种参量的采集单元

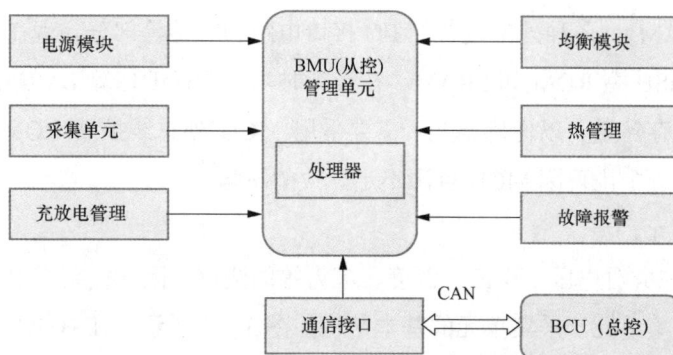

图 5-19 BMU 从控原理图

（包括电压、电流、温度、阻抗、应力等）、均衡模块、故障报警单元以及通信接口等组成，其中本书第 4 章已经详细介绍过均衡模块，此处不再展开。

（1）处理器单元。

处理器单元是 BMU 的核心，由处理器及围绕该处理器的计算机最小系统组成，主要负责信息处理和控制命令的发送，是实现电池包内检测和均衡的关键部分。在设计处理器单元时，需要根据储能系统电池包内电池的数量和需要测量的参量类型，明确处理器的计算、容量等要求，选取恰当的处理器芯片，并设计相应的外围电路。

现在的处理器种类非常多，其中以 ARM 架构为核心的处理器是当前微控制器（Microcontroller Unit，MCU）的主流，具备功耗小、体积小和成本低的优势，适合用于开发 BMU 处理器。基于 ARM 核的处理器单元电路结构如图 5-20 所示。

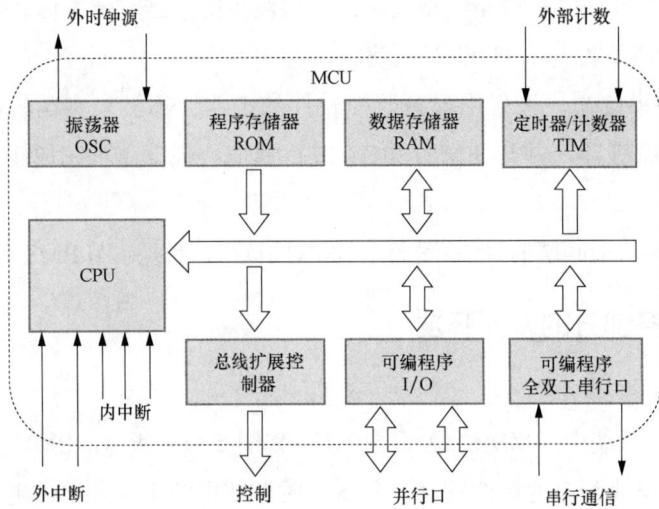

图 5-20　基于 ARM 核的处理器单元电路结构图

从图 5-20 可以看出，BMU 的处理器单元是一个完整的可编程序数字处理与控制系统，基本结构包括 CPU、用于存放程序和各种表格的程序存储器（ROM）、存放数据的数据存储器（RAM）、各种外部设备的 I/O 接口电路和时钟等部分。现在的 MCU 基本都带有内置的 FLASH 型 ROM 和 SRAM。在设计时，需要仔细估算 BMU 的程序量和处理过程需要的数据存储量，以便确定是否需要采用 MCU 外总线扩展 ROM 和 SRAM，从而避免在开发过程中出现因 MCU 资源不足导致的缺陷。

（2）采集单元。

BMU 需要完成对电压、电流、温度、应力等的测试，因此需要在 BMU 中设计针对各参量的测量采集单元，采集单元的基本结构如图 5-21 所示。在 BMU 中，由于被测参量的转换方式不同，传感输出的信号特征也不一样，因此需要设计不同被测参量的输入通道，将传感器输出大小不同、种类不同的模拟量电信号转换为数字信号。

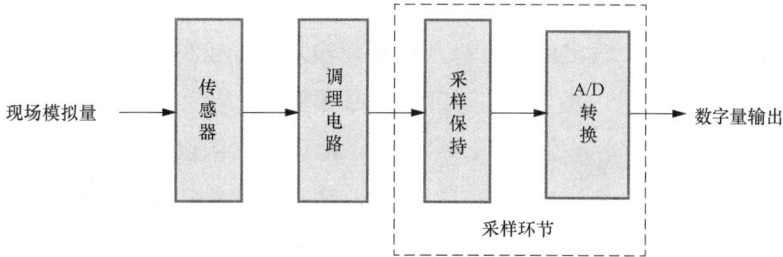

图 5-21 采集单元的基本结构图

由图 5-21 可以看到，采集单元主要包括传感器、调理电路、采样保持和 A/D 转换等部分。传感器将现场参量（如电参数、温度、压力等）转换为电信号，这部分在本书的 5.2 节已进行介绍，本节不再展开。不同的传感器输出的信号类型也不一致，如电压、电流、电阻、电荷等信号，同时包含多种幅值和极性。因此需要对这些输出信号进行转换处理，使得最终的输出在信号类型、极性和幅值上能适应 A/D 转换的要求，调理电路正是用于信号转换的电路。由于被测信号为模拟信号，因此需要通过采样环节将其转换为数字信号，以便在 BMU 的 MCU 中进行运算处理。采样环节主要包括采样保持环节和 A/D 转换环节。由于 A/D 转换需要一定时间，为防止模拟量在转换期间发生变化，通过采样保持（Sample-and-Hold，S-H）电路保证采样精度。之后，A/D 转换再对模拟信号进行数字化处理，并将数字信号送到 MCU，用于数据采集和处理。

1）调理电路。调理电路的主要功能是实现信号类型和幅值的调理，通过采用集成运算放大器组成的电路，将传感器输出的大小不同、种类不同的电信号转换成幅值和极性符合 A/D 转换器模拟输入的电压。

常用的调理电路以下四种。

① 电流/电压变换电路。电流/电压变换电路原理如图 5-22 所示。

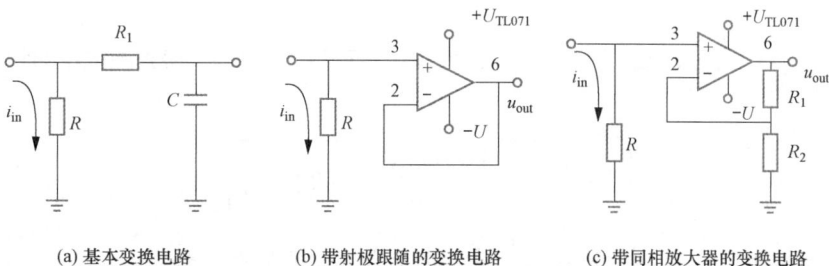

(a) 基本变换电路　　(b) 带射极跟随的变换电路　　(c) 带同相放大器的变换电路

图 5-22　电流/电压变换电路原理图

② 绝对值电路。如图 5-23 所示，基本绝对值电路由理想二极管电路与运算放大电路组成，该绝对值电路起到全波整流器的作用，对信号取绝对值后变成正信号，这个正

信号就是工程中的测量值。

③ 幅值调理电路。幅值调理电路又分为三种比例放大器模式。

a. 反相比例放大器：输出电压与输入反相，输入阻抗较小，输出阻抗较小。必须单信号源输入。

b. 同相比例放大器：输出电压与输入同相，输入阻抗非常大，而输出阻抗很小，必须单信号源输入。

c. 差动放大器：放大同相输入端和反相输入端信号的差，具有较强的抗共模干扰能力。

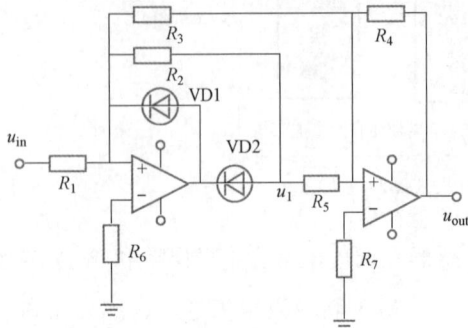

图 5-23　绝对值电路原理图

④ 滤波电路。现场参量从传感器输出到处理器单元，信号由于干扰可能会出现失真，导致测量精度严重下降。因此，在对模拟信号进行类型和幅值调理的同时，必须进行波形的调理，即通过滤波器去除干扰。

常用滤波器可分为无源滤波器和有源滤波器两类。

① 无源滤波器，由无源的电路元件组成，如电阻、电感和电容。例如，RC 一阶滤波器电路简单，但频率特性较差。当干扰信号频率接近被测参量频率时，滤波效果不好。

② 有源滤波器，其电路中一定包含有源器件，如集成运算放大器。根据频率特性，有源滤波器可以分为低通、高通和带通三种。

图 5-24（a）给出了一种简单的一阶低通有源滤波器电路原理图。在运算放大器为理想器件时，该电路的传递函数为

$$\frac{U_{\text{out}}}{U_{\text{in}}} = -\frac{R_2}{R_1} \times \frac{\dfrac{1}{R_2 C}}{s + \dfrac{1}{R_2} C} = -\frac{R_2 \omega_{\text{C}}}{R_1 (s + \omega_{\text{C}})} \tag{5-17}$$

式中：$\omega_{\text{C}} = \dfrac{1}{R_2 C}$ 称为截止角频率。用 $\text{j}\omega$ 代替式（5-17）中的 s，得到该电路的频率特性为

$$\frac{U_{\text{out}}}{U_{\text{in}}} = -\frac{R_2}{R_1} \times \frac{1}{1 + \text{j}\omega R_2 C} = -\frac{R_2}{R_1\left(1 + \text{j}\dfrac{f}{f_{\text{C}}}\right)} \tag{5-18}$$

式中：f 为被测信号频率；$f_{\text{C}} = \dfrac{1}{2\pi R_2 C}$，定义为滤波器的截止频率。

由式（5-18）可以看出，选择电阻 R_2 和电容器 C 的值，使 f_{C} 远大于被测信号频率，则可以使 $\dfrac{U_{\text{out}}}{U_{\text{in}}} \approx -\dfrac{R_2}{R_1}$，改变电阻 R_1 的值，即可改变输出电压的大小。在这种条件

下，输出相对输入的相位移近似为零。频率特性伯德图如图 5-24（b）所示。

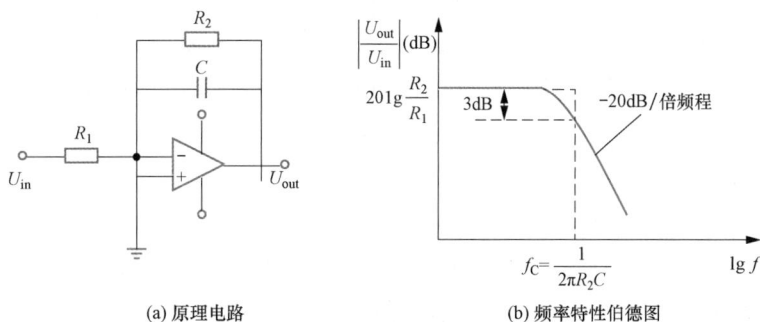

(a) 原理电路　　　　　　　　(b) 频率特性伯德图

图 5-24　一阶低通有源滤波器电路原理图和频率特性伯德图

为了改善滤波效果，可以采用二阶低通滤波器。有关这种滤波器和高通、带通滤波器的电路和特性，请参考有关文献，本书不再赘述。

2）多路选择电路。由于现场需要采集的电池参量种类和数量较多，常出现被测现场模拟量数量大于单元中 A/D 转换器数量的情况。A/D 变换通道需要采用多通道结构，目前主要有以下两种方案。

① 多个独立单通道结构。这种电路结构如图 5-25 所示，通过为每个参量设计独立的 A/D 转换器，完成信号的模拟数字转换。这种结构相当于每个参量都是独立的单通道，转换过程互不影响，可以保证信号转换的同步性，适合高速数据采集或各通道数据同步要求严格的应用场景，主要的缺点是因为使用了多个 A/D 转换器，导致电路成本很高，且电路接线复杂，设计难度较大。

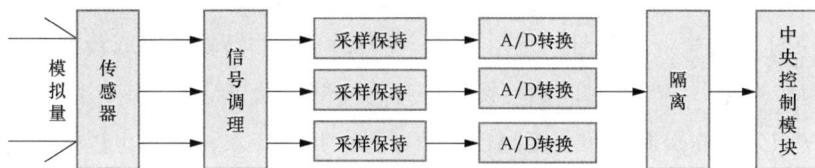

图 5-25　多个独立单通道结构

② 多通道共用一路 A/D 结构。采用模拟量多路转换器的电路结构如图 5-26 所示，每个被测参量仍然需要各自的传感器和调理电路。但是在进行模拟数字转换之前，采用了一个多路转换器（多选一模拟开关）器件，通过该器件，对被测模拟信号进行切换，每次只允许一路信号送入后续的采样电路，这样所有信号都共用一路 A/D 转换器。相比多个独立单通道结构，这种电路结构的优点是电路元件少，电子线路结构简单，成本也较低。但缺点在于每次只能采样一路模拟量，各通道数据不能同步，采样周期相对较长。

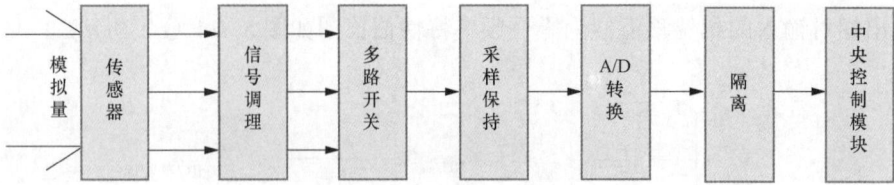

图 5-26　多通道共用一路 A/D 结构

目前在 BMU 中，由于信号大部分变化速度较慢，而 A/D 本身的转换速度较快，同时考虑到成本控制，一般都采用多路选择电路这一方案来实现多信号的 A/D 转换。

3）采样保持电路。A/D 转换器实现模拟数字转换需要一定的时间，如果在这个时间内模拟信号发生波动，会影响 A/D 转换器的转换精度。因此，在 A/D 转换器前需要增加一个采样保持电路。如图 5-27 所示，采样保持电路在采样跟随状态下工作，开关 S 接通

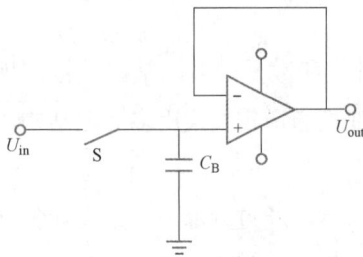

图 5-27　采样保持电路原理图

时，其输出始终跟随输入模拟信号变化。当需要进行 A/D 转换时，MCU 通过控制信号使电子开关 S 由接通转为分断，这时电路的输出为保持电容 C_B 的电压值。由于电容电压可以维持不变，使得 A/D 转换过程中输入信号能够维持稳定，同时也保证了输入的模拟信号是采样时刻的信号。

4）A/D 转换器。A/D 转换器是模拟数字转换通道的关键，用于将输入的模拟量转换为数字量，以便处理器接收和处理。A/D 转换器的种类很多，如何进行选择是关键，应该重点考虑以下 A/D 转换器的性能。

① 转换时间/速率。转换时间是指 A/D 转换器从开始转换到完成转换所需的时间，其倒数即为转换速率。转换时间由转换器本身的内部原理与结构决定。目前，A/D 转换主要包括双积分、逐次逼近和直接比较三种方式。其中，双积分是比较标准电压和被测电压对同一电容的充电时间来确定转换结果，因此转换速度比较慢，转换速率一般小于 5kHz。逐次逼近是当前 A/D 转换的主要方式，它通过调整 D/A 输出电压并与被测电压进行比较确定转换结果，因此转换时间短，转换速率可以从几百千赫兹到几兆赫兹。直接比较是采用多组比较器将被测电压与多个参考电压进行比较后直接输出数字量，这种方式速度最快，转换速率可以超过 10MHz。

不同参数的变化速率是不同的，比如环境温度、电池温度、电压、电流等信号都不一致。按照香农采样定律，采样速率需要大于被测信号频率的两倍，才能保证信号转换结果不失真。因此需要根据信号的频率特征，选择不同原理的 A/D 转换器。

② 转换精度。A/D 转换器是将模拟电压信号通过变换电路输出为二进制数字量，这也

就意味着从连续变化的模拟量变为离散有限点的整数量，因此在变换过程中一定存在误差。A/D 转换器的转换精度就是变换过程中的误差大小，误差越小，精度越高。

A/D 转换器的精度是由其转换后的二进制数据位宽决定，同时也和其转换的线性度相关。由于目前 A/D 转换器的工艺发展，线性度一般都比较理想，因此精度主要是由位宽决定。假设一个 A/D 转换器输出的数据位宽为 10 位，转换电压为 0～5V，那么其转换精度一般可以计算为 5V/1024，即 4.88mV。

除这两个因素外，还要考虑是选用和 CPU 集成一体的 A/D 转换器还是独立的 A/D 转换器。一般来说，集成一体的 A/D 转换器控制简便，价格低，但是性能稍弱；独立的 A/D 转换器性能优，但是控制复杂，同时也增加了成本，这需要根据具体的设计需求进行综合考虑。

（3）通信模块设计。

前文已经介绍过，对于多层级结构的 BMS 而言，需要在各个层级间进行信息交互，因此需要设计相应的通信模块电路。对于 BMU，需要完成的是与 BCU 之间的通信。由于 BMU 数量多，需要采用总线模式，以减少现场布线。现场总线类型多样，包括 CAN、MODBUS 和 PROFIBUS。从应用角度来看，CAN 总线是一种有效支持分布式控制系统的串行通信网络，具有结构简单、可靠性高、传输距离长、实时性好和成本低等特点，可以满足底层装备与主控之间的通信需求，适合 BMU 与 BCU 之间的串行总线通信，也是当前储能系统中主要采用的 BMU 通信方式。

CAN 总线通信模块原理如图 5-28 所示。该模块由 CAN 总线收发器、CAN 总线控制器、MCU、CAN 通信接口以及隔离电路组成。

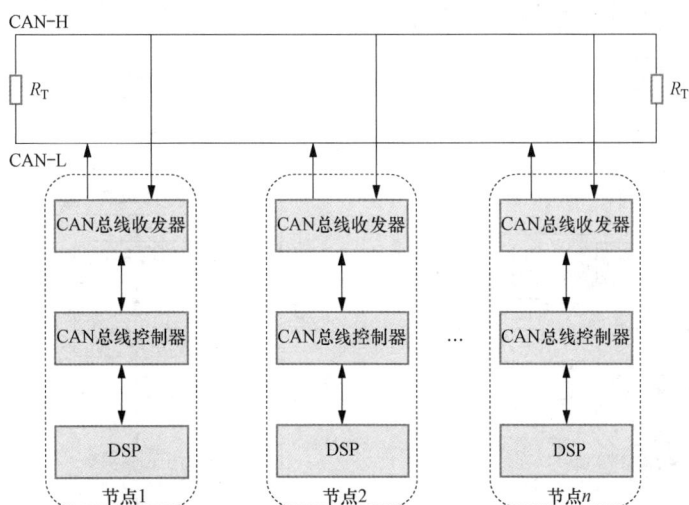

图 5-28　CAN 总线通信模块原理图

CAN 总线收发器负责将 CAN-H（高）和 CAN-L（低）两根线的电平差分信号转

换成 0、1 这样的逻辑数据。CAN 总线控制器的主要功能是对信息数据进行处理（时序逻辑、收发缓冲、错误管理逻辑等），实现 CAN 总线收发器和数字信号处理器之间的信息收发。隔离电路主要用于实现 CAN 总线控制器和 CAN 总线收发器之间的电气隔离。由于储能电池系统中串联了大量单体电池，为防止因地电位不同导致的共模干扰以及对 CAN 收发器芯片造成的损坏，一般在 CAN 总线收发器与 CAN 总线控制器之间串联隔离器，以实现信号的隔离，并在 CAN 总线收发器输入端并联电阻，以抑制回波反射。

（4）软件设计。

硬件是 BMU 的载体，而软件是实现 BMU 各种功能的核心，因此软件设计在 BMU 中占有重要地位。

根据 BMU 的功能要求和硬件设计，可以看出 BMU 本质上是一个嵌入式计算机系统。嵌入式系统的软件有多种设计方法：以工作进程为核心的设计方法、以中断为核心的前后台设计方法和以嵌入式操作系统为核心的设计方法。

对于以工作进程为核心的设计方法，程序按照被控制对象的工作流程顺序进行设计，是一种单线程的大循环结构，运行中通过分支转移、条件判断查询等改变程序运行的顺序，以实现被控对象改变工作状态、响应各种外部事件等功能。基本流程如图 5-29 所示。

这种设计方法采用顺序流程，使得在完成功能时很难保证采样和处理的实时性，因此目前多用于非实时嵌入系统，但是并不适合 BMU 的设计要求。

对于以中断为核心的前后台设计方法，程序将软件功能中对实时性有要求的部分用各种处理器的中断进行处理，如定时采样就用定时器中断方式控制 A/D 转换，以实现等间隔均匀采样。对于实时性要求很低或者没有要求的功能，则采用主程序功能模块程序循环的方式实现。基本流程如图 5-30 所示。

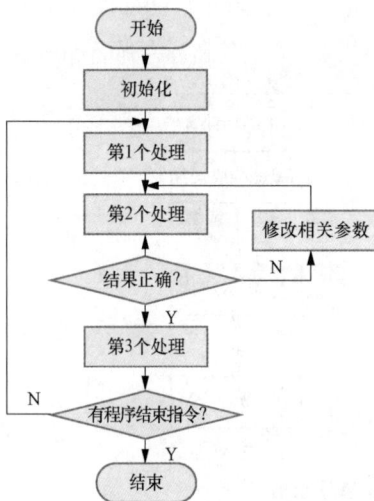

图 5-29　以工作进程为核心的软件流程图　　　　图 5-30　以中断为核心的前后台流程图

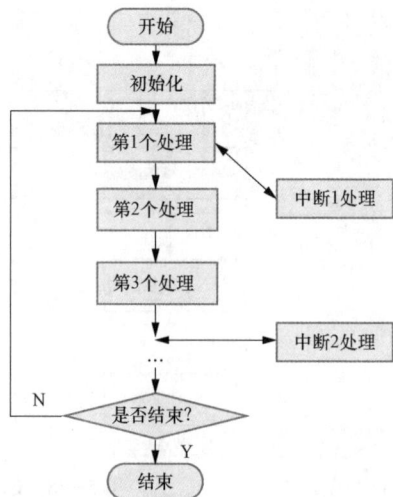

这种方法将程序分为前台程序和后台程序。前台程序是由各种程序模块构成的主循环程序，而后台程序是各种中断程序。这种程序设计模式将不同功能的程序设计成相应的程序模块，将实时性低的放在主循环程序调用，实时性高的用中断优先调用。通过合理安排中断优先级，保证定时采样、通信处理等功能按照各自优先等级顺序进行处理。前后台程序设计方式既保证了功能完成的实时性，也降低了程序模块间的耦合度，方便整体软件的修改、调整和维护。这是目前应用较多的一种设计模式，比较适合 BMU 这种以采集、控制为主的实时嵌入式系统开发。

BMU 软件的设计流程如图 5-31 所示。首先启动系统并进行系统初始化，主要完成相关硬件模块的设置；然后进行电池包以及电池包内单体电池相关参数的采集；最后启动通信程序，将数据通过 CAN 总线发送给本电池包所属的 BCU 单元模块。

2. BCU 设计

BCU 是储能系统中 BMS 的中间环节。它一方面能够汇集每个 BMU 上传的各单体电池电压信息，并采集整个电池簇的簇电压、电流、绝缘电阻等信息；另一方面能完成 SOC、SOH 等电池状态信息的动态实时估算，并综合 BMU 上传的信息至总控 BAU，实现电池簇的充放电管理、热管理、均衡管理和故障诊断与预警功能。

（1）基本结构。

BCU 的功能模块结构如图 5-32 所示，主要包括管理（主控）单元、采集单元（簇电压、簇电流、绝缘电阻）、电池状态估算单元（SOC、SOH）、均衡模块（电池簇间均衡）、充放电管理、热管理、故障报警、故障隔离以及通信接口。

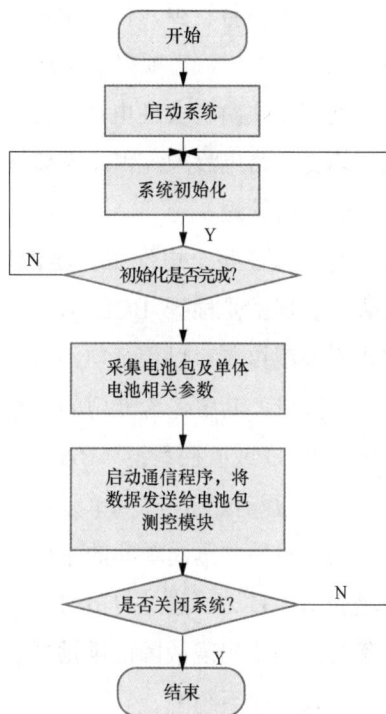

图 5-31　BMU 软件的设计流程图

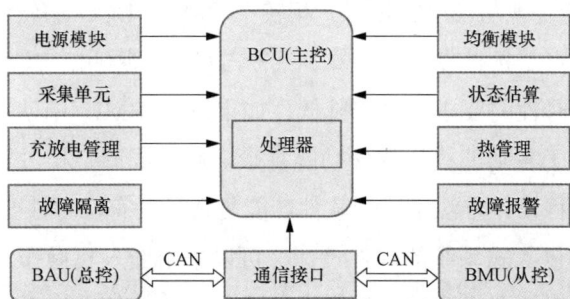

图 5-32　BCU 的功能模块结构图

125

（2）核心单元、采集单元和均衡模块。

对于 BCU 来说，其管理单元仍然是一个以 CPU 为核心的嵌入式计算机系统，该系统主要负责 SOC、SOH 等状态的计算，因此对 CPU 的运算处理能力提出了较高要求。同时，管理单元还需要进行采集、数据记录与存储等工作，所以其计算机系统的存储环节要求也比较高。一般可以选用高规格的 ARM、DSP 或者嵌入式工控计算机来实现。

采集单元主要负责对电池簇的电信号采集，包括整簇电压和整簇电流的采集。虽然需要采集的信号较少，但是电压信号由于是几百个单体电池的串联，因此测量的电压远高于电池包电压，需要采用电压传感器或电阻分压隔离测量电路完成测量。

均衡模块负责实现电池包之间的均衡，由于电池包的电压一般在几十伏到一百伏之间，均衡电路电流大，因此需要注意均衡电路自身的耐压和通流能力问题。

（3）热管理。

为了保证整个电池工作时温度不出现过高的问题，需要通过热管理对电池进行散热。热管理就是根据 BCU 收集的各电池包的温度数据，采用空气冷却、液体冷却等方式进行温度控制，以保证电池安全工作。在热管理的设计中，储能系统通常由专门的动环系统完成，其中包含专门的加热/冷却系统，如空冷系统或液冷系统。这些系统的动作可以由 BCU 或监控系统（BAU）通过通信进行控制。

（4）故障报警与隔离单元。

故障报警与隔离单元的主要功能是根据 BMU 或自身采集的数据，通过计算比较判断是否出现过充、过放等故障。一旦出现故障，可通过指示灯和监控系统等显示提示报警信息，并将出现故障的电池簇从电池系统中隔离出来。在故障电池簇恢复正常后，再将其并入电池系统中。

根据电池簇接入储能系统的不同，可以分为不同的故障隔离模式。若电池簇直接并入，则采用直流开关加熔断器进行隔离；若通过 DC-DC 并入，则采用直流开关、熔断器加 DC-DC 模块进行隔离；若通过交流并入，则采用交流断路器加 DC-AC 模块进行隔离。

（5）软件设计。

BCU 的软件功能实现与 BMU 相似。相较于 BMU，BCU 的软件功能中现场信号的采集并非重点，其重点是各种参数的计算、判断与处理。因此，BCU 对软件的管理能力要求更高，同时其实时性的要求也并未降低。如果采用 BMU 中使用的以中断为核心的前后台设计方法，由于各功能模块软件功能复杂，修改或调整相关算法很容易影响软件的整体结构，因此这种设计方法不适合软件功能复杂且又有实时性要求的 BCU。

对于 BCU 这种嵌入式系统的软件设计，可以采用嵌入式操作系统软件平台来解决其功能管理复杂、实时性要求高的问题。嵌入式系统的软件操作系统（简称嵌入式操作系统）采用面向应用的设计，编码容量很小，可以在系统有限的存储空间内运行，并且可以剪裁和移植，以适应不同应用的设计。嵌入式操作系统有很高的实时性，能够对系统中各应用程序模块进行有效的调度和管理，保证所有程序模块有序、高效地运行。因此，嵌入式操作系统是一种实时多任务操作系统（Real-time Tasking Operating System，RTOS），特别适合于数据处理量大、功能数量多、操作复杂且对实时性有严格要求的控制系统。根据 BCU 本身的特点，其软件开发可以采用 RTOS 方式进行。

嵌入式操作系统开发的软件采用层次化结构模型，其软件结构从下到上依次为硬件驱动层、管理调度层、基础功能层和应用层，如图 5-33 所示。

硬件驱动层直接面向 BCU 控制的各种硬件设备，如各种参量的采样、状态信息的监测、保护开关的动作控制、显示输出及操作键盘的管理等功能都可以由硬件驱动层中

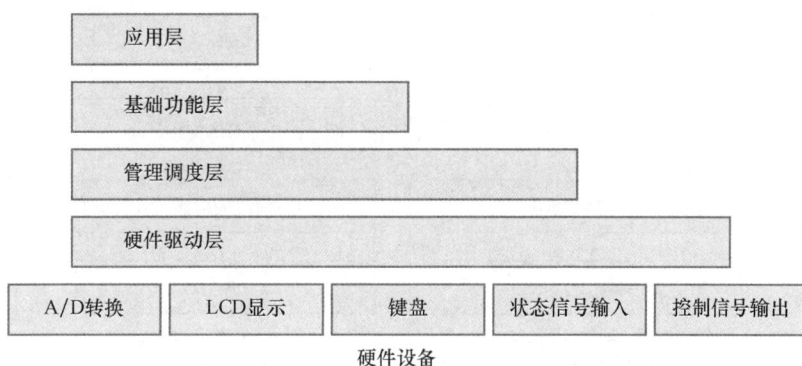

图 5-33　用嵌入式操作系统模式设计的层次化结构图

相关的程序模块来完成。上面各层次软件都可以调用这些程序模块，以获取数据或实现控制，这样上层软件便隔离了对硬件的直接操作，使得 BCU 硬件的变化不会影响上层程序的开发工作，同时上层软件也不会改变该层软件的设计，这极大地提高了软件的灵活性和软件模块的可移植性。

管理调度层是一个实时多任务操作系统，负责软件系统中功能层和应用层的模块或任务程序的管理和调度。通过优先级的设计，确保优先级高的任务程序得到优先响应，保证了任务程序优先可控执行。

基础功能层的程序通过调用相关硬件层的程序获取数据，并进行初步的记录、计算等功能，如快速傅里叶变换（FFT）、有效值计算和简单滤波等，以便为应用层的程序提供基础功能程序模块。

应用层是根据 BCU 的各种功能要求开发的独立功能模块程序，如 SOC 计算、均衡计算和控制、通信、人机交互等，这些程序由管理调度层来管控，按照一定规则进行启动、停止、暂停和恢复等操作，既保证了实时性，同时也实现了软件功能。

采用嵌入式操作系统模式开发的程序流程如图 5-34 所示。和前面介绍的软件开发

相比，该模式的程序可移植性更好，也更容易维护。在开发时，首先需要确定任务（功能），并给出其优先级；然后选用 μCOS 等嵌入式操作系统，并根据 BCU 的硬件进行底层和调度程序的适应性调整；最后根据嵌入式操作系统对任务的开发流程开发各个任务程序，并部署到 BCU 的硬件进行测试即可完成开发。相对而言，软件开发可以多人同步完成，效率高，软件稳定性好。启动系统并进行系统初始化（与 BMU 基本一致），然后配置任务等，并启动操作系统。其调度程序根据设定的优先顺序进行功能程序的调用，从而实现 BCU 的各项功能。

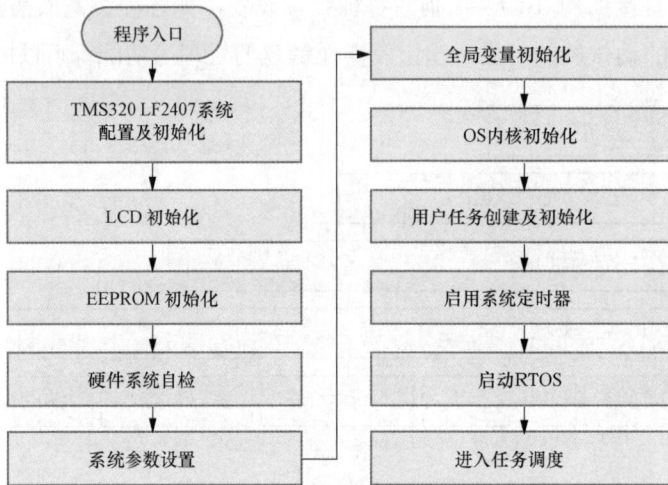

图 5-34　BAU 程序流程图

3. BAU 设计

BAU（总控）是储能电站 BMS 的顶层控制单元，能够连接各个 BCU 单元，负责接收、储存和监控整个电池阵列（堆）的所有电池状态信息；还能与 PCS、EMS、动环系统进行通信，实现各个电池簇的充放电、温度管理等功能。另外，BAU 还配备有人机交互界面的显示屏，既能全面、实时地展示本地所有电池信息，也可以远程控制充放电接触器等储能电站系统部件，方便实现电站电池系统的充放电管理。

由于 BAU（总控）的主要功能是显示、通信和远程控制，同时需要较大的存储容量来存储电池等状态信息，因此，以标准操作系统为软件界面的工控机（Industrial Personal Computer，IPC）成为 BAU 的主控模块硬件首选。一般来说，工控机均具备内存大、处理速度快和兼容性好等优势。当储能电站在恶劣环境条件下运行时，工控机还应满足强抗干扰、抗冲击、适应高低温变化及全天不间断运行等性能要求。BAU 的软件采用基于标准操作系统的开发工具进行开发，实现了电池的信息管理、热量管理、状态评估、故障诊断、充放电管理和界面展示等功能。其软件界面如图 5-35 所示。

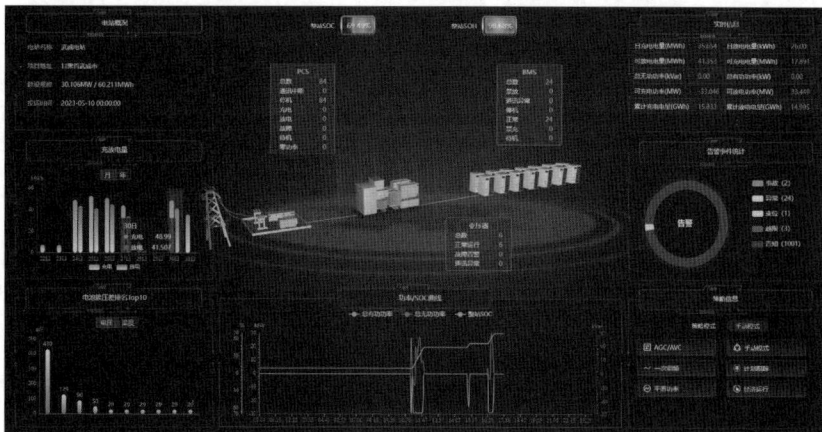

图 5-35　BMS 软件界面

5.4　BMS 的电磁兼容设计

BMS 的电磁兼容设计是保证其可靠安全运行的重要措施之一。由于储能系统一般工作在电力生产、传输或分配的现场，电力系统以及储能系统自身的各种电磁污染会严重影响其安全可靠运行，因此，电磁兼容性已成为衡量 BMS 是否合格的重要指标。

BMS 中的各个层级（如 BMU、BCU、BAU）会运行在不同电压等级和不同工作电流的现场环境中，其电子部分会受到各种电磁干扰，如电力开关设备操作引起的电压或电流瞬变、各种电力电子负载产生的谐波、大功率负载投切产生的电压波动闪变和跌落、雷击干扰或空间电磁干扰等。这些干扰轻则导致参量采样不正常，影响其正常工作；重则直接破坏设备，造成 BMS 损坏，进而影响储能系统的安全可靠运行。因此，提高 BMS 的电磁兼容性是整个设计中的关键问题。

5.4.1　电磁兼容的基本概念

按照 IEC 标准定义，电磁兼容（Electromagnetic Compatibility，EMC）是指在有限空间、有限时间和有限频谱资源条件下，各种用电设备可以共存，而不使设备可靠性、安全性降低的性能。电磁兼容性既有自身抵御外部电磁干扰的性能要求，也有自身不对其他产品造成干扰的性能要求，即包括抗扰性和干扰抑制两方面。

电磁兼容一般会涉及以下标准术语。

（1）电磁干扰（Electromagnetic Interference，EMI）：指破坏性电磁能通过辐射或传导方式在电子设备间传播的过程。

（2）电磁敏感度（Electromagnetic Susceptibility，EMS）：是衡量设备或系统受电磁

干扰后工作中断甚至被破坏程度的评价指标。

（3）抗扰性（Immunity）：指设备抵抗空间电磁干扰（辐射干扰）和通过传输电缆、输电线及I/O连接器的电磁干扰的能力。

（4）抑制（Suppression）：指采用特殊方法消除或减少已存在的射频能量。

（5）密封（Containment）：指采用金属封套或涂有射频电导漆的塑料外壳，以防止电磁能量进入设备或从设备中泄漏。

在考虑设备的电磁兼容性时，需要从其电磁干扰模型出发。图5-36是典型的电磁干扰三要素模型。电磁干扰模型主要包含以下三个要素。

1）干扰源：所有能发出一定能量干扰信号的设备和器件。

2）接收器：能接收干扰源能量并受其影响，使工作发生紊乱的设备和器件。

3）耦合路径：在干扰源和接收器之间传输电磁干扰能量的路径。

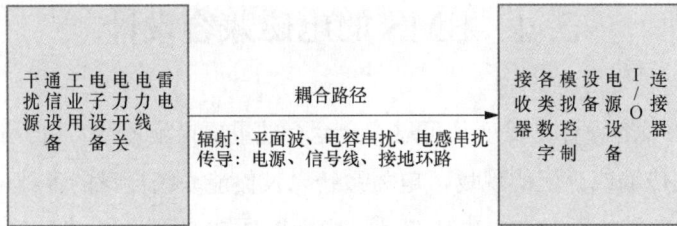

图 5-36　电磁干扰三要素原理图

其中电磁干扰的主要模式包括射频干扰、电力干扰和静电干扰。射频干扰主要是指各类无线通信设备对电子产品工作的干扰；电力干扰是指电力系统内电力线电磁场、电流电压浪涌、电压闪变、电力线谐波和雷电等类型的干扰；静电干扰则是指不同静电电位的物体在靠近或接触时因电荷转移而产生的干扰。电磁干扰的耦合路径中辐射主要通过电场（电容耦合）、磁场（电感耦合）或电磁场（电磁波）形式传播干扰，传导是通过电源、信号、通信、接地等各种线路将干扰送入设备内部。干扰的接收器包括各种电子设备中的模拟和数字电路，因此BMS中的电路基本都是干扰的敏感体。

5.4.2　主要的干扰类型

由于BMS运行在电力环境下，因此其受到的干扰不仅包含自身元件和布线等因素，而且还来自电力一次回路各种状态变化通过耦合传输的干扰、电力环境中的静电干扰和自然现象（如雷电耦合线路）导致的干扰等，这些干扰可能导致BMS的硬件信号出现偏差或异常，也可能给其运行的软件带来异常跳转、运行死机等问题。一般来说，对BMS进行EMC设计时，主要考虑以下几方面的干扰。

1. 低频干扰

主要包括高、中、低电压电网中的谐波干扰，电网三相电压不平衡，以及电网频率变化引起的干扰。

2. 高频干扰

主要包括浪涌干扰、电快速瞬变脉冲群（Electrical Fast Transient，EFT）干扰和阻尼型振荡波干扰等。浪涌干扰主要指交流 20kHz 以上的电压浪涌和 50kHz 以上的电流浪涌。与电网中的开关电器操作，变压器、电动机及继电器等感性负载的投切，以及雷击、线路或负载短路等因素有关。EFT 是由继电器等开关器件在触头闭合时的弹跳，或者断路器在开断感性负载时产生的电弧引起的。阻尼振荡波可能来自线路或设备在状态转换时产生的电磁过渡过程（如开关电弧、功率器件通断等引起的衰减振荡过程）。

同时，高频干扰也包含一些辐射型干扰源，如电台、对讲机和手机等。

3. 静电放电干扰

主要来自雷电、操作者和邻近带电物体上累积的电荷，这些电荷通过接触或空气对 BMS 进行放电。

4. 磁场干扰

主要包括工频电流或变压器磁场泄漏产生的工频磁场干扰、由雷电引起的脉冲磁场干扰和其他特殊条件引起的磁场干扰（如阻尼振荡磁场干扰等）。

5.4.3　基本的电磁兼容设计方法

对 BMS 进行 EMC 设计的目的是减小其对低频干扰、高频干扰、静电放电干扰和磁场干扰的灵敏度，提高抵抗这些干扰的能力。

1. 静电放电干扰的抑制

静电放电分为直接接触放电和空气放电。静电放电可能会造成 BMS 电路的永久损坏或使其工作性能降低，进而影响 BMS 的正常工作。

由于大地是最好的静电电荷吸收器，因此抑制静电放电干扰最有效的方法是使 BMS 中的 BMU 等部件可能产生静电放电的部位通过导电外壳、导电条等良好接地，这样使静电电荷有一个低阻抗通路，将电荷泄放入大地，不会对 BMS 部件造成影响。

2. 滤除快速瞬变脉冲群的干扰

储能系统中存在继电器、接触器、断路器等电力开关设备，这些设备属于有触头、可动型设备。当其闭合时，由于触头接触碰撞，可能产生弹跳并出现多脉冲干扰。另外，电力系统中的断路器在开断感性负载时，由于电弧多次重燃导致电弧不稳定，进而产生多个脉冲干扰。这种干扰使单个脉冲上升时间迅速，幅度可达几千伏，脉冲宽度在 50ns 以内，同时具有较高的重复频率，很容易通过电源线、通信线和传感器连线等传入系统，因此必须采取抑制措施如下。

（1）加装电源滤波器。

在供电电源的输入端加装电源滤波器，是衰减 EFT 的一种有效方法。图 5-37 为一种基本的无源线路滤波器原理电路图。所示电路中，电感 L_1 和电容 C_1、C_2 用于抗共模干扰，电感 L_2、L_3 和电容 C_3、C_4 用于抗差模干扰。由于干扰频率高，一般在几十兆赫兹范围内，因此需要选用低通滤波器。同时，需要注意干扰幅值不能超过电容的工作电压。

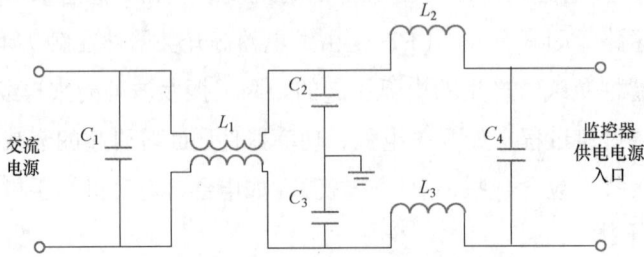

图 5-37　基本无源线路滤波器的原理电路图

（2）消除模拟信号通道的干扰。

为减小 EFT 对模拟信号的影响，可以采用 LC 组成的π型低通滤波器。设计时需要注意其幅度衰减和相移要尽量小，以免影响测量精度；或者直接在信号线上套接高频磁环，以抑制 EFT 干扰。

（3）采用瞬态电压抑制器吸收。

由于 EFT 具有较高的电压幅值（从几百伏到几千伏），远超电力电子器件的耐受范围，因此需要采用高速吸收抑制器。在电源通道和信号通道可以并联瞬态电压抑制器（Transient Voltage Suppressor，TVS）来高速吸收过电压能量，并在器件上直接并联去耦电容。

TVS 是一种二极管形式的高效能保护器件，属于钳位型的电子器件。TVS 分为单极型和双极型两种，分别适用于直流和交流电路保护，也可作为电力电子器件的过电压保护。使用时，TVS 与被保护对象并联。单极型器件的正向特性与普通二极管相同，反向特性为典型的 PN 结雪崩器件特性；双极型器件相当于两只单极型器件反向串联，其正反向特性对称，均为 PN 结雪崩器件特性，可在正反两个方向吸收瞬时脉冲功率，并将电压钳制到预定水平。

3. 电压、电流浪涌的抑制吸收

浪涌（Surge）主要来源是雷电或开关操作耦合到导线上的浪涌电压和电流。浪涌干扰为单极性脉冲或快速衰减波，持续时间长，作用能量大。相对于 EFT 干扰，浪涌干扰频段低，但是干扰能量远高于 EFT。由于浪涌干扰能量大，如果不能吸收，进入 BMS 的各单元后会直接损坏电路元件，导致系统无法正常工作。对于浪涌的主要防护手段是在电源回路、信号回路并联能量吸收元器件，如压敏电阻、气体放电管和 TVS 等。

（1）压敏电阻。

压敏电阻是一种常用的非线性钳位型电阻元件，用于吸收开关操作、雷击引起的电源线路中的浪涌能量，抑制被保护线路的过电压。在正常时表现为高阻特性，当电压超过击穿电压时，它会迅速转为低阻通路，泄放浪涌能量。

压敏电阻的使用特点是能够吸收大量的浪涌能量，但也存在寄生电容容量较大、响应时间较长的问题，而且随着冲击次数的增加，其漏电流也增加。当前使用较多的是氧化锌（ZnO）压敏电阻。

（2）气体放电管。

气体放电管由一对封装在玻璃管中的电极组成，使用时与被保护电路并联。当施加在电极间的电压超过气体间隙放电阈值时，气体间隙被击穿，呈现出近似短路的状态，此时残压非常低。值得注意的是，随着击穿次数的增加，击穿的阈值电压降低。

（3）瞬态电压抑制器（TVS）。

当 TVS 在规定的应用条件下承受一定高能量的浪涌脉冲时，其工作阻抗可在 1ps 内由高阻值变为低阻值，从而允许浪涌脉冲电流通过，并将电压钳制在规定的水平，有效地保护被保护电路及其内部元件。但是 TVS 承受浪涌峰值电流的能力较低，因此在实际应用中，多与压敏电阻配合适用，利用其快速特性先将电压箝位，再利用压敏电阻吸收干扰能量。

4. 针对磁场的抗干扰

由于系统中存在大电流，因此需要考虑磁场干扰。可以在单元的外壳采用特定的磁屏蔽材料，如铁磁合金、导电橡胶等，对干扰磁场进行偏转，达到屏蔽效果。

除了采用以上有针对性的抗干扰措施以外，还需要在 BMS 的电路板设计、软件设计中采用一些抗干扰措施。

在印制电路板（PCB）设计中，可以采用以下措施：数字电路与模拟电路分开布置并分开供电；并尽量加宽板上电源进线与回线的线宽；PCB 的强电区域与弱电区域严格分离；通信部分采用与中央控制模块完全隔离的独立电源供电；与数据线联系密切的芯片尽可能集中布置，减少总线长度；减少平行走线的数量和长度，并尽量增加线宽和线间的距离。

软件是实现 BMS 功能的关键，由对应的代码生成的二进制文件和运行中使用的二进制数据构成。在软件的运行过程中，软件代码和数据的二进制表示可能会因干扰发生变化，比如某一位可能发生翻转，从 0 变为 1 或从 1 变为 0，这会导致程序的指令或数据错误，进而造成软件工作出现紊乱，甚至无法运行。针对软件抗干扰问题，可以采用在软件中增加看门狗（Watchdog）监视程序的方法。通过软件定时给看门狗电路送入复位信号，使系统在正常工作时看门狗电路不起作用，而一旦软件由于干扰出现死机，则看门狗电路就会自动发出复位信号，软件就会复位重启，保证系统能自动恢复运行。

5.4.4　基本的电磁兼容测试方法

BMS 作为一种标准的工业电子系统，需要对其电磁兼容性能进行测试，测试需要依据相应的标准。根据国家标准 GB/T 34131—2023《电力储能用电池管理系统》的规定，BMS 需要开展的电磁兼容测试见表 5-1。这些测试采用的电磁兼容标准为 GB/T 17626.X 系列国家标准，与国际电工委员会 IEC/TC 77 制定的 IEC 61000-4-X 抗扰度标准相对应。

表 5-1　　　　　　　　　　　　BMS 的电磁兼容测试要求

序号	国家标准	标准名称	对应的国际标准号
1	GB/T 17626.2—2006	电磁兼容　试验和测量技术　静电放电抗扰度试验	IEC 61000-4-2
2	GB/T 17626.4—2018	电磁兼容　试验和测量技术　电快速瞬变脉冲群抗扰度试验	IEC 61000-4-4
3	GB/T 17626.5—2019	电磁兼容　试验和测量技术　浪涌（冲击）抗扰度试验	IEC 61000-4-5
4	GB/T 17626.8—2006	电磁兼容　试验和测量技术　工频磁场抗扰度试验	IEC 61000-4-8
5	GB/T 17626.9—2011	电磁兼容　试验和测量技术　脉冲磁场抗扰度试验	IEC 61000-4-9
6	GB/T 17626.10—2017	电磁兼容　试验和测量技术　阻尼振荡磁场抗扰度试验	IEC 61000-4-10
7	GB/T 17626.16—2007	电磁兼容　试验和测量技术 0Hz～150kHz 共模传导骚扰抗扰度试验	IEC 61000-4-16
8	GB/T 17626.17—2005	电磁兼容　试验和测量技术　直流电源输入端口纹波抗扰度试验	IEC 61000-4-17
9	GB/T 17626.18—2016	电磁兼容　试验和测量技术　阻尼振荡波抗扰度试验	IEC 61000-4-18

本节仅讨论比较常见的静电放电、电快速瞬变脉冲群、浪涌（冲击）三种干扰的试验标准和试验方法，其他的测试方法可以查阅相关标准和文献。

1. 静电放电试验

静电放电试验主要针对被试设备的外壳，有接触放电和空气放电两种。试验等级标准要求见表 5-2。

表 5-2 静电放电试验等级标准

接触放电		空气放电	
等级	试验电压（kV）	等级	试验电压（kV）
1	±2	1	±2
2	±4	2	±4
3	±6	3	±8
4	±8	4	±15

在进行静电放电试验时，首先根据被试设备的运行环境条件确定试验等级。用专用测试设备产生符合标准规定的波形和幅值的放电电压，通过放电枪对被试设备外壳进行放电。放电点的选取有两种方法：一种是先以 20 次/s 的放电速率扫描机壳，找出耐受静电放电较薄弱的部分；另一种是将外壳上人手容易接触的部分作为放电点。电子设备外壳对静电放电的薄弱点一般集中在键盘、显示屏附近和散热口附近区域。放电点可以是金属或非金属，对金属和非金属放电点施加的放电电压幅值应分别对应于表 5-2 中相应等级的接触放电和空气放电试验电压。

对受试设备机壳上的每个试验点按 1 次/s 的速率进行正负极性放电，放电次数均应大于 10 次。试验期间，受试设备在静电放电的情况下不应误动作，但允许指示器出现暂时的错误信息。试验结束后，受试设备仍能保持其原有性能。

2. 电快速瞬变脉冲群（EFT）试验

EFT 干扰主要是以共模方式作用于装置的电源端口、信号输入输出通道和通信端口等，因此 EFT 试验主要就是针对这些端口进行的。

按照标准规定，EFT 试验中使用的脉冲群波形如图 5-38 所示。脉冲重复频率为 5kHz，单个脉冲在 1/2 幅值处的宽度为 50ns，脉冲群重复周期为 300ms，持续时间为 15ms。试验中，施加干扰的持续时间为正负脉冲群各 60s。

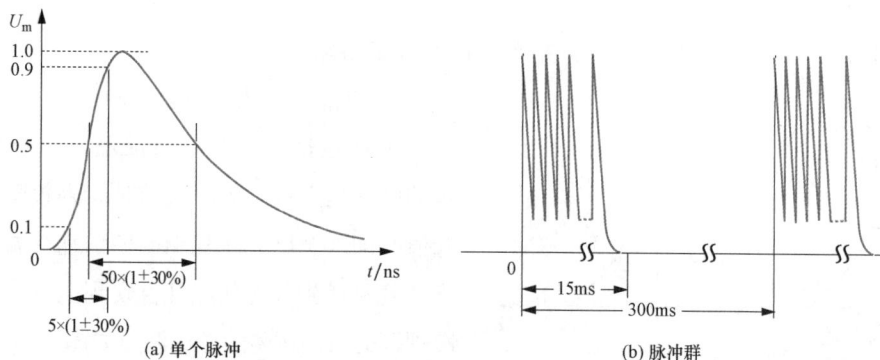

图 5-38 标准的 EFT 试验波形图

在不同试验等级下，EFT 试验施加的规范脉冲电压峰值和重复频率见表 5-3。

表 5-3 EFT 试验的等级标准

等级	在供电电源端口，保护接地		在信号数据和控制端口	
	电压峰值（kV）	重复频率（kHz）	电压峰值（kV）	重复频率（kHz）
1	±0.5	5	±0.25	5
2	±1	5	±0.25	5
3	±2	5	±1	5
4	±4	2.5	±2	5

最新的 IEC 标准已经将 EFT 试验施加的规范脉冲电压重复频率提高到 100kHz。

EFT 试验要求提供一个参考接地平面，该平面采用尺寸为 2m×1.5m、厚度为 0.6mm 的铝板铺在试验台上并与真实大地相连。测试设备放置在参考接地平面上，而被试设备放置于参考接地平面上的 20cm 厚绝缘垫层上。测试端口包括电源和各种信号端口。试验时，可以将测试设备的输出线直接接至电源端口，也可以将被测的电源线和信号线置于专门的容性耦合夹中，干扰信号通过该耦合夹耦合到电源或信号线上，如图 5-39 所示。

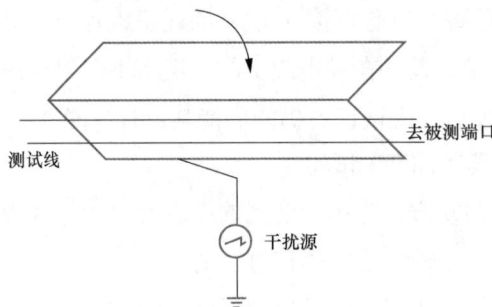

图 5-39 电磁干扰试验用容性耦合夹及其连接示意图

试验过程中，被试设备应加电工作，脉冲群被叠加在被试端口工作的信号上。在干扰施加过程中，受试设备不应损坏或误动作，可以允许有暂时的错误信息指示。试验结束后，被试设备性能应无下降、无改变，且设备无损坏。

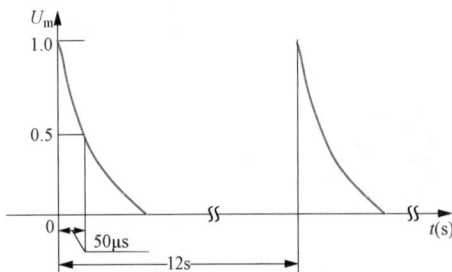

图 5-40 浪涌试验的电压波形

3. 浪涌（冲击）试验

浪涌包括电压和电流浪涌，是一种高能量的脉冲型干扰。脉冲波前时间为数微秒，半峰值时间（宽度）从几十微秒到几百微秒，幅度从几百伏到几万伏或几百安到上百千安。标准规范的浪涌试验的电压波形如图 5-40 所示，波前时间 $T_1=1.2×$（1±30%）μs，半峰值时

间 $T_2=50\times(1\pm20\%)$ μs。

浪涌抗扰度试验需要对试验端口分别进行共模和差模试验,不同等级下对应的共模和差模电压见表 5-4。施加干扰的试验电路如图 5-41 所示。

表 5-4　　　　　　　　　　浪涌试验等级及对应的开路电压

等级	开路电压 (kV)	
	共模	差模
1	±0.5	±0.25
2	±1	±0.5
3	±2	±1
4	±4	±2

进行浪涌抗扰度试验时,试验波形发生装置和被试设备的布置与接线方式与电快速瞬变脉冲群试验相同。在选定的试验等级上,正、负极干扰脉冲各加 5 次,脉冲间隔时间为 12s,以便为受试设备提供足够的散热时间。

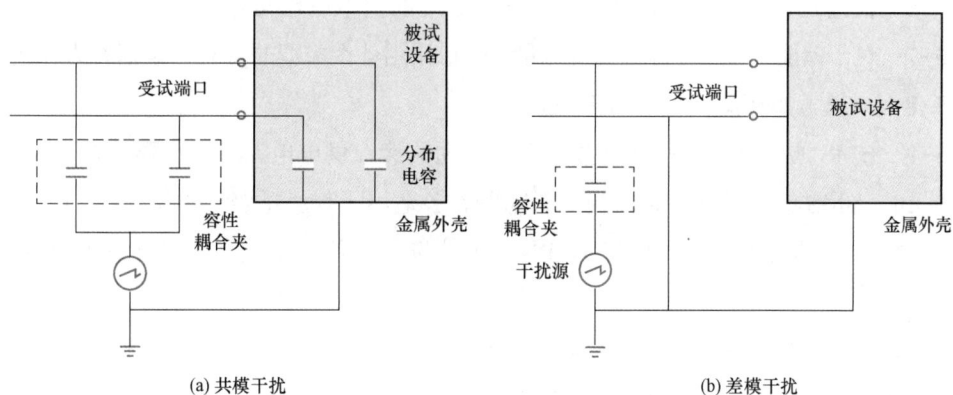

图 5-41　浪涌试验施加干扰的试验电路

施加干扰的过程中,被试设备不损坏,可允许指示器有暂时错误的信息。试验结束后,设备能自动恢复正常。在浪涌抗扰度试验中,干扰信号也需要通过容性耦合夹与被测试端口连接。

小　　结

BMS 是电池储能系统中的重要子系统,是实现电池各种参量测量、状态估计、均衡管理和控制保护等功能的核心。由于电池储能系统的电池数量庞大，如何设计 BMS 是研发电池储能系统的关键。本章从 BMS 的功能出发，介绍了 BMS 的主要结构形式，采用主从分布式结构是当前的主流。参量的准确获取是实现 BMS 各种功能的基础，在介绍了需要检测参量类型的基础上，本章给出了电、温度、机械等参量的检测方法和相关处理变换电路。BMS 一般由 BMU、BCMS、BAU 等多级组成，本章介绍了各级的硬件和软件设计方案，并针对电磁兼容问题，介绍了包括基本概念、主要干扰、电磁兼容设计和测试等内容。

思 考 题

5-1 电池管理系统应具有哪些基本功能？

5-2 电池管理系统的基本结构有哪些类型？主要特点是什么？

5-3 电池管理系统需要检测的参量有什么？

5-4 电压、电流是两个核心基础参量，简述储能系统中参量基本的检测原理。

5-5 温度检测中，哪些检测方法可以测量实际温度？哪些可以测量温差？

5-6 请通过自行查阅资料介绍光纤测量温度的基本原理与方法。

5-7 对于储能系统中电池的温度测量，可以采用什么类型的 A/D 转换器？为什么？

5-8 请思考如何测量电池内部的温度。

5-9 BMS 通信常用哪些物理接口标准？通信接口供电电源有什么要求？

5-10 BMS 的软件设计常用模式有哪些？各适用于什么层级？

5-11 什么是实时任务调度？BMS 中软件设计为什么要采用实时任务调度的设计思想？

5-12 已知某 BMS 中 BMU 对电池电流、电压采样速率为 10k/s，被测电池为 24 单串结构，使用的 A/D 转换器数字量位数为 12 位，处理器件地址位宽为 16 位。监控器需要实时保存电压、电流采样值，请问如果按照每秒一次进行数据上传，其需要的数据区最小空间是多少？

5-13 电磁干扰模型中的三要素是什么？请举例说明。

5-14 BMS 面临的主要干扰有什么？

5-15 TVS 本身具有非常快的电压抑制速度，能否单独用于限制电路板中的浪涌电压干扰？为什么？

第6章
电池储能功率变换系统（PCS）设计

基于 PWM 技术的功率变换系统（Power Conversion System，PCS）是电池储能系统的重要组成部分，PCS 可以实现电池储能系统直流电池与交流电网之间的双向能量传递，并通过其控制策略实现对电池系统的充放电管理、对网侧负荷功率的跟踪、对电池储能系统充放电功率的控制、对正常及孤岛运行方式下网侧电压的控制等功能。PCS 装置已在太阳能、风能等分布式发电技术中得到了广泛应用，并逐渐拓展到飞轮储能、超级电容器、电池储能等小容量双向功率传递的储能系统中。

PCS 的拓扑结构直接决定了 BESS 的电气结构和集成方式，在当前功率器件性能和电池特性的约束条件下，不同的拓扑结构可以实现的电池储能系统容量等级范围各不相同。在电池储能应用中，通过利用电路拓扑结构的模块化设计来降低电池直接串并联的规模，从而细化电池管理和功率控制的粒度。这样不仅可以降低电池筛选和组配的难度，还增加了对电池管理和控制的手段。研究 PCS 在各种应用条件下的最佳拓扑结构、组合方式以及控制算法，对减小 PCS 装置整体损耗、提高可靠性以及构建更加方便和高效的模块化结构具有重要的意义和工程实用价值。本章主要对电池储能 PCS 的拓扑结构和控制策略进行介绍。

6.1　电池储能功率变换系统基本结构

6.1.1　PCS 的典型拓扑结构

PCS 作为电池与电网之间的桥梁，起着至关重要的作用。它不仅决定了储能系统输出的电能质量及其动态响应特性，还显著影响着电池的使用寿命。在电网侧，电池储能系统通常接入 10kV 或更高的中高压电网，而储能电池堆的电压等级通常不超过 1kV。基于是否使用工频变压器提升电压以实现并网，储能 PCS 的拓扑结构可分为工频升压型和高压直挂型两种，如图 6-1 所示。

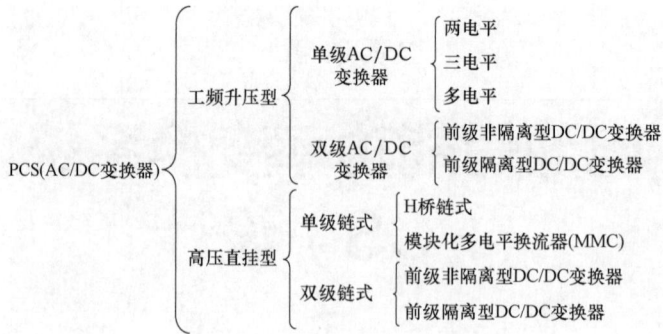

图 6-1　PCS 的拓扑结构分类图

PCS 的拓扑结构根据其级数的差异，工频升压型 PCS 可划分为单级式和双级式两种类型，如图 6-2 和图 6-3 所示。单级式 PCS 的主要优势是运行效率高，目前大容量储能系统

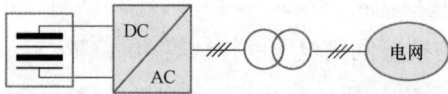

图 6-2　单级式工频升压型 PCS 基本结构

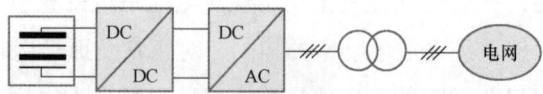

图 6-3　双级式工频升压型 PCS 基本结构图

中较为常用的是锂离子电池，其荷电状态常处于15%～85%的范围内，端口电压变化范围不大，因此我国现有的大容量电池储能示范工程中多采用单级式工频升压型 PCS 方案。

　　单级式工频升压型 PCS 虽然工作效率高、结构简单，但存在电池组容量低和电压选择灵活性差的问题，且当 PCS 直流侧出现短路故障时，易导致电池组受到较大的电流冲击，同时带来较大的危害。单级式 PCS 还可以根据输出电压的电平分为两电平、三电平或多电平，随着电平数的增加，可以进一步提高 PCS 直流侧电压等级与输出电能质量，如图 6-4 所示。随着直流电压逐渐趋近 1500V，三电平拓扑结构的应用也将越来越广泛。1500V 电池储能系统减少了占地面积，降低了开关盒、直流线缆等电气设备的使用量，在一定程度上也降低了系统成本。但由于电池与 PCS 间距离较短，并不能像大

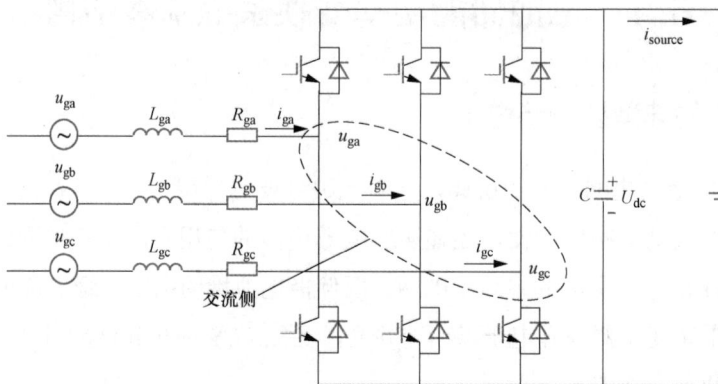

(a) 两电平PCS

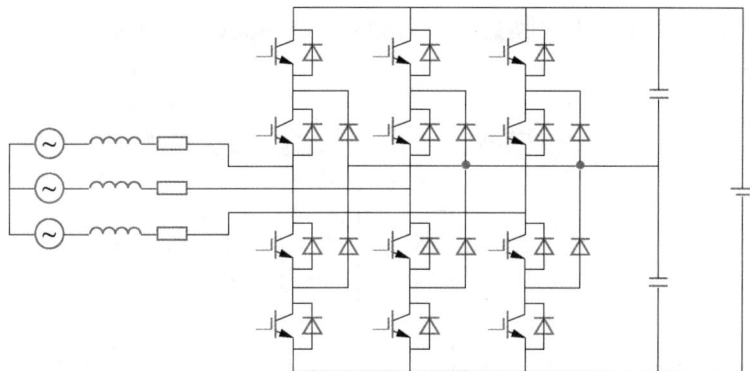

(b) 三电平PCS

图 6-4　单级式工频升压型 PCS 拓扑

规模光伏电站那样显著减少直流传输损耗，且对双向直流断路器、双向直流接触器等器件提出了更高的性能要求，因此直流回路的电气安全与保护设计是这一系统实施的核心难点。

双级式工频升压型 PCS 更适用于电池电压变化范围较宽的应用场景。它在电池接入端配置了双向 DC/DC 变换器，这一设计不仅提高了电池组的容量，而且增强了电压选择的灵活性。该系统可以实现对多组电池的分别独立控制，但具有成本高、控制相对复杂和效率低的特点，其拓扑结构如图 6-5 所示。根据 DC/DC 变换器的结构不同，双级式工频升压型 PCS 又可分为隔离型与非隔离型两种。其中，隔离型双级式 PCS 可以进一步提升电压比，具有更宽的电池电压适应性，但大容量隔离型高升压比双向 DC/DC 变换器的设计技术难度更大，主要难点包括高频变压器设计、系统绝缘处理、移相或串联谐振软开关设计及高功率密度设计等。

为了实现超大规模电池储能电站的应用，避免电池组过多并联以及工频变压器带来损耗并降低成本，采用模块化链式结构的高压直挂型 PCS 成为主要的研究方向。与工频升压型 PCS 类似，按照功率变换级数的不同，高压直挂型 PCS 可分为单级链式和双级链式拓扑结构。

单级链式 PCS 可以不经过工频变压器直接输出高压，并接入高压电网，适合构建超大规模储能系统。链式结构实现了级联多电平输出，即使在单个模块开关频率较低的情况下，也可以确保系统获得较低的输出电压谐波特性，从而降低了开关损耗。但单级链式 PCS 要求直流侧必须相互绝缘，对电池组与 BMS 提出了较高的绝缘要求，因此需要特殊设计；各电池组相互间及与地间存在共模电流通路，必须有效解决其共模电流抑制问题；同时，电池组充放电电流中存在 2 倍频脉动，会对电池的高效安全运行和全寿命周期成本产生负面影响。单级链式 PCS 根据模块电路拓扑的不同，主要可分为 H 桥链式与模块化多电平换流器（Modular Multilevel Converter，MMC）链式，如图 6-6 所示。

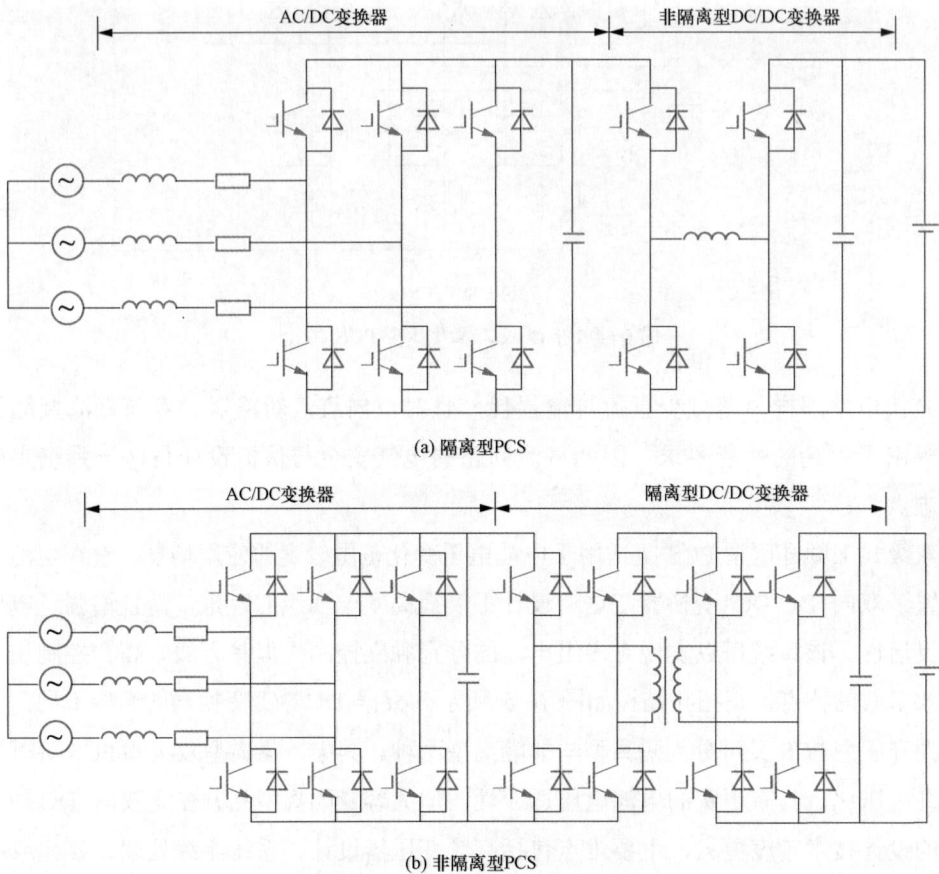

(a) 隔离型PCS

(b) 非隔离型PCS

图 6-5　双级式工频升压型 PCS 拓扑

与图 6-5 中的双级式工频升压型 PCS 类似，双级链式 PCS 通过引入电池接入端的 DC/DC 变换器，进一步拓宽了电池电压的适用范围，并抑制了电池充放电电流中的 2 倍频脉动。当采用高频隔离型 DC/DC 变换器时，各个电池组间不再需要高电压绝缘措施，绝缘的压力主要由高频变压器承担，但这种做法相应地增加了系统复杂度，降低了系统效率。

总体而言，高压直挂型 PCS 是解决储能系统因超大容量带来的安全和效率下降问题的关键方案，但它对电池组或隔离型 DC/DC 变换器均提出了较高的绝缘要求，这在一定程度上限制了其推广与应用。此外，在超大规模容量的电池集中堆放时，电气连接与安全设计方面也面临诸多挑战。

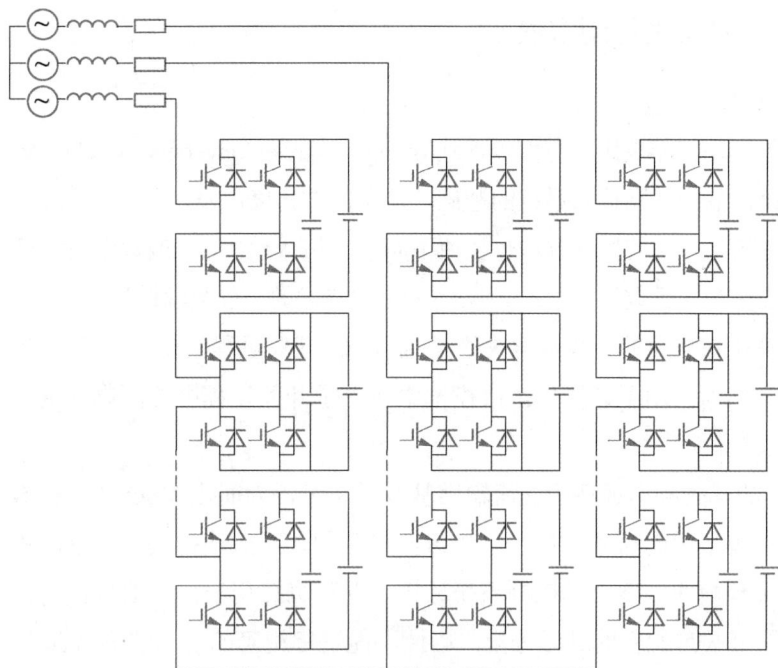

(a) H桥单极链式PCS

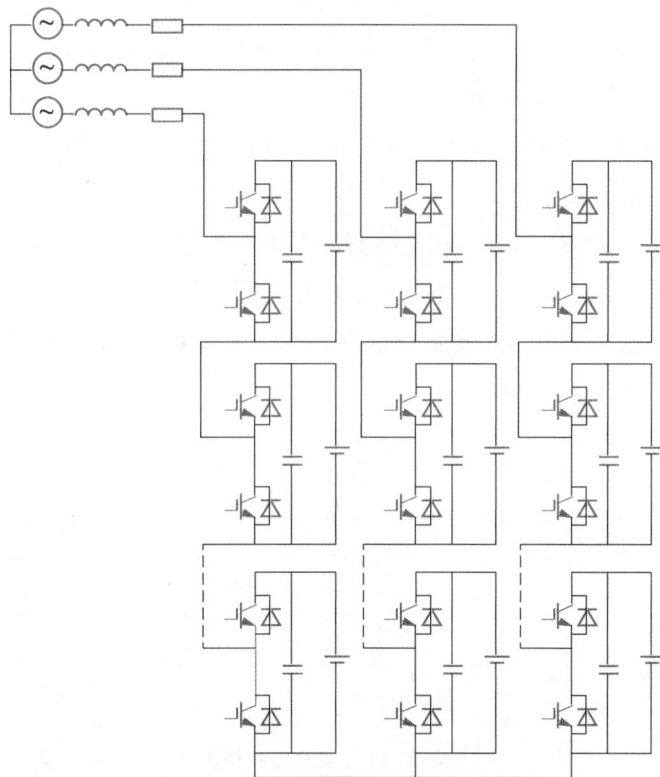

(b) MMC单极链式PCS

图 6-6　高压直挂型单级链式 PCS 常用拓扑

6.1.2　PCS 的典型控制方法

1. PCS 的数学模型

PCS 一般采用三相电压源型变流器（Voltage Source Converter，VSC）。VSC 的数学模型是分析和设计储能并网接入系统的基础。从不同的角度出发，可以建立不同形式的数学模型，而这些模型对应的控制方法也往往不同。三相 VSC 的一般数学模型可采用：① 采用开关函数描述的一般数学模型；② 采用占空比描述的一般数学模型。

采用开关函数描述的一般数学模型是对 VSC 开关过程的精确描述，较适用于 VSC 的波形仿真。然而，由于该开关函数模型中包含了开关过程中的高频分量，因此很难用于控制器的设计。

当 VSC 的开关频率远高于交流输出基波频率时，为简化 VSC 的一般数学模型，可忽略开关函数模型中的高频分量，只考虑低频分量，从而获得采用占空比描述的低频数学模型。这种模型非常适合于控制系统分析，并可直接用于控制器设计。但是，由于这种模型忽略了开关过程中的高频分量，因此不能进行精确的动态波形仿真。

总之，采用开关函数描述和采用占空比描述的 VSC 一般数学模型，在 VSC 控制系统设计和系统仿真中各自起着重要作用。常用后者对 VSC 控制系统进行设计，然后再用前者对 VSC 控制系统进行仿真，从而校验控制系统设计的性能指标。

（1）三相 VSC 开关函数模型。

对于一个 PWM 信号控制下的 VSC，同一桥臂上的上、下两个功率晶体管交替导通，定义其开关函数 S 如下。

$S_i = 1$（i=a，b，c）时，i 桥臂的上管导通，下管关断。

$S_i = -1$（i=a，b，c）时，i 桥臂的下管导通，上管关断。

以基于直流母线分裂电容的储能 PCS 拓扑为例，其主电路结构如图 6-7 所示。

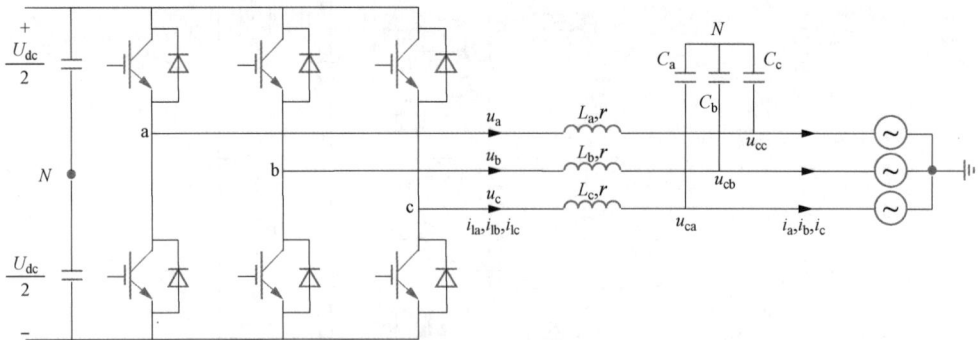

图 6-7　PCS 主电路结构图

由于系统的参考点为直流母线滤波电容的中性点，因此三相桥输出相电压为

$$\begin{pmatrix} u_a \\ u_b \\ u_c \end{pmatrix} = \begin{pmatrix} S_a \\ S_b \\ S_c \end{pmatrix} \frac{U_{dc}}{2} \qquad (6-1)$$

将负载电流作为扰动，设状态变量为三相滤波电容相电压 u_a、u_b、u_c 和三相滤波电感电流 i_{la}、i_{lb}、i_{lc}，输入变量为三相桥输出相电压 u_a、u_b、u_c 和三相滤波电感电流 i_{la}、i_{lb}、i_{lc}，输出变量为三相滤波电容相电压 u_{ca}、u_{cb}、u_{cc} 和三相负载电流 i_a、i_b、i_c。根据基尔霍夫定律，给出滤波电容和滤波电感的电流和电压方程为

$$\begin{cases} C\dfrac{du_{ca}}{dt} = i_{la} - i_a \\[2mm] C\dfrac{du_{cb}}{dt} = i_{lb} - i_b \\[2mm] C\dfrac{du_{cc}}{dt} = i_{lc} - i_c \\[2mm] L\dfrac{di_{la}}{dt} = u_a - u_{ca} - ri_{la} \\[2mm] L\dfrac{di_{lb}}{dt} = u_b - u_{cb} - ri_{lb} \\[2mm] L\dfrac{di_{lc}}{dt} = u_c - u_{cc} - ri_{lc} \end{cases} \qquad (6-2)$$

转换成状态空间矩阵的形式为

$$\begin{pmatrix} \dot{u}_{ca} \\ \dot{u}_{cb} \\ \dot{u}_{cc} \\ \dot{i}_{la} \\ \dot{i}_{lb} \\ \dot{i}_{lc} \end{pmatrix} = \begin{pmatrix} 0 & 0 & 0 & 1/C & 0 & 0 \\ 0 & 0 & 0 & 0 & 1/C & 0 \\ 0 & 0 & 0 & 0 & 0 & 1/C \\ -1/L & 0 & 0 & -r/L & 0 & 0 \\ 0 & -1/L & 0 & 0 & -r/L & 0 \\ 0 & 0 & -1/L & 0 & 0 & -r/L \end{pmatrix} \begin{pmatrix} u_{ca} \\ u_{cb} \\ u_{cc} \\ i_{la} \\ i_{lb} \\ i_{lc} \end{pmatrix} +$$

$$\begin{pmatrix} 0 & 0 & 0 & -1/C & 0 & 0 \\ 0 & 0 & 0 & 0 & -1/C & 0 \\ 0 & 0 & 0 & 0 & 0 & -1/C \\ 1/L & 0 & 0 & 0 & 0 & 0 \\ 0 & 1/L & 0 & 0 & 0 & 0 \\ 0 & 0 & 1/L & 0 & 0 & 0 \end{pmatrix} \begin{pmatrix} u_a \\ u_b \\ u_c \\ i_a \\ i_b \\ i_c \end{pmatrix} \qquad (6-3)$$

将式（6-1）代入式（6-3）得

$$\begin{pmatrix} \dot{u}_{ca} \\ \dot{u}_{cb} \\ \dot{u}_{cc} \\ \dot{i}_{la} \\ \dot{i}_{lb} \\ \dot{i}_{lc} \end{pmatrix} = \begin{pmatrix} 0 & 0 & 0 & 1/C & 0 & 0 \\ 0 & 0 & 0 & 0 & 1/C & 0 \\ 0 & 0 & 0 & 0 & 0 & 1/C \\ -1/L & 0 & 0 & -r/L & 0 & 0 \\ 0 & -1/L & 0 & 0 & -r/L & 0 \\ 0 & 0 & -1/L & 0 & 0 & -r/L \end{pmatrix} \begin{pmatrix} u_{ca} \\ u_{cb} \\ u_{cc} \\ i_{la} \\ i_{lb} \\ i_{lc} \end{pmatrix} +$$

$$
\begin{pmatrix}
0 & 0 & 0 & -1/C & 0 & 0 \\
0 & 0 & 0 & 0 & -1/C & 0 \\
0 & 0 & 0 & 0 & 0 & -1/C \\
U_{dc}/2L & 0 & 0 & 0 & 0 & 0 \\
0 & U_{dc}/2L & 0 & 0 & 0 & 0 \\
0 & 0 & U_{dc}/2L & 0 & 0 & 0
\end{pmatrix}
\begin{pmatrix}
S_a \\ S_b \\ S_c \\ i_a \\ i_b \\ i_c
\end{pmatrix}
\tag{6-4}
$$

三相 VSC 在 abc 静止坐标系下的开关函数模型结构如图 6-8 所示。由图可以看出，三相四线制 VSC 既可以采用三相独立控制，也可以采用统一矢量控制。

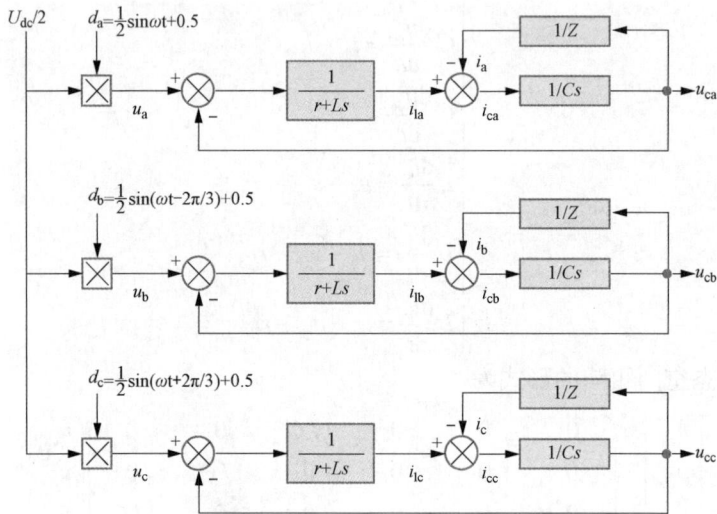

图 6-8　三相 VSC 在 abc 静止坐标系下的开关函数模型

（2）三相 VSC 占空比模型。

采用开关函数描述的三相 VSC 数学模型是对功率器件开关过程的精确描述。然而，由于该开关模型中包含了功率器件开关过程中的高频分量，因此它很难用于指导控制器的设计。当变流器的输出基波频率以及 LC 滤波器的谐振频率相较于功率器件的开关频率足够小时，VSC 可以看作一个具有恒定增益的放大器，可以采用状态空间平均法来建立 VSC 的线性化模型。

状态空间平均法在一个开关周期内，用变量的平均值代替其瞬时值，从而得到一个连续的状态空间平均模型。在该模型框架下，可用规则采样法代替自然采样法。此时，在一个开关周期内，PWM 开关函数波形如图 6-9 所示。

图 6-9 中，高频载波为双极性三角波 U_c，其幅值为 U_{cm}，频率为 f_{sw}。调制波为工频正弦波 U_{ir}（$i = a$，b，c），其幅值为 U_{rm}。在一个开关周期内，d_i（$i = a$，b，c）为对应相的 PWM 占空比，且 $d_i \leqslant 1$。开关函数在一个开关周期上的平均值为

$$\overline{S_i} = \frac{1 \times t_{\mathrm{on}} + 0 \times (1/f_{\mathrm{sw}} - t_{\mathrm{on}})}{1/f_{\mathrm{sw}}} = \frac{1 \times d_i/f_{\mathrm{sw}} + 0 \times (1/f_{\mathrm{sw}} - d_i/f_{\mathrm{sw}})}{1/f_{\mathrm{sw}}} = d_i \qquad (6\text{-}5)$$

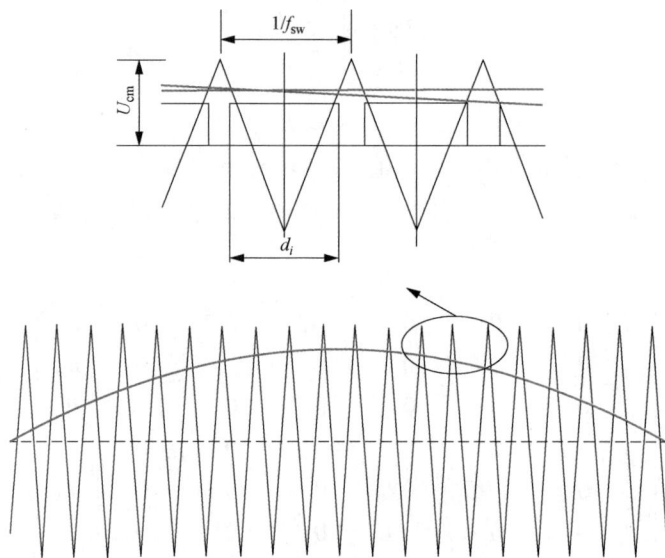

图 6-9　PWM 开关函数波形图

由式（6-5）可知，PWM 占空比 d_i 实际上是在一个开关周期上开关函数 S_i 的平均值。根据三角函数关系，得到 PWM 占空比 d_i 为

$$d_i = \frac{1}{2}\left(\frac{U_{ir}}{U_{\mathrm{cm}}} + 1\right) \qquad (6\text{-}6)$$

即

$$\begin{cases} d_{\mathrm{a}} = \dfrac{1}{2}\left(\dfrac{U_{\mathrm{rm}}\sin\omega t}{U_{\mathrm{cm}}} + 1\right) \\[3mm] d_{\mathrm{b}} = \dfrac{1}{2}\left(\dfrac{U_{\mathrm{rm}}\sin(\omega t - 2\pi/3)}{U_{\mathrm{cm}}} + 1\right) \\[3mm] d_{\mathrm{c}} = \dfrac{1}{2}\left(\dfrac{U_{\mathrm{rm}}\sin(\omega t + 2\pi/3)}{U_{\mathrm{cm}}} + 1\right) \end{cases} \qquad (6\text{-}7)$$

定义 PWM 的调制比为 $m = U_{\mathrm{rm}}/U_{\mathrm{cm}}$，且 $m \leqslant 1$，则式（6-7）为

$$\begin{cases} d_{\mathrm{a}} = \dfrac{1}{2}m\sin\omega t + 0.5 \\[3mm] d_{\mathrm{b}} = \dfrac{1}{2}m\sin(\omega t - 2\pi/3) + 0.5 \\[3mm] d_{\mathrm{c}} = \dfrac{1}{2}m\sin(\omega t + 2\pi/3) + 0.5 \end{cases} \qquad (6\text{-}8)$$

对式（6-1）在一个开关周期内求平均值，则

$$
\begin{pmatrix} \bar{u}_{\mathrm{a}} \\ \bar{u}_{\mathrm{b}} \\ \bar{u}_{\mathrm{c}} \end{pmatrix} = \begin{pmatrix} \dfrac{d_{\mathrm{a}}}{2} \\ \dfrac{d_{\mathrm{b}}}{2} \\ \dfrac{d_{\mathrm{c}}}{2} \end{pmatrix} U_{\mathrm{dc}} \tag{6-9}
$$

式中：$\bar{u}_i$ 为 u_i 在一个开关周期内的平均值，i=a，b，c。

同样对式（6-4）在一个开关周期内求平均值，可以得到三相 VSC 的状态空间平均模型为

$$
\begin{pmatrix} \dot{u}_{\mathrm{ca}} \\ \dot{u}_{\mathrm{cb}} \\ \dot{u}_{\mathrm{cc}} \\ \dot{i}_{\mathrm{la}} \\ \dot{i}_{\mathrm{lb}} \\ \dot{i}_{\mathrm{lc}} \end{pmatrix} = \begin{pmatrix} 0 & 0 & 0 & 1/C & 0 & 0 \\ 0 & 0 & 0 & 0 & 1/C & 0 \\ 0 & 0 & 0 & 0 & 0 & 1/C \\ -1/L & 0 & 0 & -r/L & 0 & 0 \\ 0 & -1/L & 0 & 0 & -r/L & 0 \\ 0 & 0 & -1/L & 0 & 0 & -r/L \end{pmatrix} \begin{pmatrix} u_{\mathrm{ca}} \\ u_{\mathrm{cb}} \\ u_{\mathrm{cc}} \\ i_{\mathrm{la}} \\ i_{\mathrm{lb}} \\ i_{\mathrm{lc}} \end{pmatrix} +
$$

$$
\begin{pmatrix} 0 & 0 & 0 & -1/C & 0 & 0 \\ 0 & 0 & 0 & 0 & -1/C & 0 \\ 0 & 0 & 0 & 0 & 0 & -1/C \\ U_{\mathrm{dc}}/2L & 0 & 0 & 0 & 0 & 0 \\ 0 & U_{\mathrm{dc}}/2L & 0 & 0 & 0 & 0 \\ 0 & 0 & U_{\mathrm{dc}}/2L & 0 & 0 & 0 \end{pmatrix} \begin{pmatrix} d_{\mathrm{a}} \\ d_{\mathrm{b}} \\ d_{\mathrm{c}} \\ i_{\mathrm{a}} \\ i_{\mathrm{b}} \\ i_{\mathrm{c}} \end{pmatrix} \tag{6-10}
$$

根据式（6-10）可以得出三相 VSC 在 abc 静止坐标系下的状态空间平均模型，如图 6-10 所示。

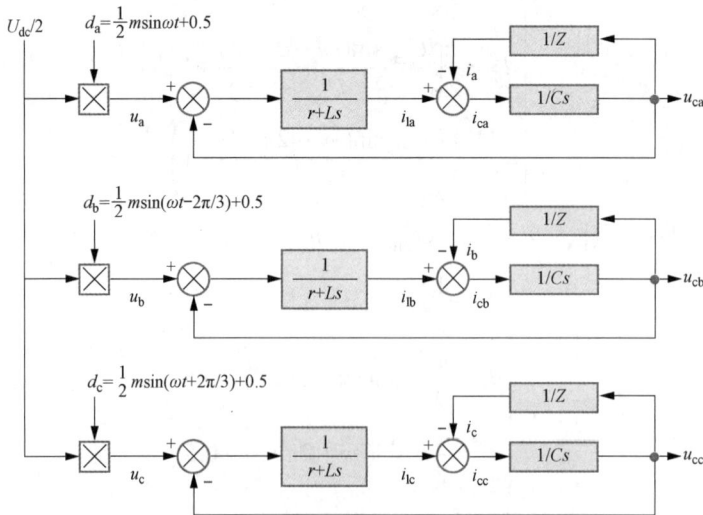

图 6-10　三相 VSC 在 abc 静止坐标系下的状态空间平均模型

（3）三相 VSC 在 dq0 同步坐标系下的数学模型。

三相 VSC 的一般数学模型具有物理意义清晰、直观等特点，但该模型中 VSC 交流侧各量均为交流时变量，不利于控制器的设计。在三相交流电机和三相变流器的建模中，Park 变换得到了广泛的应用。通过 Park 变换，三相交流量变为两相直流量，降低了变量的数目，简化了系统模型，方便了控制器的设计。三相静止坐标系中的 VSC 一般数学模型经过 Park 变换后，即得到 dq0 模型。

三相静止坐标系 abc 和同步旋转坐标系 dq0 之间的关系如图 6-11 所示，其中，d 轴以角速度 ω 逆时针旋转，$\omega=2\pi f$，f 为电网频率 50Hz，以静止坐标系中滞后于 a 轴 90°位置为相角 θ 的起始时刻，$\theta=\omega t$，q 轴滞后于 d 轴 90°。

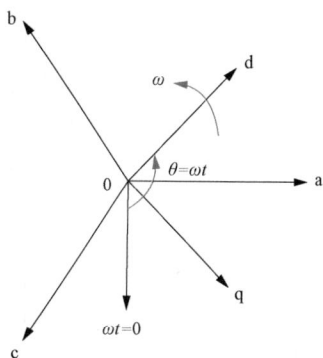

图 6-11　abc 与 dq0 坐标系之间的关系图

按照等量变换原则，上述变换关系可以用变换矩阵 $\boldsymbol{T}$ 及其逆矩阵 $\boldsymbol{T}^{-1}$ 描述，即

$$\boldsymbol{T} = \frac{2}{3}\begin{pmatrix} \sin\omega t & \sin\left(\omega t - \dfrac{2\pi}{3}\right) & \sin\left(\omega t + \dfrac{2\pi}{3}\right) \\ -\cos\omega t & -\cos\left(\omega t - \dfrac{2\pi}{3}\right) & -\cos\left(\omega t + \dfrac{2\pi}{3}\right) \\ \dfrac{1}{\sqrt{2}} & \dfrac{1}{\sqrt{2}} & \dfrac{1}{\sqrt{2}} \end{pmatrix} \tag{6-11}$$

$$\boldsymbol{T}^{-1} = \begin{pmatrix} \sin\omega t & -\cos\omega t & 1/\sqrt{2} \\ \sin\left(\omega t - \dfrac{2\pi}{3}\right) & -\cos\left(\omega t - \dfrac{2\pi}{3}\right) & 1/\sqrt{2} \\ \sin\left(\omega t + \dfrac{2\pi}{3}\right) & -\cos\left(\omega t + \dfrac{2\pi}{3}\right) & 1/\sqrt{2} \end{pmatrix} \tag{6-12}$$

由此得到同步旋转坐标系 dq0 下的电压量和电流量，即

$$\begin{pmatrix} u_{\mathrm{d}} \\ u_{\mathrm{q}} \\ u_0 \end{pmatrix} = \boldsymbol{T}\begin{pmatrix} u_{\mathrm{a}} \\ u_{\mathrm{b}} \\ u_{\mathrm{c}} \end{pmatrix}; \quad \begin{pmatrix} u_{\mathrm{cd}} \\ u_{\mathrm{cq}} \\ u_{\mathrm{c0}} \end{pmatrix} = \boldsymbol{T}\begin{pmatrix} u_{\mathrm{ca}} \\ u_{\mathrm{cb}} \\ u_{\mathrm{cc}} \end{pmatrix}; \quad \begin{pmatrix} i_{\mathrm{ld}} \\ i_{\mathrm{lq}} \\ i_{\mathrm{l0}} \end{pmatrix} = \boldsymbol{T}\begin{pmatrix} i_{\mathrm{la}} \\ i_{\mathrm{lb}} \\ i_{\mathrm{lc}} \end{pmatrix}; \quad \begin{pmatrix} i_{\mathrm{d}} \\ i_{\mathrm{q}} \\ i_0 \end{pmatrix} = \boldsymbol{T}\begin{pmatrix} i_{\mathrm{a}} \\ i_{\mathrm{b}} \\ i_{\mathrm{c}} \end{pmatrix}$$

根据式（6-11），对式（6-2）进行 Park 变换，将各交流量转换到 dq0 坐标系中，可得

$$\begin{cases} C\dfrac{\mathrm{d}v_{\mathrm{d}}}{\mathrm{d}t} = i_{\mathrm{ld}} - i_{\mathrm{d}} - \omega C v_{\mathrm{q}} \\[2mm] C\dfrac{\mathrm{d}v_{\mathrm{q}}}{\mathrm{d}t} = i_{\mathrm{lq}} - i_{\mathrm{q}} + \omega C v_{\mathrm{d}} \\[2mm] C\dfrac{\mathrm{d}v_{0}}{\mathrm{d}t} = i_{10} - i_{0} \\[2mm] L\dfrac{\mathrm{d}i_{\mathrm{ld}}}{\mathrm{d}t} = u_{\mathrm{d}} - v_{\mathrm{d}} - r i_{\mathrm{ld}} - \omega L i_{\mathrm{lq}} \\[2mm] L\dfrac{\mathrm{d}i_{\mathrm{lq}}}{\mathrm{d}t} = u_{\mathrm{q}} - v_{\mathrm{q}} - r i_{\mathrm{lq}} + \omega L i_{\mathrm{ld}} \\[2mm] L\dfrac{\mathrm{d}i_{10}}{\mathrm{d}t} = u_{0} - v_{0} - r i_{10} \end{cases} \tag{6-13}$$

从式（6-13）可以得到，在 S 域中，输出 LC 滤波器在同步旋转坐标系下的模型结构如图 6-12 所示。可以看出，dq0 坐标下变量之间存在着强耦合关系。

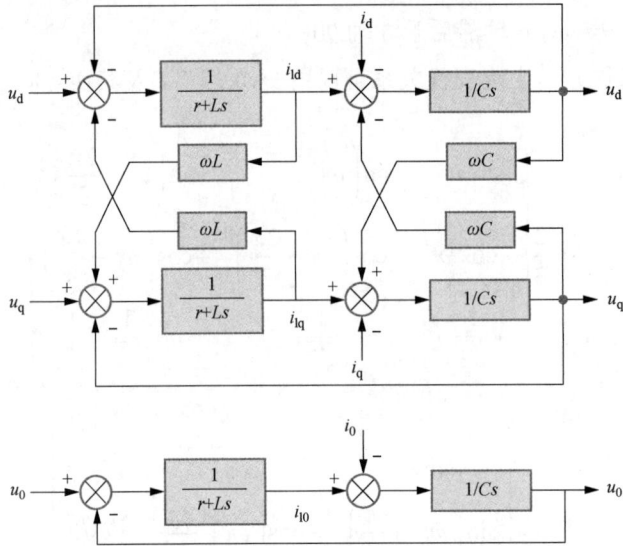

图 6-12　LC 滤波器在 dq0 坐标系下的模型

同样利用式（6-11），对式（6-1）进行 Park 变换，这样开关函数就从三相静止坐标系 abc 中转换到同步旋转坐标系 dq0 中，即

$$\begin{pmatrix} u_{\mathrm{d}} \\ u_{\mathrm{q}} \\ u_{0} \end{pmatrix} = \begin{pmatrix} S_{\mathrm{d}} \\ S_{\mathrm{q}} \\ S_{0} \end{pmatrix} \frac{U_{\mathrm{dc}}}{2} \tag{6-14}$$

式中 $\begin{pmatrix} S_{\mathrm{d}} \\ S_{\mathrm{q}} \\ S_{0} \end{pmatrix} = \boldsymbol{T} \begin{pmatrix} S_{\mathrm{a}} \\ S_{\mathrm{b}} \\ S_{\mathrm{c}} \end{pmatrix}$。

将式（6-14）代入式（6-13），可得

$$\begin{cases} C\dfrac{du_{cd}}{dt}=i_{ld}-i_d-\omega Cu_{cq} \\[2mm] C\dfrac{du_{cq}}{dt}=i_{lq}-i_q+\omega Cu_{cd} \\[2mm] C\dfrac{du_{c0}}{dt}=i_{l0}-i_0 \\[2mm] L\dfrac{di_{ld}}{dt}=\dfrac{U_{dc}}{2}S_d-u_{cd}-ri_{ld}-\omega Li_{lq} \\[2mm] L\dfrac{di_{lq}}{dt}=\dfrac{U_{dc}}{2}S_q-u_{cq}-ri_{lq}+\omega Li_{ld} \\[2mm] L\dfrac{di_{l0}}{dt}=\dfrac{U_{dc}}{2}S_0-u_{c0}-ri_{l0} \end{cases} \tag{6-15}$$

由式（6-15）可以得到，在 S 域中，三相 VSC 在同步旋转坐标系 dq0 下的开关函数模型结构如图 6-13 所示。

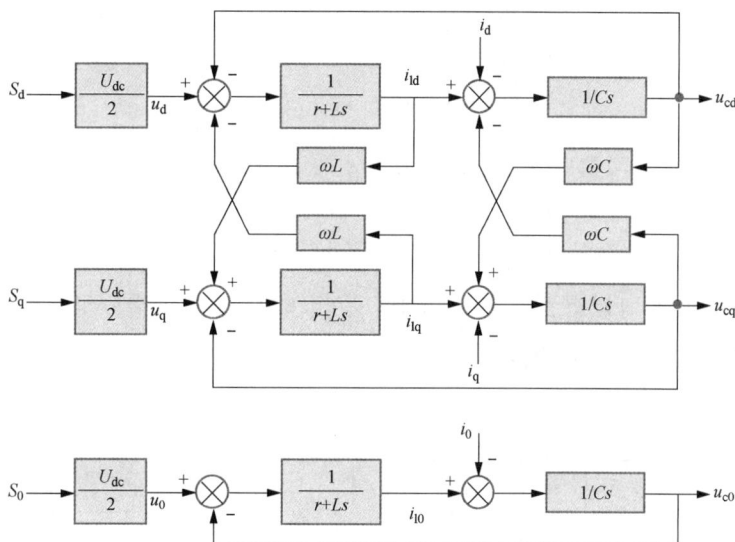

图 6-13　三相 VSC 在 dq0 坐标下的开关函数模型结构图

式（6-15）和图 6-13 描述的是三相 VSC 在同步旋转坐标系 dq0 下的开关函数模型，由于开关函数（S_d，S_q，S_0）的存在，该模型仍然呈典型的非线性特性，不利于控制器的设计。

在三相静止坐标系 abc 下，利用同样的方法，对 VSC 一般数学模型中的状态空间平均模型进行 Park 变换，得到了三相 VSC 在同步旋转坐标系 dq0 下的状态空间平均模型。

利用式（6-11），对式（6-8）进行 Park 变换，将三相静止坐标系 abc 下的 PWM 占空比[d_a，d_b，d_c]^T 变换为同步旋转坐标系 dq0 下的[d_d，d_q，d_0]^T，即

$$\begin{pmatrix} d_{\mathrm{d}} \\ d_{\mathrm{q}} \\ d_0 \end{pmatrix} = \begin{pmatrix} \dfrac{m}{2} \\ 0 \\ \dfrac{\sqrt{2}}{2} \end{pmatrix} \tag{6-16}$$

同样，对式（6-9）进行 Park 变换，得到基于状态空间平均法表示的三相输出电压在同步旋转坐标系 dq0 下的变量 $[\overline{u}_{\mathrm{d}}, \overline{u}_{\mathrm{q}}, \overline{u}_0]^{\mathrm{T}}$，即

$$\begin{pmatrix} \overline{u}_{\mathrm{d}} \\ \overline{u}_{\mathrm{q}} \\ \overline{u}_0 \end{pmatrix} = \begin{pmatrix} d_{\mathrm{d}} \\ d_{\mathrm{q}} \\ d_0 \end{pmatrix} \dfrac{U_{\mathrm{dc}}}{2} \tag{6-17}$$

将式（6-17）代入式（6-13），可得

$$\begin{cases} C\dfrac{\mathrm{d}u_{\mathrm{d}}}{\mathrm{d}t} = i_{\mathrm{ld}} - i_{\mathrm{d}} - \omega C u_{\mathrm{cq}} \\[2mm] C\dfrac{\mathrm{d}u_{\mathrm{q}}}{\mathrm{d}t} = i_{\mathrm{lq}} - i_{\mathrm{q}} + \omega C u_{\mathrm{cd}} \\[2mm] C\dfrac{\mathrm{d}u_0}{\mathrm{d}t} = i_{\mathrm{l0}} - i_0 \\[2mm] L\dfrac{\mathrm{d}i_{\mathrm{ld}}}{\mathrm{d}t} = \dfrac{U_{\mathrm{dc}}}{2}d_{\mathrm{d}} - u_{\mathrm{cd}} - ri_{\mathrm{ld}} - \omega L i_{\mathrm{lq}} \\[2mm] L\dfrac{\mathrm{d}i_{\mathrm{lq}}}{\mathrm{d}t} = \dfrac{U_{\mathrm{dc}}}{2}d_{\mathrm{q}} - u_{\mathrm{cq}} - ri_{\mathrm{lq}} + \omega L i_{\mathrm{ld}} \\[2mm] L\dfrac{\mathrm{d}i_{\mathrm{l0}}}{\mathrm{d}t} = \dfrac{U_{\mathrm{dc}}}{2}d_0 - u_{\mathrm{c0}} - ri_{\mathrm{l0}} \end{cases} \tag{6-18}$$

根据式（6-18）可以得到，在 S 域中，三相 VSC 在同步旋转坐标系 dq0 下的状态空间平均模型结构如图 6-14 所示。

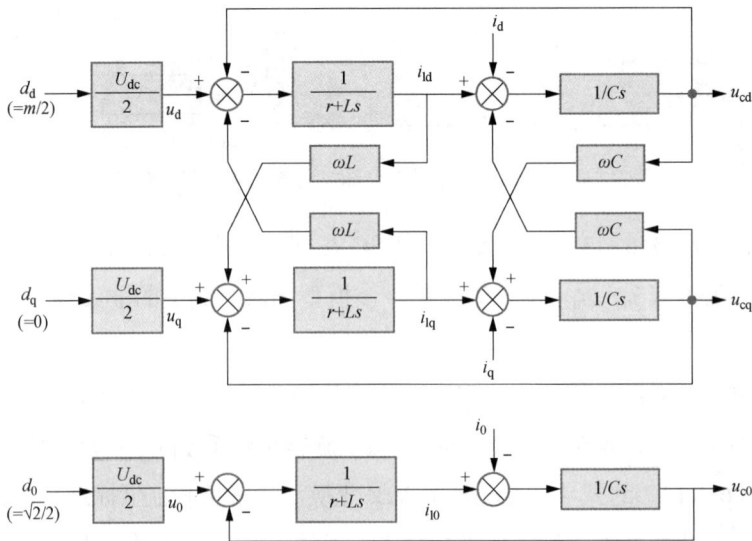

图 6-14　三相 VSC 在 dq0 坐标下的状态空间平均模型结构图

式（6-18）和图 6-14 描述的是三相 VSC 在同步旋转坐标系 dq0 下的状态空间平均模型。式（6-18）为一组线性的一阶常系数微分方程；图 6-14 在 S 域下，各量均为直流量。因此，该模型有利于 VSC 控制器的设计。

2. *U/f* 控制

储能 PCS 的恒压恒频 *U/f* 控制，旨在提供稳定的电压和频率支撑，可作为离网运行系统的平衡节点。通过设定电压与频率的参考值，并实时检测 PCS 输出端口的电压与频率作为反馈，在同步坐标系 dq0 下，通过 PI 调节器的作用实现无差跟踪。

设定 d 轴电压 $u_d = U_m$，q 轴电压 $u_q = 0$，在三相对称情况下，$u_0 = 0$。控制器采用输出电压外环及滤波电感电流内环的双闭环结构，如图 6-15 所示。其中，电压外环是为实现输出电压跟踪给定值，电流内环则是为提高控制系统带宽及动态特性。

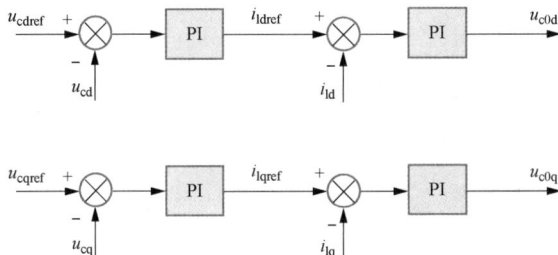

图 6-15　*U/f* 控制策略框图

图中，u_{cdref}、u_{cqref} 为 dq 轴电压给定值；u_{cd}、u_{cq} 为 dq 轴输出电压实际值；i_{ld}、i_{lq} 为 dq 轴电感电流实际值。

U/f 控制下的 PCS 可视为理想电压源与输出阻抗串联模型，即戴维南等效模型如图 6-16 所示。图中，$G(s)$ 为电压增益；$Z_0(s)$ 为等效输出阻抗；u_{ref} 为电压给定值；u_0 与 i_0 分别为 PCS 的输出电压和电流实际值。

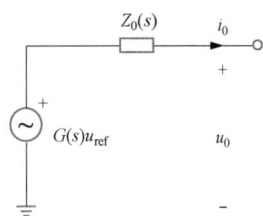

图 6-16　*U/f* 控制下的 PCS 戴维南等效模型

3. *PQ* 控制

储能 PCS 的恒功率 *PQ* 控制，旨在提供给定的有功功率 P_{ref} 和无功功率 Q_{ref}，可作为系统中的 *PQ* 节点。其实现思路是将功率给定值 P_{ref}、Q_{ref} 转化为有功电流给定值与无功电流给定值 i_{dref}、i_{qref}，则有

$$P_{ref} = \frac{3}{2}(u_d i_d + u_q i_q) = \frac{3}{2} u_d i_d$$
$$Q_{ref} = \frac{3}{2}(u_q i_d - u_d i_q) = -\frac{3}{2} u_d i_q$$

（6-19）

再通过 PI 控制器进行闭环控制。控制框图如图 6-17 所示。

故有

$$i_d = \frac{2}{3}\frac{P_{ref}}{u_d}$$

$$i_q = -\frac{2}{3}\frac{Q_{ref}}{u_q}$$

(6-20)

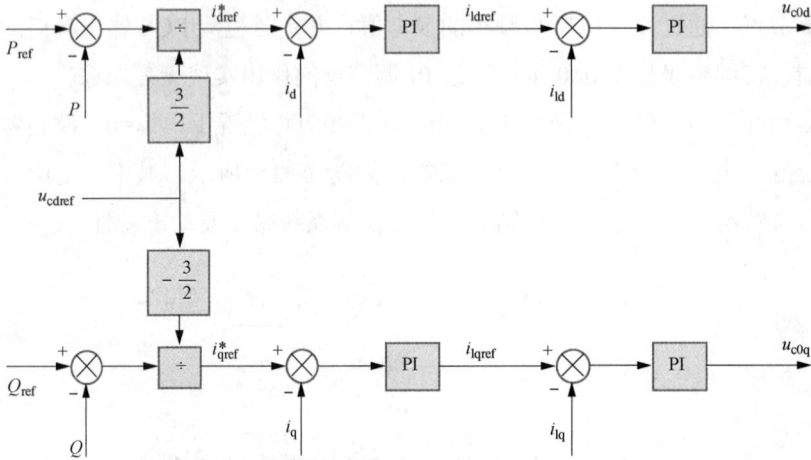

图 6-17　PQ 控制策略框图

图 6-17 中，P 和 Q 分别为 PCS 输出的有功功率和无功功率值；i_d 和 i_q 分别为输出电流 dq 轴分量；i_{ld} 和 i_{lq} 分别为滤波电感电流 dq 轴分量。

PQ 控制下的 PCS 可等效为理想电流源与输出并联阻抗的形式，即诺顿等效模型

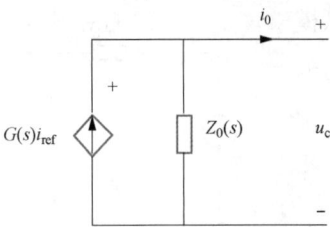

图 6-18　PQ 控制下的 PCS 诺顿等效模型

如图 6-18 所示。图中，G（s）为电流增益；Z_0（s）为等效输出阻抗；i_{ref} 为电流给定值；u_0 与 i_0 分别为 PCS 的输出端电压和电流实际值。

4. 下垂控制

下垂控制通过模拟传统同步发电机组的静态功频特性，使 PCS 在外端口上具备类似同步发电机组的下垂特性。在这种控制下，PCS 具备类似于常规同步发电机组的一次调频能力，既可单独为系统提供电压和频率支撑，也可以通过多个单元并联运行共同为系统提供电压和频率支撑。

PCS 接入交流母线的等效模型如图 6-19 所示。传统的下垂控制思路是假设连接线路呈感性，即 $X \gg R$，此时 $\theta = 90°$，PCS 的功率传输表达式为

$$P = \frac{EU}{X}\sin\phi$$

(6-21)

$$Q = \frac{EU\cos\phi - U^2}{X} \quad (6-22)$$

实际中，ϕ 很小，所以近似认为 $\sin\phi \approx \phi$，$\cos\phi \approx 1$，可见有功功率 P 主要取决于电压相角 ϕ，而无功功率 Q 主要取决于电压幅值 E。由于相角中是角频率 ω 的积分（$\omega = d\phi/dt$），因此可以通过调节 ω 来动态调节 ϕ。适合的下垂特性曲线如图 6-20 所示，其关系式为

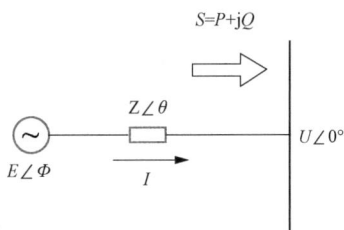

图 6-19 PCS 接入交流母线的等效模型

$$\omega = \omega^* + m(P_0 - P) \quad (6-23)$$

$$E = E^* + n(Q_0 - Q) \quad (6-24)$$

式中：ω^* 和 E^* 为 PCS 空载输出电压的角频率与幅值；P_0 和 Q_0 为空载时的有功和无功功率；m 和 n 为相应的下垂系数。

在 $X \gg R$ 的情况下，应用 P-f/Q-U 下垂法能够较好地实现负载电流在并联单元间的平均分配。

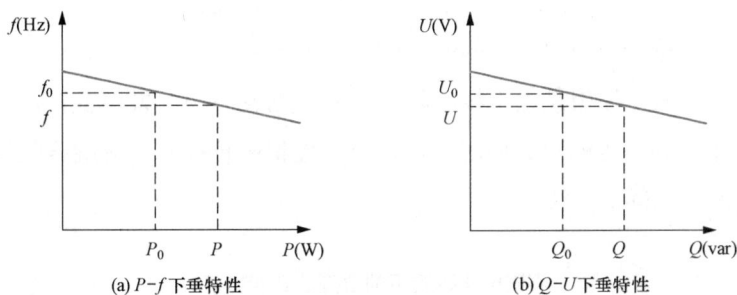

图 6-20 P-f/Q-U 下垂曲线

然而，在低压电网中，线路呈阻性，如果仍采用式（6-23）和式（6-24）的下垂关系，则会导致并联 PCS 间产生无功环流，严重时甚至会发生某些单元倒吸无功功率的情况。在 $R \gg X$ 的情况下，PCS 输出的功率为

$$P = \frac{E(E\cos\phi - U)}{R} \quad (6-25)$$

$$Q = \frac{EU}{R}\sin\phi \quad (6-26)$$

可以看出，有功功率 P 主要取决于电压幅值 E，而无功功率 Q 主要取决于电压相角 ϕ。因此适合的下垂特性曲线如图 6-21 所示，其关系式为

$$\omega = \omega^* + m(Q_0 - Q) \quad (6-27)$$

$$E = E^* + n(P_0 - P) \quad (6-28)$$

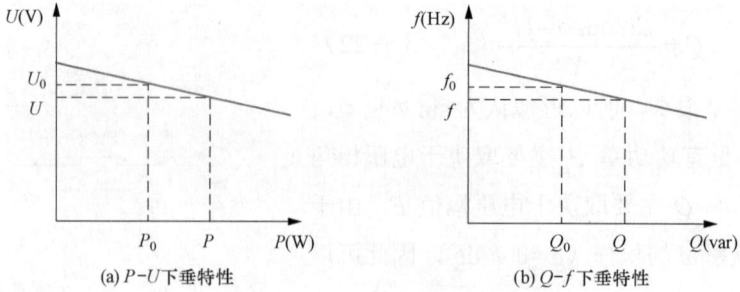

(a) P–U 下垂特性 　　　　　　　　(b) Q–f 下垂特性

图 6-21　P–U/Q–f 下垂曲线

从理论上讲，上述 P–U/Q–f 下垂控制能较合理地实现低压电网中并联 PCS 间的均衡，但在实际应用中仍然存在许多问题。首先，低压线路中，虽然阻抗往往大于感抗，但一般难以达到 $R \gg X$ 的状态，使得采用 P–U/Q–f 下垂的均流效果变差；其次，电网中的有功载荷往往远高于无功载荷，因此更希望通过全局量 ω 来精确分配电源间的有功功率 P。而 E 作为局部量，受线路差异影响较大，难以用来精确调节 P，会导致有功环流问题，这要远比无功环流更严重；再者，由于 P–U/Q–f 下垂与同步发电机组的特性相反，使得 PCS 与同步发电机组并联运行存在控制上的困难。

综上所述，不论 P–f/Q–U 下垂控制还是 P–U/Q–f 下垂控制，在中低压电网中的应用都存在问题。其根本原因是由于线路阻抗特性（见表 6-1）发生变化，导致功率传输特性与大电网中不同。为解决此问题，可以引入虚拟阻抗技术，对线路阻抗特性进行修正，以抑制并联单元间的环流。

表 6-1　　　　　　　　　　不同电压等级下的典型线路参数表

类型	电阻 r（Ω/km）	电抗 X（Ω/km）	阻抗比 r/X
低压线路	0.642	0.101	6.35
中压线路	0.161	0.190	0.85
高压线路	0.060	0.191	0.31

6.2　低压电池储能功率变换系统

6.2.1　主电路拓扑分析

储能功率变换系统（PCS）的拓扑结构是决定储能系统输出电能质量和动态响应特性的关键因素，同时也显著影响着电池的使用寿命。在电池储能系统的早期发展阶段，由于开关器件的技术限制，如使用晶闸管或门极关断（GTO）晶闸管，以及铅酸电池相对较低的充放电倍率和能量密度，储能 PCS 多采用变压器移相多重化逆变技术。随着电力电子技术的飞速发展，尤其是绝缘栅双极型晶体管（IGBT）等高频开关器件的可控性和效率优势明显，现代储能 PCS 已不再依赖于多重化技术，即可实现优异的输出性能和高效率。采用新型全控器件的储能 PCS 拓扑，根据其级数和结构，可分为单级式、双级式和复合式三种。单级式拓扑以其高运行效率而受到青睐；双级式拓扑适用于电池模组出口电压随电池荷电状态（SOC）变化较大的应用场景；复合式拓扑则为多种储能介质提供了灵活性。此外，多台储能 PCS 的并联运行技术，为实现超大容量储能系统的应用提供了可能。

储能 PCS 的主要作用是完成电能的交直流变换与功率控制，一般通过隔离变压器将电池与电网分隔开，以实现系统间的电气与故障分离。隔离变压器一般安装于储能 PCS 的交流侧，其工作频率为电网工频，因而称之为工频隔离型。图 6-22 为三相单级式工频隔离型储能 PCS 的基本电路，此种拓扑已被广泛应用于数千瓦到兆瓦级的功率变换领域。

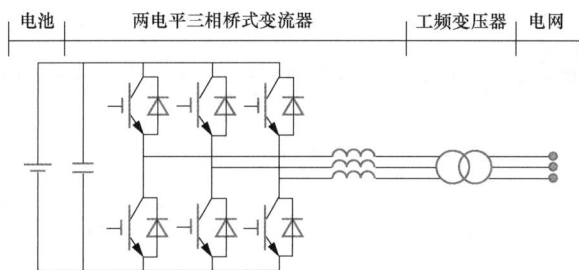

图 6-22　三相单级式工频隔离型储能 PCS 基本电路图

储能 PCS 通过正弦波脉宽调制（Sinusoidal Pulse Width Modulation，SPWM）或空间矢量脉宽调制（Space Vector Pulse Width Modulation，SVPWM）等调制方式，将直流电转换为与电网频率相同且带有高频分量的正弦电压，采用电感和电容滤除这些高频分量，然后经变压器隔离或升压接入电网。此种结构具有简单实用、可靠性高、安全稳定、技术成熟且不会给电网注入直流分量的优点。只有在电池端电压高于交流电压峰值时，储能 PCS 才能工作于放电工况。因此，对于全钒液流电池、超级电容等端电压随SOC 变化较大的储能介质，该拓扑并不适用。另外，为提高功率密度和优化效率，可采用三电平的拓扑结构。图 6-23 为应用较广的二极管中性点钳位式三电平拓扑（Neutral Point Clamped Converter，NPCC），该拓扑也存在一些变种，比如采用飞跨电容替代钳位二极管，但在实际工程中并不多见。

近年来，随着半导体技术的发展，IGBT 电力电子开关器件的性能得到了优化。伴随着 IGBT 器件的成熟，一种基于其反并联的 T 型三电平拓扑结构也逐渐得到应用，拓扑结构如图 6-24 所示。与传统的二极管箝位式三电平拓扑相比，T 型三电平拓扑主要有两个优势：① 由于主电流通路只经过一个 IGBT 或二极管，因此其导通损耗较 NPCC 更

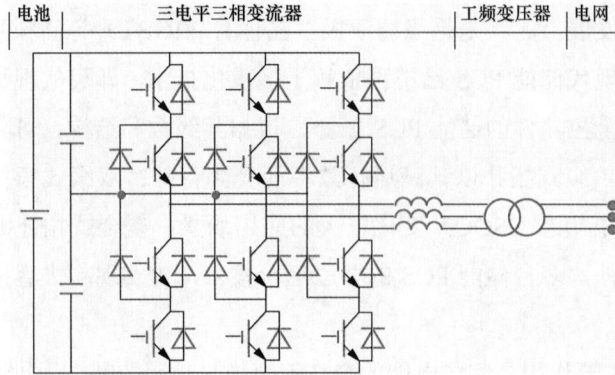

图 6-23　二极管钳位式三电平单级式工频隔离型储能 PCS 基本电路图

小，有利于系统性能的进一步提升；② 易于实现开关管的退饱和过电流保护。然而，T型三电平拓扑最佳的直流母线电压范围与两电平电路相似，为450～800V，而图6-23所示的中性点钳位式三电平电路的电压范围更宽，为 500～900V。

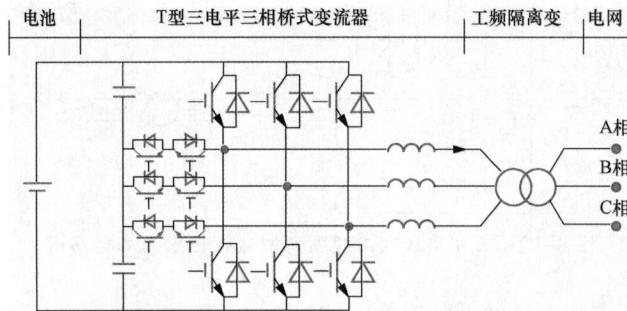

图 6-24　T 型三电平单级工频隔离型储能 PCS 基本电路图

6.2.2　典型控制策略

1. 并网型储能 PCS 的数学模型

图 6-25 为三相三线储能 PCS 并网运行示意图。图中，S1～S6 为主开关管；电网电压用 u_{sa}、u_{sb}、u_{sc} 表示；交流电流用 i_a、i_b、i_c 表示；o 点为交流电网中性点；n 点为电压参考点，L 和 R 分别为主电路中的电感及其寄生电阻。由于电池电压变化缓慢，因此可将其等效为理想电压源 U_d，流入电池中的电流为 i_d。假定开关管为理想器件，可以列出三相三线储能 PCS 的基本方程为

$$\begin{cases} u_{sa} - L\dfrac{di_a}{dt} - i_a R - S_a^* U_d = u_{no} \\[2mm] u_{sb} - L\dfrac{di_b}{dt} - i_b R - S_b^* U_d = u_{no} \\[2mm] u_{sc} - L\dfrac{di_c}{dt} - i_c R - S_c^* U_d = u_{no} \end{cases} \qquad (6-29)$$

式中：S_a^*、S_b^*、S_c^* 为 PCS 的相桥臂开关函数。S_x=1 代表 x 相桥臂的上管开通，下管关断；S_x=0 代表 x 相桥臂的下管开通，上管关断。对式（6-29）进行求和，可得电网中性点与参考点之间的电压差 u_{NO} 为

$$u_{NO} = \frac{(u_{sa} + u_{sb} + u_{sc}) - (S_a^* + S_b^* + S_c^*)U_d}{3} \tag{6-30}$$

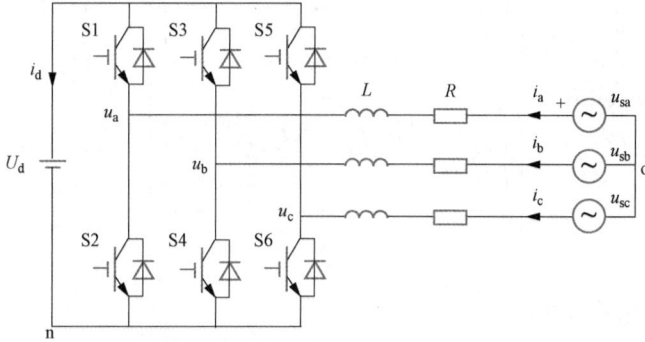

图 6-25　储能 PCS 并网运行示意图

对于三电平 PCS 拓扑，定义广义桥臂开关函数：S_x=1 代表 S1、S2 开关管开通，S3、S4 开关管关断（正电平）；S_x=1/2 代表 S2、S3 开关管开通（零电平），S1、S4 开关管关断；S_x=0 代表 S1、S2 开关管关断，S3、S4 开关管开通（负电平）。由此可得到类似的结论和几乎完全相同的表达式。将式（6-30）代入式（6-29），得到储能 PCS 的状态空间方程为

$$\begin{pmatrix} \dfrac{di_a}{dt} \\[2mm] \dfrac{di_b}{dt} \\[2mm] \dfrac{di_c}{dt} \end{pmatrix} = \begin{pmatrix} -\dfrac{R}{L} & 0 & 0 \\[2mm] 0 & -\dfrac{R}{L} & 0 \\[2mm] 0 & 0 & -\dfrac{R}{L} \end{pmatrix} - \begin{pmatrix} \dfrac{\left[S_a^* - \dfrac{(S_a^* + S_b^* + S_c^*)}{3} \right]}{L} \\[4mm] \dfrac{\left[S_b^* - \dfrac{(S_a^* + S_b^* + S_c^*)}{3} \right]}{L} \\[4mm] \dfrac{\left[S_c^* - \dfrac{(S_a^* + S_b^* + S_c^*)}{3} \right]}{L} \end{pmatrix} U_d + \frac{1}{3L} \begin{pmatrix} 2 & -1 & -1 \\ -1 & 2 & -1 \\ -1 & -1 & 2 \end{pmatrix} \begin{pmatrix} u_{sa} \\ u_{sb} \\ u_{sc} \end{pmatrix} \tag{6-31}$$

定义开关周期平均算子，如式（6-32）所示，该算子为物理量在一个开关周期内的平均值，可用于对电压和电流信号进行开关周期内的平均运算，可以保留原信号的工频成分，而滤除开关频率及其附近的谐波信号，则有

$$\langle x(t) \rangle_{T_s} = \frac{1}{T_s} \int_t^{t+T_s} x(\tau) d\tau \tag{6-32}$$

式中：T_s 为开关周期。

将此算子引入到式（6-31）的状态空间方程，可得到 PCS 的平均值状态空间模型为

$$
\begin{pmatrix} \dfrac{\mathrm{d}\langle i_a \rangle_{T_s}}{\mathrm{d}t} \\[2mm] \dfrac{\mathrm{d}\langle i_b \rangle_{T_s}}{\mathrm{d}t} \\[2mm] \dfrac{\mathrm{d}\langle i_c \rangle_{T_s}}{\mathrm{d}t} \end{pmatrix} = \begin{pmatrix} -\dfrac{R}{L} & 0 & 0 \\[2mm] 0 & -\dfrac{R}{L} & 0 \\[2mm] 0 & 0 & -\dfrac{R}{L} \end{pmatrix} \begin{pmatrix} \langle i_a \rangle_{T_s} \\[1mm] \langle i_b \rangle_{T_s} \\[1mm] \langle i_c \rangle_{T_s} \end{pmatrix} - \begin{pmatrix} \dfrac{\left(\langle S_a^* \rangle_{T_s} - \dfrac{\left(\langle S_a^* \rangle_{T_s} + \langle S_b^* \rangle_{T_s} + \langle S_c^* \rangle_{T_s}\right)}{3}\right)}{L} \\[5mm] \dfrac{\left(\langle S_b^* \rangle_{T_s} - \dfrac{\left(\langle S_a^* \rangle_{T_s} + \langle S_b^* \rangle_{T_s} + \langle S_c^* \rangle_{T_s}\right)}{3}\right)}{L} \\[5mm] \dfrac{\left(\langle S_c^* \rangle_{T_s} - \dfrac{\left(\langle S_a^* \rangle_{T_s} + \langle S_b^* \rangle_{T_s} + \langle S_c^* \rangle_{T_s}\right)}{3}\right)}{L} \end{pmatrix} U_d + \dfrac{1}{3L} \times \begin{pmatrix} 2 & -1 & -1 \\ -1 & 2 & -1 \\ -1 & -1 & 2 \end{pmatrix} \begin{pmatrix} \langle u_{sa} \rangle_{T_s} \\ \langle u_{sb} \rangle_{T_s} \\ \langle u_{sc} \rangle_{T_s} \end{pmatrix} \quad (6-33)
$$

定义 PCS 的桥臂占空比函数为

$$
\begin{cases} d_a = \left\langle S_a^*(t) \right\rangle_{T_s} = \dfrac{1}{T_s}\displaystyle\int_t^{t+T_s} S_a^*(\tau)\mathrm{d}\tau \\[4mm] d_b = \left\langle S_b^*(t) \right\rangle_{T_s} = \dfrac{1}{T_s}\displaystyle\int_t^{t+T_s} S_b^{\,*}(\tau)\mathrm{d}\tau \\[4mm] d_c = \left\langle S_c^*(t) \right\rangle_{T_s} = \dfrac{1}{T_s}\displaystyle\int_t^{t+T_s} S_c^{\,*}(\tau)\mathrm{d}\tau \end{cases}
$$

将式（6-33）代入式（6-32），得

$$
\begin{pmatrix} \dfrac{\mathrm{d}\langle i_a \rangle_{T_s}}{\mathrm{d}t} \\[2mm] \dfrac{\mathrm{d}\langle i_b \rangle_{T_s}}{\mathrm{d}t} \\[2mm] \dfrac{\mathrm{d}\langle i_c \rangle_{T_s}}{\mathrm{d}t} \end{pmatrix} = \begin{pmatrix} -\dfrac{R}{L} & 0 & 0 \\[2mm] 0 & -\dfrac{R}{L} & 0 \\[2mm] 0 & 0 & -\dfrac{R}{L} \end{pmatrix} \begin{pmatrix} \langle i_a \rangle_{T_s} \\[1mm] \langle i_b \rangle_{T_s} \\[1mm] \langle i_c \rangle_{T_s} \end{pmatrix} - \begin{pmatrix} \dfrac{-\left(d_a - \dfrac{d_a + d_b + d_c}{3}\right)}{L} \\[5mm] \dfrac{-\left(d_b - \dfrac{d_a + d_b + d_c}{3}\right)}{L} \\[5mm] \dfrac{-\left(d_c - \dfrac{d_a + d_b + d_c}{3}\right)}{L} \end{pmatrix} U_d + \dfrac{1}{3L} \times \begin{pmatrix} 2 & -1 & -1 \\ -1 & 2 & -1 \\ -1 & -1 & 2 \end{pmatrix} \begin{pmatrix} \langle u_{sa} \rangle_{T_s} \\ \langle u_{sb} \rangle_{T_s} \\ \langle u_{sc} \rangle_{T_s} \end{pmatrix} \quad (6-34)
$$

据此，可得到三相三线储能 PCS 的等效电路如图 6-26 所示。

忽略电阻后，以 A 相为例，可得到 PCS 输出电压、电流及电网电压的相量表达式为

$$
U_{sa} = U_a + \mathrm{j}\omega L U_a \quad\quad\quad (6-35)
$$

式中：U_a 为 PCS A 相输出电压相量；U_a 为电流相量；U_{sa} 为 A 相电网电压相量；φ 为电流滞后于电网电压的相角；δ 为 U_a 滞后于电网电压的相角。

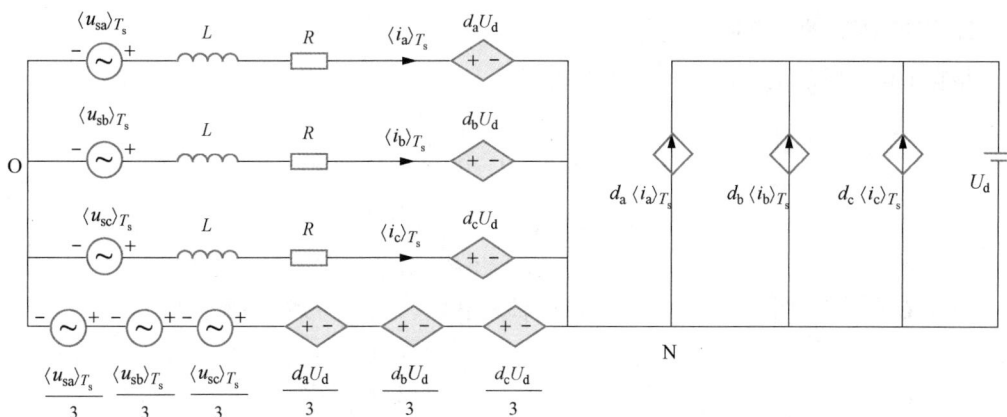

图 6-26　三相三线储能 PCS 等效电路图

相量图如图 6-27 所示。

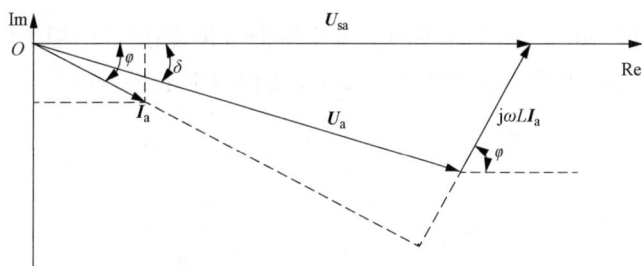

图 6-27　相量图

图 6-28 为储能 PCS 四象限运行示意图，当输出电压相量位于 A 点或 C 点时，储能 PCS 工作于纯无功状态，功率因数为 0。当输出电压相量运行至 B 点或 D 点时，储能 PCS 工作于纯有功状态，功率因数为 1 或 -1。

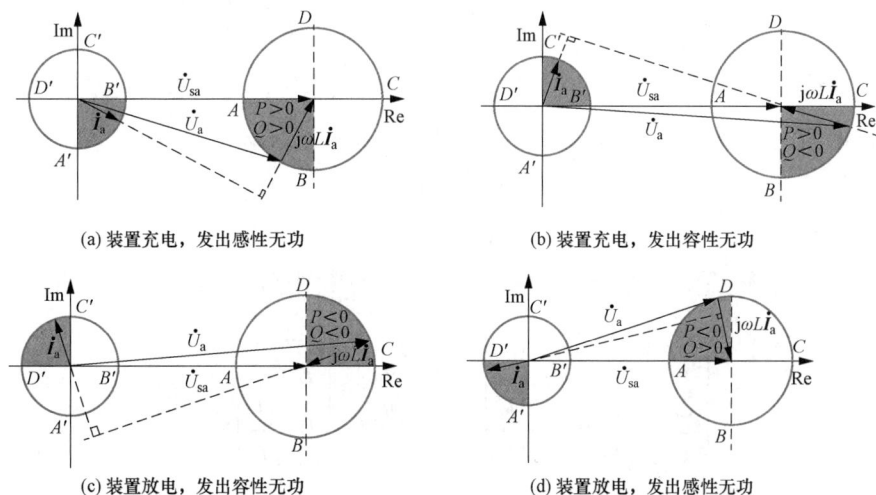

(a) 装置充电，发出感性无功

(b) 装置充电，发出容性无功

(c) 装置放电，发出容性无功

(d) 装置放电，发出感性无功

图 6-28　储能 PCS 四象限运行示意图

2. 储能 PCS 的矢量控制

根据 Clark 变换定义，引入空间矢量

$$U = \frac{2}{3} \times \begin{bmatrix} 1 & \alpha & \alpha^2 \end{bmatrix} \begin{pmatrix} u_{sa} \\ u_{sb} \\ u_{sc} \end{pmatrix} \tag{6-36}$$

$$\alpha = e^{j\frac{2\pi}{3}}; \quad \alpha^2 = e^{j\frac{4\pi}{3}}$$

定义 U 所在复平面的实轴为 α 轴，虚轴为 β 轴，则可得到 Clark 变换为

$$\begin{pmatrix} u_{sa} \\ u_{s\beta} \\ u_{s0} \end{pmatrix} = \frac{2}{3} \times \begin{pmatrix} 1 & -\dfrac{1}{2} & -\dfrac{1}{2} \\ 0 & \dfrac{\sqrt{3}}{2} & -\dfrac{\sqrt{3}}{2} \\ \dfrac{1}{\sqrt{2}} & \dfrac{1}{\sqrt{2}} & \dfrac{1}{\sqrt{2}} \end{pmatrix} \begin{pmatrix} u_{sa} \\ u_{sb} \\ u_{sc} \end{pmatrix} \tag{6-37}$$

利用上述变换，abc 三相系统中的量可变换为 $\alpha\beta0$ 轴量，相当于模长和辐角固定，以 ω 旋转的矢量在 α、β 和 0 轴的投影。反之，则有 Clark 反变换

$$\begin{pmatrix} u_{sa} \\ u_{sb} \\ u_{sc} \end{pmatrix} = \begin{pmatrix} 1 & 0 & \dfrac{1}{\sqrt{2}} \\ -\dfrac{1}{2} & \dfrac{\sqrt{3}}{2} & \dfrac{1}{\sqrt{2}} \\ -\dfrac{1}{2} & -\dfrac{\sqrt{3}}{2} & \dfrac{1}{\sqrt{2}} \end{pmatrix} \begin{pmatrix} u_{s\alpha} \\ u_{s\beta} \\ u_{s0} \end{pmatrix} \tag{6-38}$$

将 Clark 变换用于式（6-34），注意到三相三线系统无零序通路，可得

$$\begin{pmatrix} \dfrac{\mathrm{d}\langle i_\alpha \rangle_{T_s}}{\mathrm{d}t} \\ \dfrac{\mathrm{d}\langle i_\beta \rangle_{T_s}}{\mathrm{d}t} \end{pmatrix} = \begin{pmatrix} -\dfrac{R}{L} & 0 \\ 0 & -\dfrac{R}{L} \end{pmatrix} \begin{pmatrix} \langle i_\alpha \rangle_{T_s} \\ \langle i_\beta \rangle_{T_s} \end{pmatrix} - \begin{pmatrix} d_\alpha \\ d_\beta \end{pmatrix} U_d + \begin{pmatrix} \dfrac{1}{L} & 0 \\ 0 & \dfrac{1}{L} \end{pmatrix} \begin{pmatrix} \langle u_{s\alpha} \rangle_{T_s} \\ \langle u_{s\beta} \rangle_{T_s} \end{pmatrix} \tag{6-39}$$

等式右边的中间项 $[d_\alpha \, d_\beta]^T U_d$ 代表储能 PCS 的输出电压，是状态空间方程的输入量，PCS 通过调节 d_α 与 d_β 实现对 i_α、i_β 的控制。定义为

$$\begin{pmatrix} u_\alpha \\ u_\beta \end{pmatrix} = \begin{pmatrix} d_\alpha \\ d_\beta \end{pmatrix} U_d$$

若只考虑工频分量，则基于平均算子的状态空间模型适用于整个工频周期，从而可得

$$\begin{pmatrix} \dfrac{\mathrm{d}i_\alpha}{\mathrm{d}t} \\ \dfrac{\mathrm{d}i_\beta}{\mathrm{d}t} \end{pmatrix} = \begin{pmatrix} -\dfrac{R}{L} & 0 \\ 0 & -\dfrac{R}{L} \end{pmatrix} \begin{pmatrix} i_\alpha \\ i_\beta \end{pmatrix} - \begin{pmatrix} u_\alpha \\ u_\beta \end{pmatrix} + \begin{pmatrix} \dfrac{1}{L} & 0 \\ 0 & \dfrac{1}{L} \end{pmatrix} \begin{pmatrix} u_{s\alpha} \\ u_{s\beta} \end{pmatrix} \tag{6-40}$$

如图 6-29 所示，如果存在一个 dq 旋转坐标系，其旋转速度与旋转矢量 $\boldsymbol{X}$ 相同，那么在该旋转坐标系中旋转矢量将处于静止状态，其在 dq 轴上的投影恒定不变。式（6-41）为 αβ0 静止坐标系到 dq0 旋转坐标系的变换，称为 Park 变换。

$$\begin{cases} \boldsymbol{X}_{\mathrm{dq0}} = \boldsymbol{T}_{\alpha\beta0\rightarrow\mathrm{dq0}}\boldsymbol{X}_{\alpha\beta0} \\ \boldsymbol{X}_{\alpha\beta0} = \boldsymbol{T}_{\mathrm{dq0}\rightarrow\alpha\beta0}\boldsymbol{X}_{\mathrm{dq0}} \end{cases} \qquad (6\text{-}41)$$

其中

$$\begin{cases} \boldsymbol{X}_{\mathrm{dq0}} = \begin{bmatrix} x_{\mathrm{d}} & x_{\mathrm{q}} & x_0 \end{bmatrix}^{\mathrm{T}} \\ \boldsymbol{X}_{\alpha\beta0} = \begin{bmatrix} x_{\alpha} & x_{\beta} & x_0 \end{bmatrix}^{\mathrm{T}} \end{cases}$$

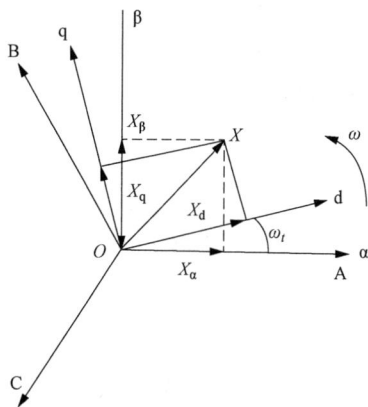

图 6-29　Park 变换示意图

正变换矩阵为

$$\boldsymbol{T}_{\alpha\beta0\rightarrow\mathrm{dq0}} = \begin{pmatrix} \cos\omega t & \sin\omega t & 0 \\ -\sin\omega t & \cos\omega t & 0 \\ 0 & 0 & 1 \end{pmatrix} \qquad (6\text{-}42)$$

反变换矩阵为

$$\boldsymbol{T}_{\mathrm{dq0}\rightarrow\alpha\beta0} = \boldsymbol{T}_{\alpha\beta0\rightarrow\mathrm{dq0}}^{-1} = \begin{pmatrix} \cos\omega t & -\sin\omega t & 0 \\ \sin\omega t & \cos\omega t & 0 \\ 0 & 0 & 1 \end{pmatrix} \qquad (6\text{-}43)$$

对式（6-40）进行 Park 变换，因 0 轴分量为零而忽略，则有

$$\frac{\mathrm{d}}{\mathrm{d}t}\begin{pmatrix} i_{\mathrm{d}} \\ i_{\mathrm{q}} \end{pmatrix} = \frac{\mathrm{d}}{\mathrm{d}t}\left[T_{\mathrm{a\beta}\rightarrow\mathrm{dq}}\begin{pmatrix} i_{\mathrm{a}} \\ i_{\beta} \end{pmatrix} \right] = T_{\mathrm{a\beta}\rightarrow\mathrm{dq}}\frac{\mathrm{d}}{\mathrm{d}t}\begin{pmatrix} i_{\alpha} \\ i_{\beta} \end{pmatrix} + \frac{\mathrm{d}T_{\mathrm{a\beta}\rightarrow\mathrm{dq}}}{\mathrm{d}t}\begin{pmatrix} i_{\alpha} \\ i_{\beta} \end{pmatrix}$$

$$= \begin{pmatrix} -\omega\sin\omega t \cdot i_{\alpha} + \omega\cos\omega t \cdot i_{\beta} + \cos\omega t \cdot \dfrac{\mathrm{d}i_{\alpha}}{\mathrm{d}t} + \sin\omega t \cdot \dfrac{\mathrm{d}i_{\beta}}{\mathrm{d}t} \\ -\omega\sin\omega t \cdot i_{\beta} - \omega\cos\omega t \cdot i_{\alpha} + \cos\omega t \cdot \dfrac{\mathrm{d}i_{\beta}}{\mathrm{d}t} - \sin\omega t \cdot \dfrac{\mathrm{d}i_{\alpha}}{\mathrm{d}t} \end{pmatrix}$$

$$= T_{\mathrm{a\beta}\rightarrow\mathrm{dq}}\frac{\mathrm{d}}{\mathrm{d}t}\begin{pmatrix} i_{\alpha} \\ i_{\beta} \end{pmatrix} + \begin{pmatrix} 0 & \omega \\ -\omega & 0 \end{pmatrix}\begin{pmatrix} i_{\mathrm{d}} \\ i_{\mathrm{q}} \end{pmatrix} \qquad (6\text{-}44)$$

可得到式（6-45）所示 dq 坐标系下 PCS 的数学模型，对应的控制框图如图 6-30 所示

$$\begin{pmatrix} \dfrac{\mathrm{d}i_{\mathrm{d}}}{\mathrm{d}t} \\ \dfrac{\mathrm{d}i_{\mathrm{q}}}{\mathrm{d}t} \end{pmatrix} = \begin{pmatrix} -\dfrac{R}{L} & \omega \\ -\omega & -\dfrac{R}{L} \end{pmatrix}\begin{pmatrix} i_{\mathrm{d}} \\ i_{\mathrm{q}} \end{pmatrix} - \begin{pmatrix} u_{\mathrm{d}} \\ u_{\mathrm{q}} \end{pmatrix} + \begin{pmatrix} \dfrac{1}{L} & 0 \\ 0 & \dfrac{1}{L} \end{pmatrix}\begin{pmatrix} u_{\mathrm{sd}} \\ u_{\mathrm{sq}} \end{pmatrix} \qquad (6\text{-}45)$$

并网 PCS 的控制目标主要是使有功和无功功率能够快速准确地跟随指令。在电网电压稳定的情况下，若同步旋转坐标系与电网电压矢量同步旋转，并将 d 轴定位在矢量 $\boldsymbol{U}$

上，则该同步旋转坐标系被称为电网电压矢量定向的同步旋转坐标系。在此坐标系下的相应算法被称为基于电网电压定向的矢量控制算法。在 dq 轴下系统的瞬时有功功率和无功功率为

$$\begin{cases} P=1.5(u_{sd}i_d+u_{sq}i_q) \\ Q=1.5(u_{sq}i_d+u_{sd}i_q) \end{cases} \tag{6-46}$$

由于 d 轴定位于电网电压矢量方向，因此有 $u_{sq}=0$，式（6-46）可化简为

$$\begin{cases} P=1.5u_{sd}i_d \\ Q=1.5u_{sd}i_q \end{cases} \tag{6-47}$$

忽略电网电压波动，u_{sd} 为与电网相电压峰值相等的常数，因此 PCS 的有功功率 P 和无功功率 Q 分别由 i_d 和 i_q 决定，可以通过控制电流来调节 PCS 的功率。为使系统具有快速动态响应和较强的抗扰动能力，可引入电流负反馈控制。从式（6-45）可见，电流 i_d 和 i_q 存在耦合关系，需要在控制环路中增加电流环解耦控制，同时为了提高 PCS 对电网电压波动的响应速度，还需引入电网电压前馈调节。

图 6-30 为三相三线储能 PCS 电网电压定向矢量控制框图。首先通过对功率指令进行预处理，得到电流指令；之后采用 PI 调节器对电流进行闭环控制；经过前馈解耦之后，d 轴电流与 q 轴电流之间的耦合关系弱化，从而可以使用经典控制理论设计 PI 调节器。电流控制环可以简化为图 6-31 所示的典型二阶系统。为提高系统的动态性能，可令 $K_i/K_p=R/L$，以消除电感及其电阻引入的低频极点，优化系统动态性能。

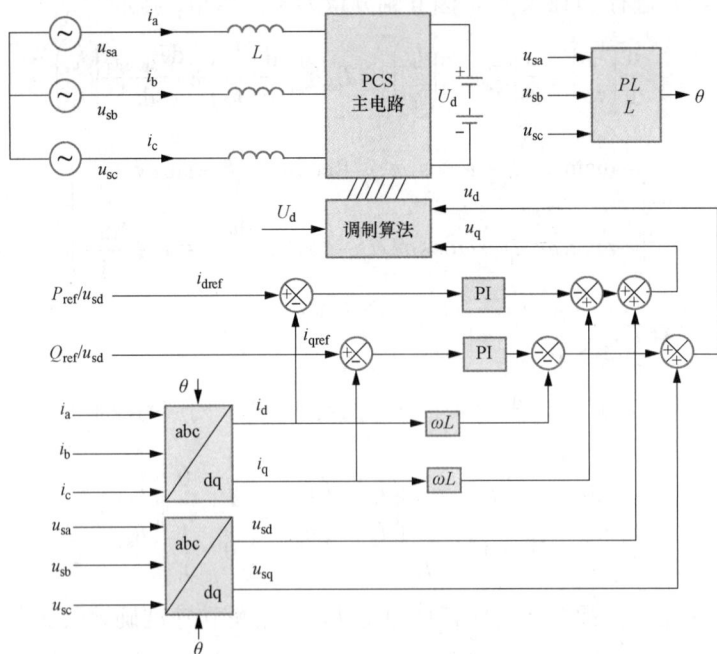

图 6-30　三相三线储能 PCS 电网电压定向的矢量控制框图

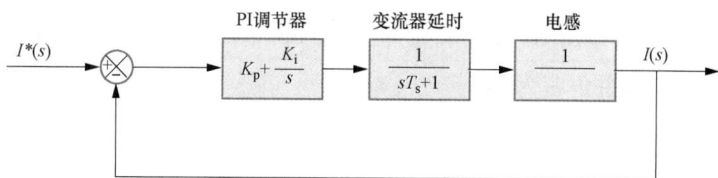

图 6-31　电流环简化控制框图

得到闭环传递函数为

$$G(s) = \frac{K_p / LT_s}{s^2 + s / T_s + K_p / LT_s}$$

可知

$$\begin{cases} \omega_n = \sqrt{K_p / LT_s} \\ \xi = \dfrac{1}{2}\sqrt{L / K_p T_s} \end{cases}$$

根据二阶系统时域响应与 ω、ξ 的关系，在快速性和稳定性之间进行折中，设计 PCS 的 PI 参数。

3. 储能 PCS 的直接功率控制

矢量控制算法依赖于对电网电压相位的准确、实时观测。如果锁相出现误差，轻则导致电能质量下降，重则使系统失控。而基于 αβ 静止坐标系的直接功率控制策略，直接对系统功率进行闭环控制，因此具有动态响应快、算法执行时间短的优点。功率滞环比较器是直接功率控制的核心，本质上是一种 Bang-Bang 控制器，其基本工作原理为当功率误差超过可容忍的限度时，开关状态发生改变，从而使误差减小，直至误差朝反方向再次超过限值，之后开关状态再次发生改变。如此循环往复，迫使电流矢量跟随电压矢量在 αβ 平面上曲折前行，从而得到一个稳定的平均功率。功率滞环比较器的输出函数 S_p 和 S_q 是反映功率偏离给定功率程度的一种模糊描述，各表达式为

$$S_p = \begin{cases} 0, & \Delta p > B_p \\ \text{NC}, & -B_p < \Delta p < B_p \\ 1, & \Delta p < -B_p \end{cases} \tag{6-48}$$

$$S_q = \begin{cases} 0, & \Delta q > B_q \\ \text{NC}, & -B_q < \Delta q < B_q \\ 1, & \Delta q < -B_q \end{cases} \tag{6-49}$$

式中：Δp 和 Δq 分别为有功功率和无功功率与给定值之间的误差；B_p 和 B_q 分别为有功功率和无功功率的滞环环宽；NC 为无输出。

与矢量控制策略不同，直接功率控制只需要对电网电压矢量所处扇区进行判别，而

无须纠结于具体角度。如图 6-32 所示，将整个 αβ 平面划分为 12 个扇区，分别可记为
S1～S12，每个扇区所占角度为 30°。

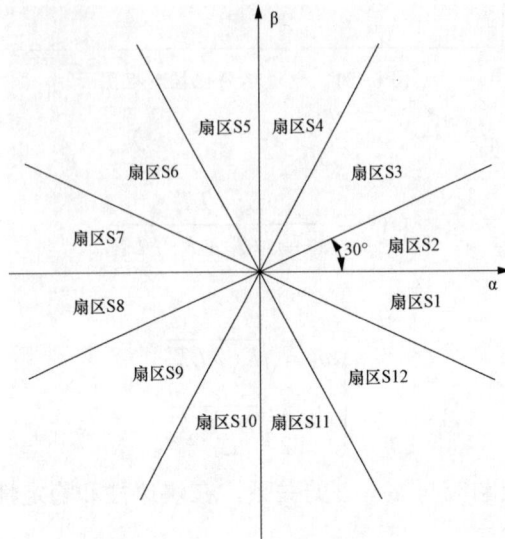

图 6-32　直接功率控制扇区图

理论上讲，扇区需根据 arctan（$u_{s\alpha}/u_{s\beta}$）进行判别，但对于数字控制器而言，进行三
角函数计算需耗费大量时间，因此可根据电网相电压和线电压的符号来完成扇区判别，
以节约运算时间。扇区判别表见表 6-2。

表 6-2　　　　　　　　　　　　　　扇 区 判 别 表

参考矢量所在扇区	电压瞬时值的符号					
	U_a	U_b	U_c	U_{ab}	U_{bc}	U_{ca}
S1	+	−	−	+	−	−
S2	+	−	−	+	+	−
S3	+	+	−	+	+	−
S4	+	+	−	−	+	−
S5	−	+	−	−	+	−
S6	−	+	−	−	+	+
S7	−	+	+	−	+	+
S8	−	+	+	−	−	+
S9	−	−	+	−	−	+
S10	−	−	+	+	−	+
S11	+	−	+	+	−	+
S12	+	−	+	+	−	−

每个矢量对于瞬时功率 p、q 的影响各不相同，只有通过对 S_p、S_q 和当前扇区的综合判

断，才能正确选取矢量。开关状态表是连接两者的桥梁，通过查询开关状态表，可得到 PCS 三相桥臂的开关状态指令 S_a、S_b、S_c。为简化分析，忽略 PCS 中电感的寄生电阻 R，有

$$\dot{I}(T_s) = \dot{I}(0) + \frac{T_s}{L}(\dot{U}_s - \dot{U}) \tag{6-50}$$

式中：$\dot{U}$ 为 PCS 的输出电压矢量。

式（6-50）表明，电流矢量的运行方向始终朝向于电网电压矢量与 PCS 输出电压矢量的差。为使电流始终跟随参考值，必须使 $\dot{U}_s - \dot{U}$ 的方向趋近于 ΔI。构建开关状态表的关键在于，按照需要增加或减小的有功功率和无功功率选择合适的电压开关矢量。如图 6-33 所示，假定位于 S1，$\dot{I}$ 滞后于 $\dot{I}^*$，如此时有 $S_p=1$，$S_q=1$，为增加输出，需加快 $\dot{I}$ 的旋转速度并增大其模长，此时 PCS 应输出矢量 $\dot{U}_6$，使得 $\dot{U}_s - \dot{U}$ 与 $\dot{I}^* - \dot{I}$ 的夹角最小。经对所有扇区分析后，可以得到直接功率控制算法的开关表，见表 6-3。

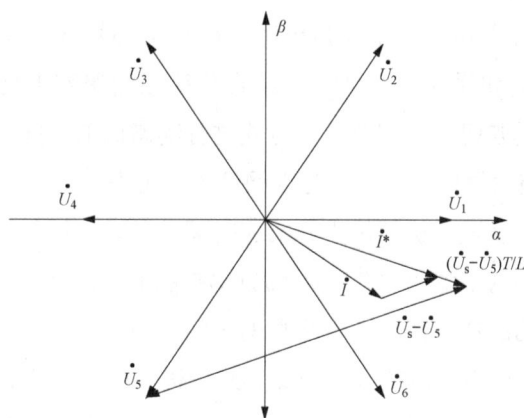

图 6-33 矢量选择方法示意图

表 6-3   直接功率控制算法的开关表

S_p	S_q	输出矢量 $\dot{U}$											
		扇区 S1	扇区 S2	扇区 S3	扇区 S4	扇区 S5	扇区 S6	扇区 S7	扇区 S8	扇区 S9	扇区 S10	扇区 S11	扇区 S12
0	1	$\dot{U}_6$	$\dot{U}_1$	$\dot{U}_1$	$\dot{U}_2$	$\dot{U}_2$	$\dot{U}_3$	$\dot{U}_3$	$\dot{U}_4$	$\dot{U}_4$	$\dot{U}_5$	$\dot{U}_5$	$\dot{U}_6$
0	0	$\dot{U}_1$	$\dot{U}_2$	$\dot{U}_2$	$\dot{U}_3$	$\dot{U}_3$	$\dot{U}_4$	$\dot{U}_4$	$\dot{U}_5$	$\dot{U}_5$	$\dot{U}_6$	$\dot{U}_6$	$\dot{U}_1$
1	1	$\dot{U}_5$	$\dot{U}_5$	$\dot{U}_6$	$\dot{U}_6$	$\dot{U}_1$	$\dot{U}_1$	$\dot{U}_2$	$\dot{U}_2$	$\dot{U}_3$	$\dot{U}_3$	$\dot{U}_4$	$\dot{U}_4$
1	0	$\dot{U}_3$	$\dot{U}_3$	$\dot{U}_4$	$\dot{U}_4$	$\dot{U}_5$	$\dot{U}_5$	$\dot{U}_6$	$\dot{U}_6$	$\dot{U}_1$	$\dot{U}_1$	$\dot{U}_2$	$\dot{U}_2$

直接功率控制框图如图 6-34 所示。控制器根据采样数据，如果功率误差在滞环内，那么 PCS 保持当前输出矢量；否则采用查表法实时更新桥臂的开关状态 S_a、S_b、S_c，进而完成对并网功率的控制。

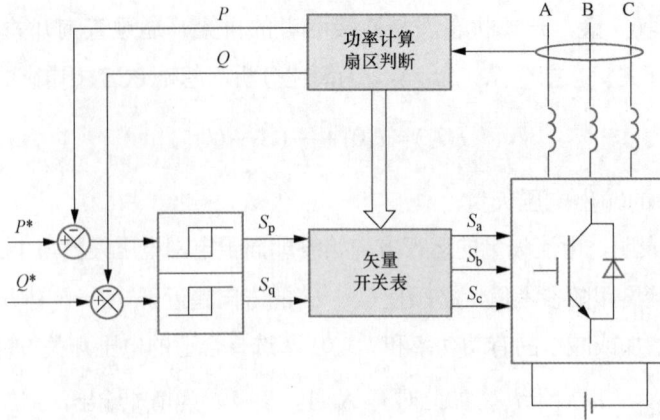

图 6-34　直接功率控制

4. 储能 PCS 的调频调压控制

电力系统中，维持有功功率平衡是电网频率稳定的基础。在传统的电力系统调度中，一般根据频率波动和系统运行情况，结合负荷预测调整大型同步发电机的输出功率，并在极端情况下采取切机、切负荷等方式进行动态调节。此种调节方式具有技术成熟、机组功率大和调整效果好的特点，是电网调频的主力军。

然而，由于大型同步发电机惯量大、响应时间长且动态性能较差，随着风电、光伏等新能源的大量接入，电力系统对有功功率/频率控制的动态特性提出了新的要求。电池储能系统因其良好的动态特性，可在数毫秒的时间内做出响应，有效平抑新能源接入带来的功率波动，对维护电力系统的频率稳定起到积极作用。电池储能系统进行有功功率/频率控制的基本原理为，当电网频率大于额定值时，PCS 控制储能系统吸收一部分有功功率，此时对电网而言，储能系统相当于一个可调负载；而当电网频率小于额定值时，PCS 控制储能系统向电网注入有功功率。具体的实现形式包括频率下垂控制和虚拟同步控制等。频率下垂控制是根据当地电网的特性制定一条斜率曲线，PCS 根据该曲线调整有功功率。

由于电网阻抗为感性，无功功率与电压高度相关。储能 PCS 具备有功功率和无功功率的解耦控制能力，因此可以动态调节无功功率以支撑电网电压。一般情况下，与有功调频类似，PCS 可以根据本地负载情况设定无功功率与电网电压之间的下垂曲线，并根据该曲线给出储能 PCS 的无功功率指令。

综上，有功功率和无功功率的给定表达式为

$$P^* = P_0 + k_1(f - f_{\text{nom}})$$
$$Q^* = Q_0 + k_2(E - E_{\text{nom}})$$
$$\sqrt{P^{*2} + Q^{*2}} \leqslant S_n$$

（6-51）

式中：k_1、k_2 为下垂曲线的斜率；f 和 E 分别为电网频率和公共连接点（PCC）节点电压；S_n 为 PCS 的额定视在功率。

PCS 的调频调压控制框图如图 6-35 所示。

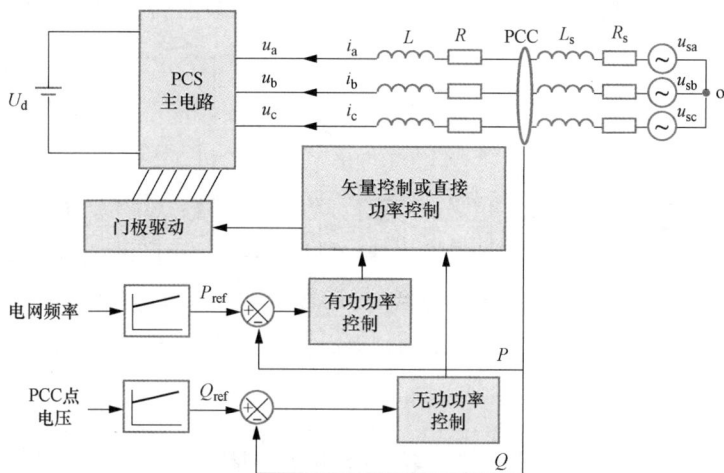

图 6-35　PCS 的调频调压控制框图

5. 储能 PCS 离网运行控制策略

PCS 的并网控制目标是维持并网功率精确跟随给定值，这是以 PCS 接入电网并接受统一调度为前提的。其采用的控制策略是电流源型控制。然而，储能 PCS 的离网应用场合完全不同，此时储能系统负责支撑孤网的电压和频率恒定，其采用的控制策略是电压源型控制，本节介绍普遍意义上的电压源型控制方法。

储能 PCS 离网运行示意图如图 6-36 所示。由此可得负载电压 u_o 对 PCS 调制电压 u_i 的传递函数为

$$G(s) = \frac{u_o(s)}{u_i(s)} = \frac{1}{LCs^2 + \dfrac{L}{R}s + 1} \tag{6-52}$$

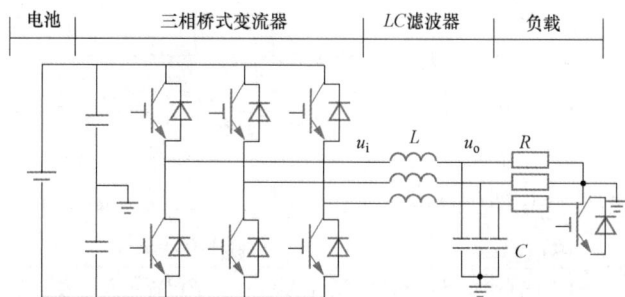

图 6-36　储能 PCS 离网运行示意图

储能 PCS 离网控制策略一般采用双环或者三环控制。双环控制的外环为电压环，内

环为电流环；而三环控制的外环为电压有效值环，内环为电流环，中间级为瞬时电压环。以三环控制为例，根据电路结构和式（6-52）可以得到储能 PCS 离网控制框图，如图 6-37 所示。在三环控制中，电流内环采用 P 调节器，G_{PWM} 为三相桥变换器的传递函数，此处为 1。电压环均采用 PI 调节器。下面介绍各调节器的参数设计方法。

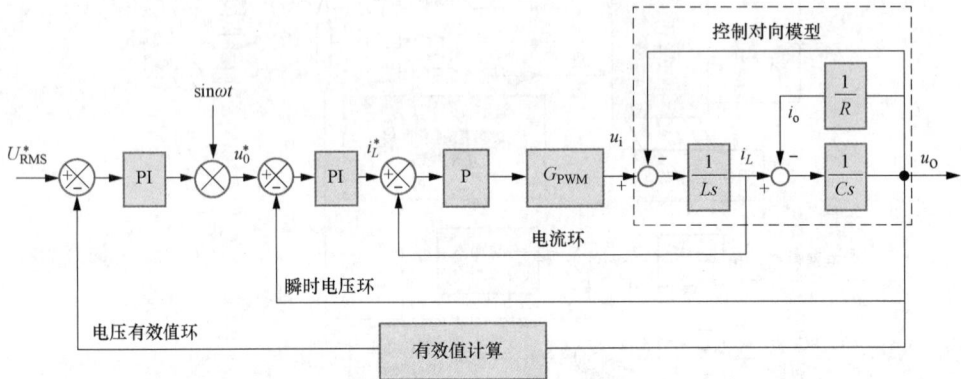

图 6-37　储能 PCS 离网控制框图

电流环控制器采用 P 调节器，设计其穿越频率 f_{ic} 为开关频率 f_s 的 1/10，设 P 调节器的参数为 K_{ip}，可知电流环补偿前的开环传递函数为

$$G_i(s) = G_{PWM} \frac{RCs+1}{LCRs^2 + Ls + R} \tag{6-53}$$

求解下列方程可以确定电流环控制器的参数 K_{ip}

$$\left| K_{ip} G_{PWM} \frac{RCs+1}{LCRs^2 + Ls + R} \right|_{s=j2\pi f_{io}} = 1 \tag{6-54}$$

瞬时电压环控制器采用 PI 调节器，设电流内环的闭环传递函数为 Φ_i，瞬时电压环控制框图如图 6-38 所示。

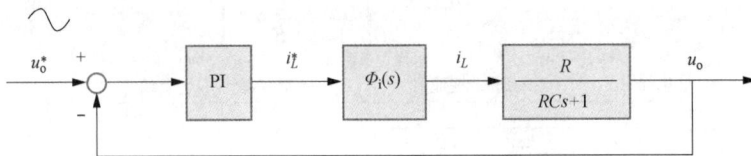

图 6-38　瞬时电压环控制框图

其中，电流环的闭环传递函数为

$$\Phi_i(s) = \frac{G_i(s)}{1+G_i(s)} = \frac{K_{ip} G_{PWM}(RCs+1)}{LCRs^2 + (L+K_{ip}G_{PWM}RC)s + R + K_{ip}G_{PWM}} \tag{6-55}$$

可得瞬时电压环补偿前的开环传递函数为

$$G_v(s) = \frac{R\varPhi_i(s)}{RCs+1} = \frac{K_{ip}G_{PWM}R}{LCRs^2 + (L+K_{ip}G_{PWM}RC)s + R + K_{ip}G_{PWM}} \qquad (6\text{-}56)$$

可见，被控对象是一个二阶系统，其转折角频率为

$$\omega_c = \sqrt{\frac{R + K_{ip}G_{PWM}}{LCR}} \qquad (6\text{-}57)$$

设瞬时电压环 PI 调节器的转折频率为 f_{vn}，在上述振荡环节的转折频率处，将补偿后瞬时电压环的穿越频率 f_{vc} 设置在 PI 调节器转折频率的 1/5 处，即有

$$\begin{cases} f_{vn} = \dfrac{\omega_c}{2\pi} \\ f_{vc} = \dfrac{f_{vn}}{5} \end{cases}$$

设瞬时电压环 PI 调节器的比例参数和积分参数分别为 K_{vp} 和 K_{vi}，通过求解下列方程组可以确定瞬时电压环控制器的参数为

$$\begin{cases} \dfrac{K_{vi}}{K_{vp}} = \omega_c \\ \left. \left| \dfrac{K_{vp}s + K_{vi}}{s} \cdot \dfrac{K_{ip}G_{PWM}R}{LCRs^2 + (L+K_{ip}G_{PWM}RC)s + R + K_{ip}G_{PWM}} \right| \right|_{s=j2\pi f_{vc}} = 1 \end{cases} \qquad (6\text{-}58)$$

将有效值电压环作为被控对象，控制框图可化简为图 6-39（a）所示。从控制的角度看，被控对象输入的是 50Hz 正弦波的幅值，输出的也是 50Hz 正弦波的幅值。实际上，被控对象的传递函数就是瞬时电压环闭环传递函数幅频特性曲线上 50Hz 频率对应的增益 $K_w = |\varPhi_v(s)|_{s=j2\pi \cdot 50}$，控制框图可进一步简化为图 6-39（b）所示。

将有效值电压环 PI 调节器的转折频率 f_{wn} 设置在瞬时电压环穿越频率 f_{vc} 的 1/5 处，将补偿后有效值电压环的穿越频率 f_{wc} 设置在转折频率 f_{wn} 的 1/5 处，即

$$f_{wn} = \frac{f_{vc}}{5}, \quad f_{wc} = \frac{f_{wn}}{5}$$

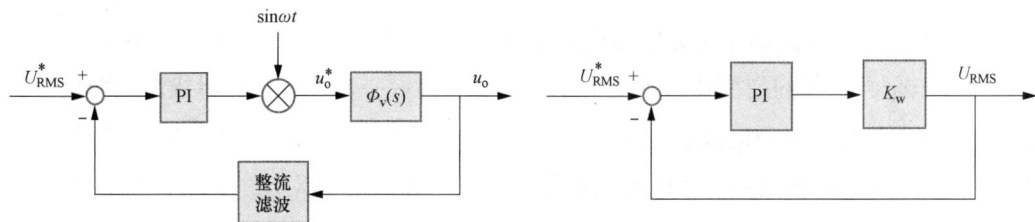

(a) 将有效值电压环作为被控对象　　　　(b) 输入50Hz正弦波的幅值进一步简化控制框图

图 6-39　简化后的有效值电压环控制示意图

设有效值电压环 PI 调节器的比例参数和积分参数分别为 K_{wp} 和 K_{wi}，通过求解下列

方程组可确定有效值电压环控制器的参数。

$$\begin{cases} \dfrac{K_{wi}}{K_{wp}} = 2\pi f_{wn} \\ \left| \dfrac{(K_{wp}s + K_{wi})K_w}{s} \right|_{s=j2\pi f_{wc}} = 1 \end{cases} \qquad (6-59)$$

6.2.3 低压储能 PCS 并联扩容技术

PCS 的容量扩展方法有两种：一种是交流汇集方案；另一种是直流汇集方案。交流汇集方案是指多个 PCS 在交流侧互联，通过交流电压实现相位同步，能量在交流侧汇聚，多个 PCS 间的能量分配与协调通过下垂控制、虚拟同步控制等策略实现。在交流汇集方案中，多个 PCS 将多组电池单元汇集到公共交流母线，然后经工频变压器接入交流大电网，实现储能系统的大容量化应用。图 6-40 是这种扩容方案的示意图。

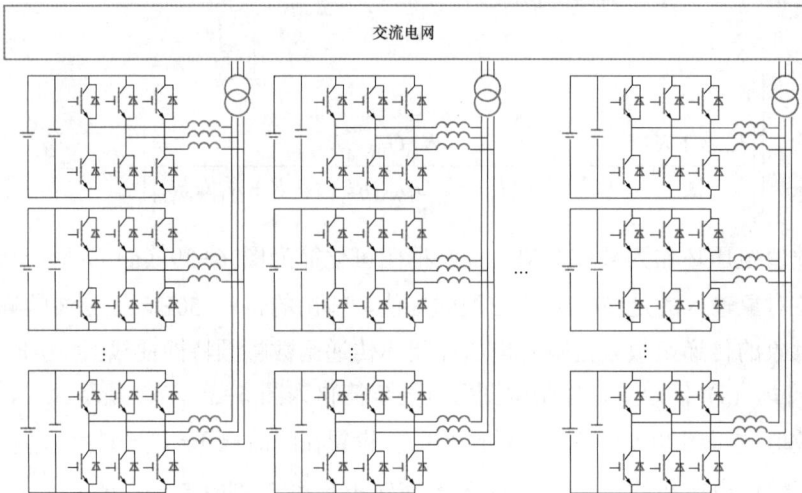

图 6-40 基于交流侧汇集扩容储能 PCS 的大容量储能系统接线示意图

直流汇集方案是指通过多个双向 DC/DC 变换器，将多组电池单元汇聚到公共直流母线上，不同电池单元的能量分配与协调由多个双向 DC/DC 变换器的上层控制策略实现，再经一个大容量的逆变器并入交流电网。其特点是采用公共直流母线汇聚能量，易于实现不同电池储能介质的混合应用。同理，多个扩容后的 PCS 分别经变压器升压与隔离后接入高压电网，实现储能系统的大容量化应用。图 6-41 是对应的扩容方案示意图。

大型储能电站可以由多个交流汇集的系统并联运行实现，也可以由多个直流汇集的系统并联运行实现，还可以由交流汇集系统和直流汇集系统混合并联运行实现。涉及的核心技术包括多个 PCS（AC/DC）的交流侧并联运行技术和多个双向 DC/DC 变换器的直流侧并联运行技术。

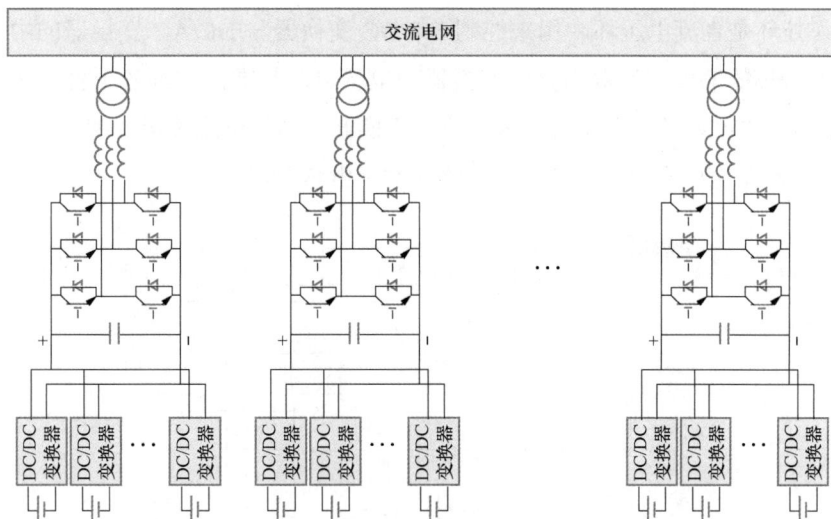

图 6-41　基于直流侧汇集扩容储能 PCS 的大容量储能系统接线示意图

1. 储能 PCS 交流侧并联运行

面向大容量储能系统，通常需要将多个 PCS 并联来实现扩容。并联控制框图如图 6-42 所示。在大容量电池储能 PCS 中，前级双向直流变换器由多个变换器并联组成。面向变换器并联情况，由于变换器内部元件存在参数误差和控制误差等情况，如果不进行专门的变换器并联控制，可能出现各个直流变换器分担功率不一致的情况，因此需要进行并联控制。

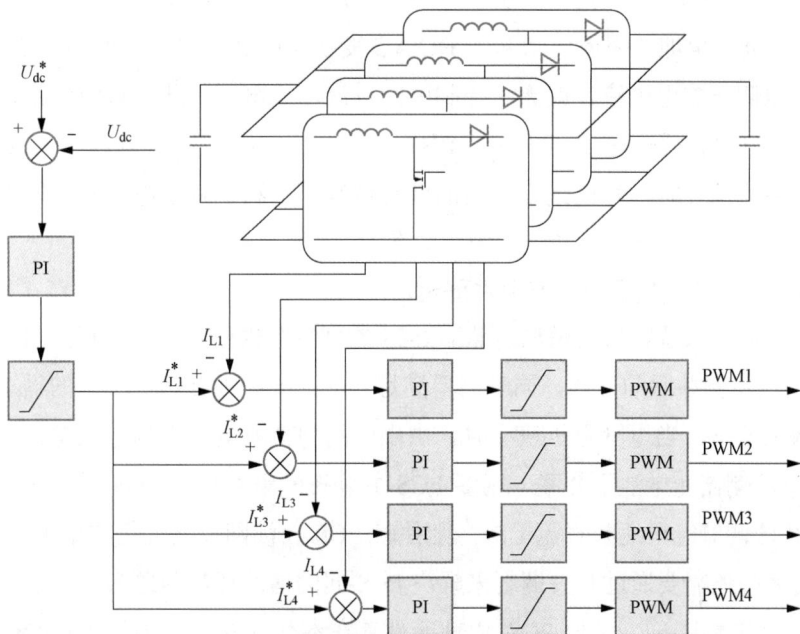

图 6-42　并联控制框图

其中，外环是直流电压环，用来控制 DC/DC 变换器与 DC/AC 变换器的中间直流母线电压；电压环的输出作为双向直流变换器的电感电流基准，控制各个直流变换器的电感电流。图中，PWMi 表示第 i 路的驱动信号变换器调制与电流波形如图 6-43 所示。I_{Li}^* 表示第 i 路的给定电感电流；I_{Li} 表示第 i 路的实际电感电流。

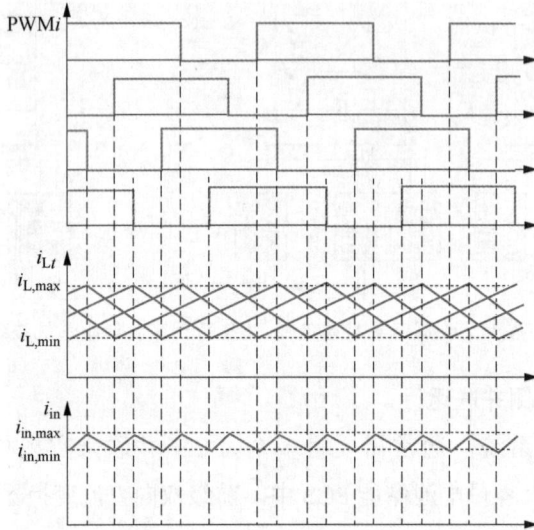

图 6-43   变换器调制与电流波形

需要指出的是，图 6-42 所示的控制框图是面向 DC/DC 变换器控制中间直流母线电压的工况。如果 DC/DC 变换器负责控制中间直流母线电压，就无法控制电池侧的充放电功率大小，此时电池侧充放电功率由 DC/AC 变换器的功率决定；如果 DC/DC 变换器负责控制电池侧充放电电流，就无法控制中间直流母线电压，此时直流母线电压需要由 DC/AC 变换器控制。图 6-42 中只有电流内环起作用，电压外环应该删除。当多个双向直流变换器并联运行时，可以采用交错的调制策略，有利于减小电池侧充放电电流中的高频纹波成分。具体调制方法与电流波形如图 6-44 所示。

2. 双向 DC/DC 变换器单侧直流并联运行

随着电池储能系统容量的增加，储能 PCS 的直流侧也需要并联运行，可以采用双向 DC/DC 变换器单侧并联的方式，同时需要满足并网工况和独立运行工况的需求。

在并网工况下，当电网阻抗较小时，由于电网侧交流电压作为电压源提供支撑，若多 PCS 的直流侧储能电池不并联，则多 PCS 并联控制策略与单 PCS 并网策略类似；若多 PCS 的直流侧储能电池共直流母线，则并联 PCS 在涉网控制上仍与单 PCS 并网策略类似，除此之外还需要通过开关调制来解决 PCS 间的谐波环流问题。

在独立运行工况下，由于 PCS 内部元件存在参数差异，如果不进行专门的并联控制，可能出现功率不均分的情况，因此需要进行并联均流控制。此时，PCS 并联控制方法与独立逆变器并联控制策略类似，可以分为集中控制、主从控制和分散控制三种方案。

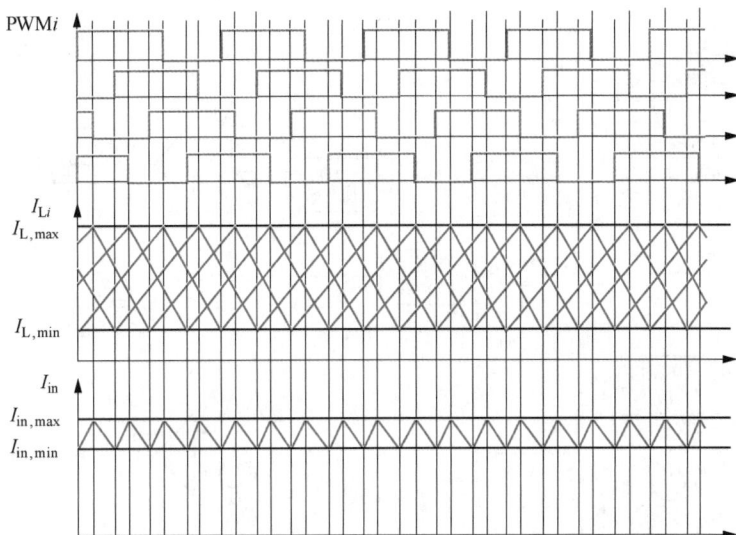

图 6-44　共输入输出母线直流变换器调制与电流波形图

　　集中控制的特点是存在一个集中控制器，该控制器给每个并联的 PCS 提供统一的基准信号。通过各个 PCS 的锁相电路，确保输出电压的频率和相位与基准信号保持一致。由集中控制器检测出总负载电流，然后将总负载电流除以并联台数作为各台逆变电源的电流指令，各逆变电源检测出各自的实际输出电流后，求出电流偏差，并将电流偏差作为电压输出指令的补偿量，用于消除电流的不平衡。由于集中控制器的作用，这种控制方式比较简单，且均流的效果较好。但是，它也降低了系统的可靠性。一旦集中控制器发生故障，将导致整个供电系统崩溃。因此，集中控制式并联的可靠性不高。

　　在主从控制的 PCS 并联系统中，当正常运行时，只有主机的内部存在电压环，而从机内部没有电压环，将从机接收主机的电压环输出作为电流环的电流指令。这种主从控制解决了集中控制器故障的问题，但是由于存在主从切换的情况，其可靠性也受到一定影响。一旦主从切换失败，必将导致系统瘫痪。由于主从并联控制系统存在主机和从机切换失败的危险，因此很多研究者研究了并联系统的分散控制方式，以解决集中控制和主从控制中因单台 PCS 故障导致的整个系统瘫痪问题，从而提高系统的可靠性。分散控制又分为瞬时电流均分控制、下垂控制和有功功率/无功功率均分控制三种方式。图 6-45 为并联 PCS 平均电流控制框图，图 6-46 为并联 PCS 最大电流控制框图。系统中有一条同步总线和一条电流总线，同步总线用于实现锁相功能，使系统中所有的 PCS 能够跟踪市电。电流总线提供并联系统中的瞬时平均电流或最大电流，经过环流调节器将电流的偏差加入电流环的输出中，以实现系统的均流控制。这两种控制方式的唯一区别在于，前者电流总线上的信号是并联系统中 PCS 输出电流总和的平均值；

175

后者是并联系统中输出最大电流的 PCS 负载电流。

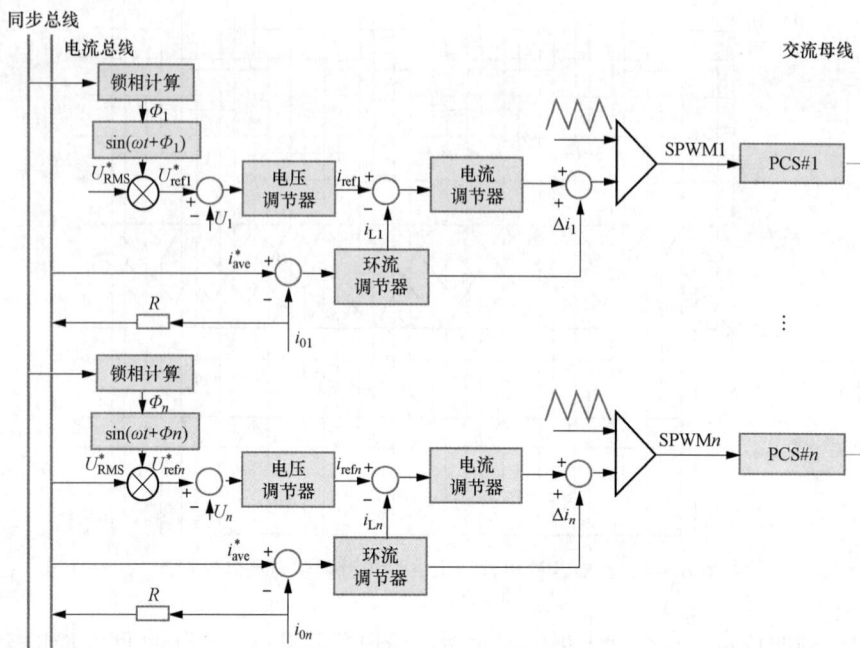

图 6-45 并联 PCS 平均电流控制框图

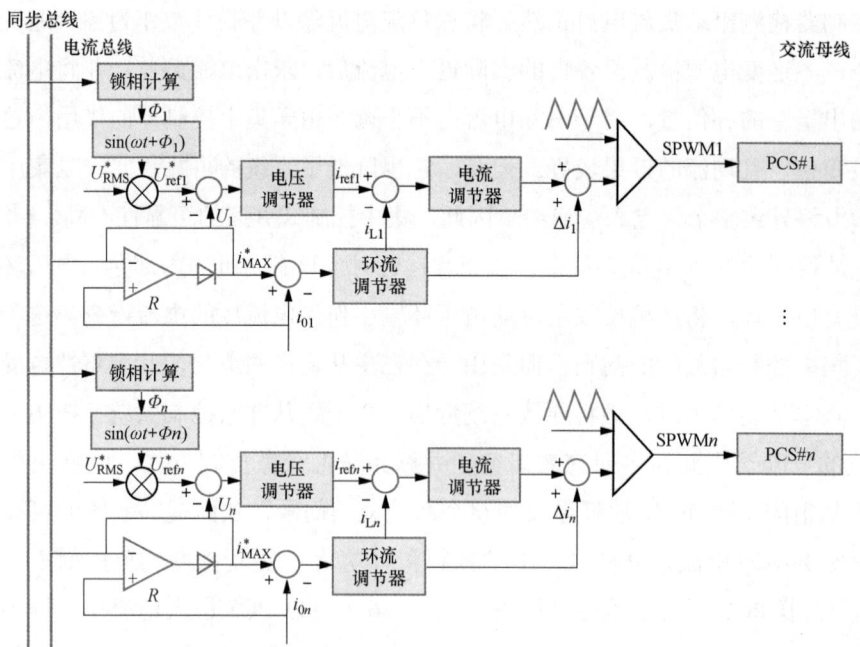

图 6-46 并联 PCS 最大电流控制框图

3. 基于低压 PCS 的大容量储能系统

图 6-47 展示了交直流混合汇集的大型储能电站方案。在该方案中，电池模组先通

过直流 PCS 进行汇集，再分别经交流 PCS 汇集到交流母线上。每个电池模组的状态经过电池管理单元（BMU）分析计算后汇集到电池管理系统（BMS），BMS 与储能监控系统经过通信线传递信息。

BMS 主要功能包括实时检测电池状态参数、估算电池荷电状态（SOC）、单体电池间的均衡管理和电池组的热平衡管理等。电池荷电状态（SOC）是描述电池状态的一个重要参数，它指的是电池剩余电量与电池额定电量的比值，通常将一定温度下蓄电池充电到不能再吸收更多电量的状态定义为 SOC 100%；而蓄电池不能再放出任何能量的状态定义为 SOC 0%。一般来说，可以通过电池的外特性，比如电池的电压、电流、温度和内阻等参数来估算 SOC 值。

储能监控系统是整个储能系统的高级控制中枢，负责监控整个储能系统的运行状态，并确保其处于最优的工作状态。储能监控系统由监控主机、通信网络和测控设备三个层次组成，典型的储能监控系统组成结构如图 6-48 所示。

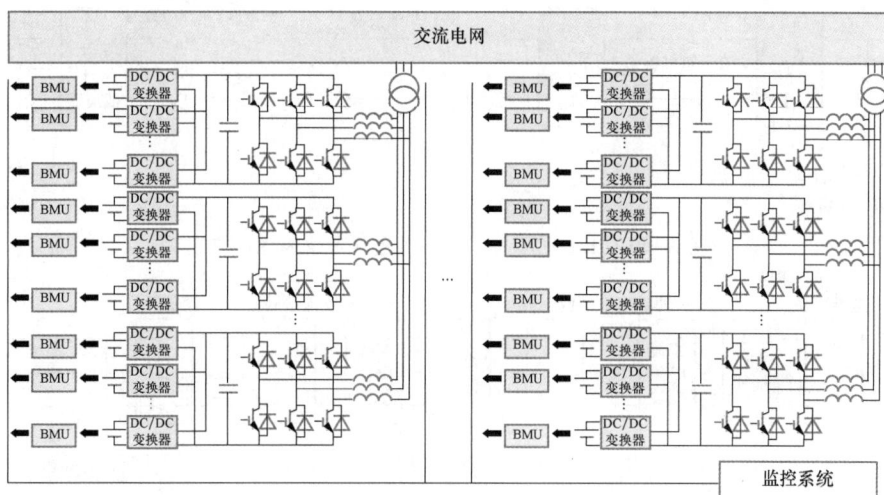

图 6-47　交直流混合汇集扩容 PCS 的大容量储能系统接线示意图

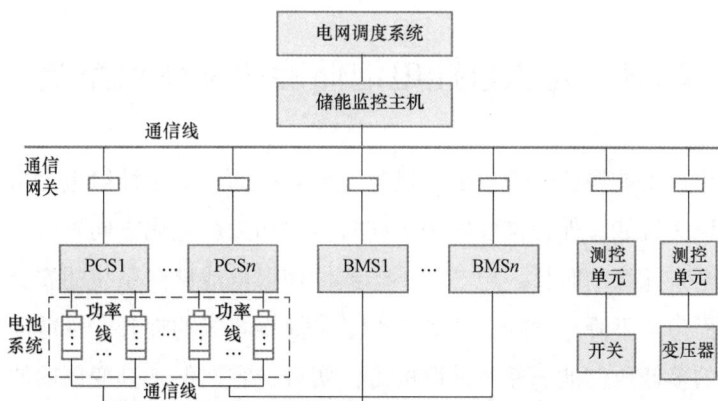

图 6-48　储能监控系统组成示意图

6.2.4 工程应用案例

上能电气股份有限公司研发的型号为"EH-0125-HA-M"的 EH 系列 1500V 组串式功率变换系统的电路框图如图 6-49 所示。该装置采用三电平拓扑结构，能够实现最高 99%的转换效率，且支持恒功率、恒流和恒压控制，具备一次调频、VSG、黑启动等功能。其直流侧的电压范围为 600~1500V，最大直流功率为 140kW，电网侧的额定交流功率为 125kW，额定电网电压为 400V。

由厦门科华数能科技有限公司研发的三相功率变换系统"BCS250K"的电路框图如图 6-50 所示，其直流工作电压范围为 500~900V，最大直流电流为 463A，并网额定输出功率为 250kW，额定并网电压为交流 400V（直流 600~900V）。在电池管理方面具备双向变流能力，同时具有先进的孤岛效应检测技术、低电压穿越、无功补偿以及微电网系统的独立逆变功能。

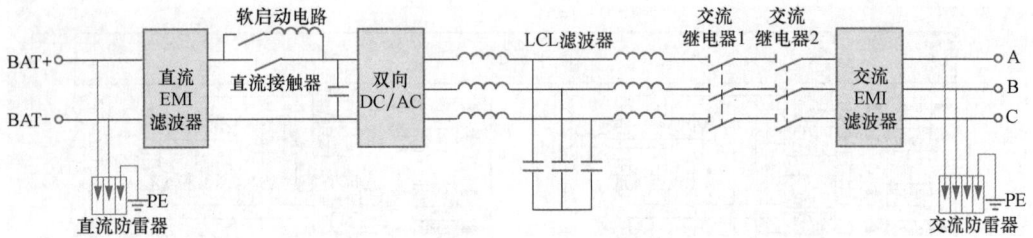

图 6-49　上能电气研发的功率变换系统的电路框图

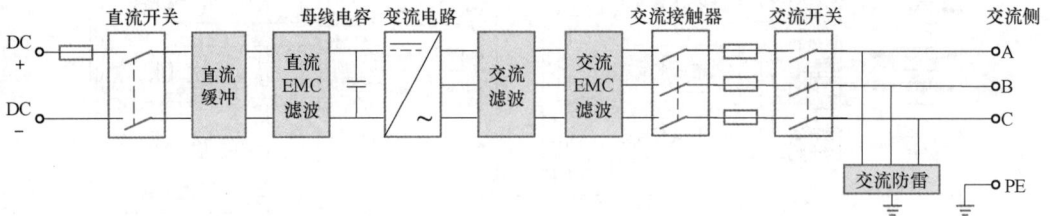

图 6-50　科华数能研发的功率变换系统电路框图

6.3　高压直挂电池储能功率变换系统

随着风光可再生能源的快速发展，风光发电功率的不确定性给电力生产与消费的实时平衡带来了巨大挑战，促使储能的需求向规模化和大容量化方向发展，电池储能已经进入百兆瓦甚至吉瓦级的时代。电芯的不一致性使得电池储能系统的安全性随电芯串并联个数的增加而急剧下降，该问题严重制约了电池堆容量的提升。目前，通常采用多个经变压器隔离的多低压储能子系统并联的方法实现扩容，但工频变压器的大量使用导致系统效率低下，同时并联子系统过多也易引发稳定性方面的问题。

H 桥链式储能 PCS 具有高效、可靠和模块化等优点，广泛应用于高压电动机驱动及大功率无功功率补偿等领域。通过将储能电池组并入链式变换器的直流电容，形成高压直挂链式储能 PCS，可以直接实现对巨量电池的"分割管控"，避免电池环流，解决安全性问题，同时大幅降低 BMS 的复杂性，缩短电池组间的均流路径，并可省去变压器，有效提升了系统的效率，降低了成本。

基于模块化多电平变换器（MMC）的电池储能 PCS，具有与链式储能 PCS 相同的模块化设计和高效率优点。两个 H 桥链式储能 PCS 并联的拓扑结构实际上是一个全桥型 MMC 储能 PCS 的拓扑结构，但 MMC 结构的储能 PCS 控制更加复杂，因为 MMC 的每一相内都存在上、下两个桥臂，除了需要实现相间的 *SOC* 均衡外，还需要确保上下桥臂间的均衡。另外，MMC 具有公共直流母线，这也为 MMC 在电池储能方面的应用带来了更多的可能性。伴随着电网对吉瓦级储能系统的需求，更高容量的储能 PCS 应运而生。基于 MMC 的储能 PCS 可以解决更高电压、更大容量的储能功率变换与并网问题，大规模可再生能源直流并网的需求也将推动具有有功支撑能力的储能型 MMC 的诞生。

6.3.1 主电路拓扑分析

1. 无变压器高压直挂链式电池储能系统

图 6-51 为无变压器高压直挂链式电池储能系统的结构示意图。储能 PCS 为三相星形联结，每一相均由 *N* 个功率子模块级联构成，功率子模块由 H 桥功率器件及其驱动电路、母线电容、直流熔断器和电池侧预充电装置组成。在功率子模块的交流侧，电池模块并联一个双向开关，其作用是旁路出现故障的功率模块；而在功率子模块的直流侧，电池模块并联接入电容器的两端。

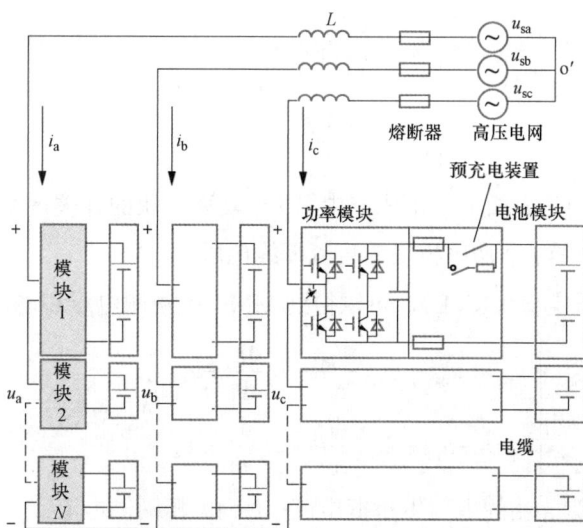

图 6-51 无变压器高压直挂链式电池储能系统主电路结构图

当链节数为 N 时，储能 PCS 的输出电压为

$$u_k = \sum_{j=1}^{N} d_{kj} E_{kj}, (k = \mathrm{a, b, c}) \tag{6-60}$$

式中：d_{kj} 为 k 相第 j 个功率模块的开关占空比；E_{kj} 为该模块的直流母线电压，即电池模块电压。

由基尔霍夫电压定律（KVL），可以得到链式储能 PCS 的网侧电压和电流的关系为

$$\begin{cases} u_{sk} - u_k - u_{oo'} = L \dfrac{\mathrm{d}i_k}{\mathrm{d}t}, (k = \mathrm{a, b, c}) \\ u_{oo'} = \dfrac{1}{3}(u_{sa} + u_{sb} + u_{sc} - u_a - u_b - u_c) \end{cases} \tag{6-61}$$

式中：u_{sk} 为电网 k 相电压；i_k 为 k 相电流，方向如图 6-51 所示；u_k 为变换器 k 相输出电压；$u_{oo'}$ 为系统的零序电压分量，由链式储能 PCS 的输出电压以及电网电压确定。

对于 k 相第 j 个功率模块，其对应电池模块的充放电电流 i_{kj} 为

$$i_{kj} = d_{kj} i_k \tag{6-62}$$

则电池模块的 SOC 为

$$SOC_{kj}(t) = SOC_{kj}(0) + \frac{\eta}{Q_{\mathrm{nom}}} \int_0^t i_{kj} \mathrm{d}t \tag{6-63}$$

式中：SOC_{kj}（0）为该电池模块的 SOC 初始值；η 为电池模块的充放电效率；Q_{nom} 为该电池模块的额定容量。

2. 基于 MMC 的高压直挂电池储能系统

MMC 每个桥臂的输出电压由 N 个子模块输出电压相加得到，以半桥子模块为例，则 k 相上、下桥臂子模块的输出电压为

$$\begin{cases} u_{pk} = \sum_{j=1}^{N} d_{pkj} u_{pkj} \\ u_{nk} = \sum_{j=1}^{N} d_{nkj} u_{nkj} \end{cases} (k = \mathrm{a, b, c}) \tag{6-64}$$

式中：d_{pkj} 与 d_{nkj} 分别是 k 相上、下桥臂中第 j 个功率模块的开关占空比；u_{pkj} 与 u_{nkj} 分别为 k 相上、下桥臂中第 j 个功率模块的直流母线电压。

由基尔霍夫电压定律（KVL），可以得到 MMC 的网侧电压和电流的关系为

$$\begin{cases} u_{po'} = u_{pk} + L_{\mathrm{arm}} \dfrac{\mathrm{d}i_{pk}}{\mathrm{d}t} - L_s \dfrac{\mathrm{d}i_k}{\mathrm{d}t} + u_{sk} \\ u_{no'} = -u_{nk} - L_{\mathrm{arm}} \dfrac{\mathrm{d}i_{nk}}{\mathrm{d}t} - L_s \dfrac{\mathrm{d}i_k}{\mathrm{d}t} + u_{sk} \end{cases} (k = \mathrm{a, b, c}) \tag{6-65}$$

式中：i_{pk} 与 i_{nk} 分别为 k 相的上、下桥臂电流；i_k 为 k 相网侧电流。

同样，由基尔霍夫电流定律（KCL），可以得到各电流分量的关系式为

$$\begin{cases} i_{dc} = \sum_{k=a,b,c} i_{pk} = \sum_{k=a,b,c} i_{nk} \\ i_k = -i_{pk} + i_{nk} \qquad (k=a,b,c) \\ \sum_{k=a,b,c} i_k = 0 \end{cases} \tag{6-66}$$

式中：i_{dc} 为 MMC 的总直流母线侧电流。

为了简化 MMC 中各变量间的关系，定义如下中间变量

$$\begin{cases} i_{diffk} = \dfrac{i_{pk} + i_{nk}}{2} \\ u_{dck} = u_{pk} + u_{nk} \\ u_k = -\dfrac{u_{pk} - u_{nk}}{2} \qquad (k=a,b,c) \\ u_{oo'} = \dfrac{u_{po'} + u_{no'}}{2} \end{cases} \tag{6-67}$$

式中：i_{diffk} 为 k 相的差分电流，如图 6-52 中所示；u_{dck} 为 k 相上、下桥臂子模块的输出电压之和；u_k 为 k 相上、下桥臂子模块的等效交流输出电压；$u_{oo'}$ 为 MMC 直流侧虚拟中性点与电网中性点间的电压。

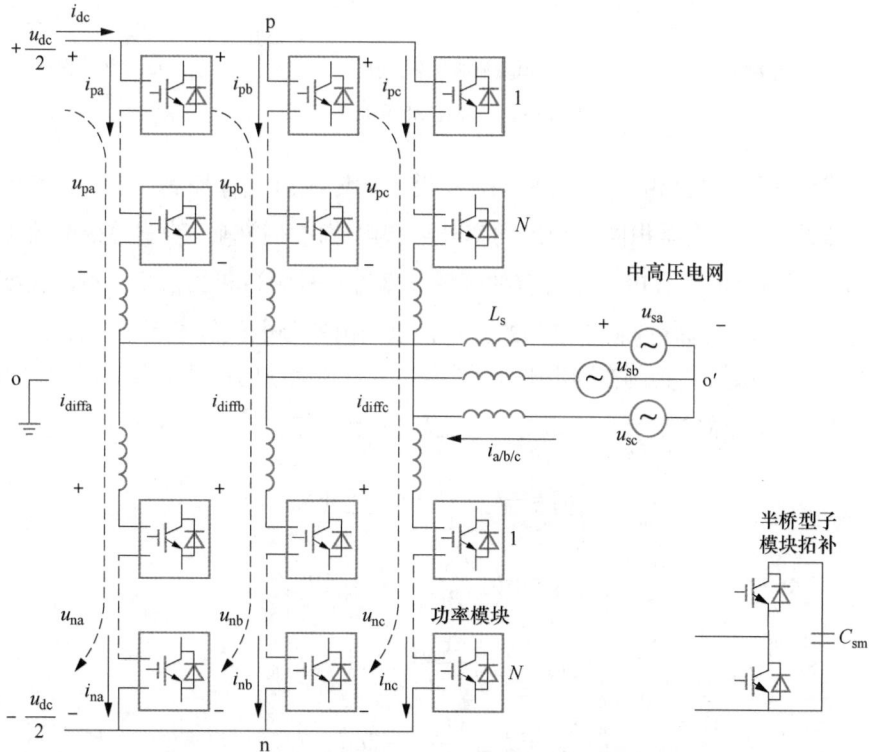

图 6-52　MMC 拓扑结构

由式（6-65）～式（6-67）可以得到 MMC 交、直流侧的动态方程为

$$\begin{cases} u_{oo'} = u_{sk} - u_k - \left(\dfrac{L_{arm}}{2} + L_s\right)\dfrac{di_k}{dt} \\ 2L_{arm}\dfrac{di_{diffk}}{dt} = u_{dc} - u_{dck} \end{cases} (k=\text{a,b,c}) \tag{6-68}$$

可见，MMC 可等效为一个三相两电平变换器以及三个 DC/DC 变换器，如图 6-53 所示。考虑在三相平衡的条件下，$u_{oo'}$ 的基频分量为零，并定义 $u_{diffk} = (u_{dc} - u_{dck})/2$ 为差分电压，$L_{ac} = (L_{arm}/2 + L_s)$ 为交流等效电感，式（6-68）可写为

$$\begin{cases} u_k = -L_{ac}\dfrac{di_k}{dt} + u_{sk} \\ u_{diffk} = L_{arm}\dfrac{di_{diffk}}{dt} \end{cases} (k=\text{a,b,c}) \tag{6-69}$$

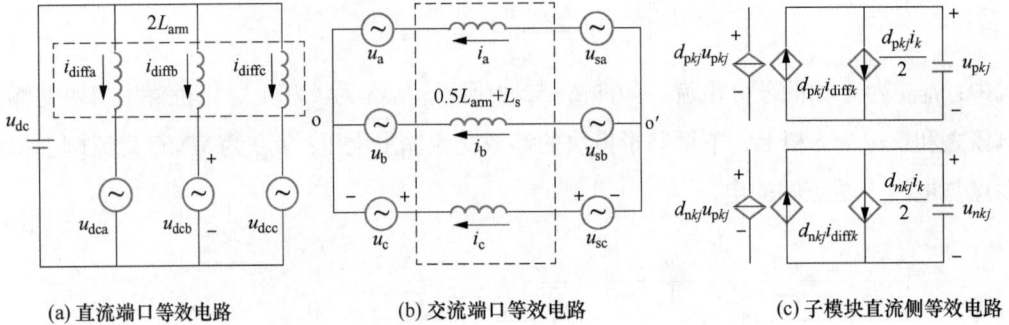

(a) 直流端口等效电路   (b) 交流端口等效电路   (c) 子模块直流侧等效电路

图 6-53 MMC 的等效电路图

从形式上来看，交流电流由 u_k 控制，桥臂上的电流由 u_{diffk} 控制。因此，交流侧的功率控制与传统并网变换器相同，通过功率外环和电流内环控制，输出等效交流电压的参考值 u_{k_ref}。桥臂上的差分电流包含有效分量（直流、基频）和二倍频分量，需要控制差分电流的有效分量，同时抑制二倍频的分量，以输出差分电压的参考值 u_{diffk_ref}。

MMC 的三相交流量控制在同步坐标系实现。设交流系统的角频率为 ω，对式（6-69）进行 Park 变换后，MMC 交流电流和差分电流的二倍频分量在 dq 轴下分别表示为

$$\begin{cases} u_d = -L_{ac}\dfrac{di_d}{dt} + \omega L_{ac}i_q + u_{sd} \\ u_q = -L_{ac}\dfrac{di_q}{dt} - \omega L_{ac}i_d + u_{sq} \end{cases} \tag{6-70}$$

$$\begin{cases} u_{diffd} = L_{arm}\dfrac{di_{diffd}}{dt} + 2\omega L_{arm}i_{diffq} \\ u_{diffq} = L_{arm}\dfrac{di_{diffq}}{dt} - 2\omega L_{arm}i_{diffd} \end{cases} \tag{6-71}$$

需要注意的是，式（6-70）和式（6-71）分别是在基频和负二倍频下进行的 Park 变换。内环电流控制器采用 PI 控制，根据式（6-70），等效交流电压的参考值为

$$\begin{cases} u_{d\_ref} = -k_p(i_{d\_ref} - i_d) - k_i \int (i_{d\_ref} - i_d)\,dt + \omega L_{ac} i_q + u_{sd} \\ u_{q\_ref} = -k_p(i_{q\_ref} - i_q) - k_i \int (i_{q\_ref} - i_q)\,dt - \omega L_{ac} i_d + u_{sq} \end{cases} \tag{6-72}$$

式中：i_{d_ref} 和 i_{q_ref} 是交流电流的参考值，其大小由功率外环控制器决定。功率外环同样采用 PI 控制器，其原理和两电平 VSC 相同，其结构如图 6-54（a）所示。

对于每一相桥臂的差分电流，都采用一个 PI 控制器控制其有效分量。同时，对三相差分电流的控制需要增加一个环流抑制回路，用来抑制其二倍频分量。根据式（6-71），二倍频差分电压的参考值为

$$\begin{cases} u_{diffd\_ref} = k_p(i_{diffd\_ref} - i_{diffd}) + k_i \int (i_{diffd\_ref} - i_{diffd})\,dt + 2\omega L_{arm} i_{diffd} \\ u_{diffq\_ref} = k_p(i_{diffq\_ref} - i_{diffq}) + k_i \int (i_{diffq\_ref} - i_{diffq})\,dt - 2\omega L_{arm} i_{diffq} \end{cases} \tag{6-73}$$

式中：i_{diffd_ref} 和 i_{diffq_ref} 是差分电流二倍频分量的参考值，通常设置为零。差分电流控制器的结构如图 6-54（b）所示。

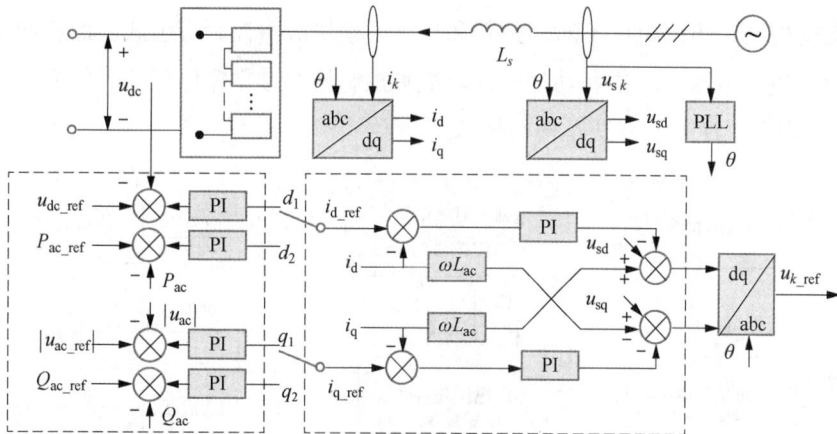

(a) 直流侧控制器框图

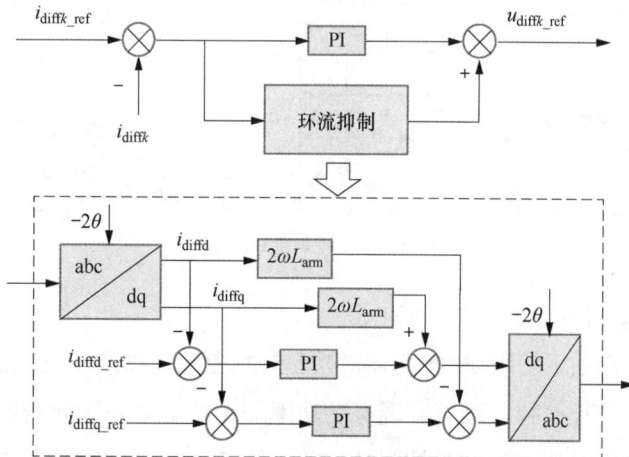

(b) 差分电流控制器框图

图 6-54　MMC 的控制器结构

最后，MMC 各桥臂的参考电压值计算式为

$$
\begin{cases}
u_{\mathrm{p}k\_ref} = \dfrac{u_{\mathrm{dc}}}{2} - u_{\mathrm{diff}k\_ref} - u_{k\_ref} \\[3mm]
u_{\mathrm{n}k\_ef} = \dfrac{u_{\mathrm{dc}}}{2} - u_{\mathrm{diff}k\_ref} + u_{k\_ref}
\end{cases}
\quad (k=\mathrm{a,b,c}) \tag{6-74}
$$

6.3.2 典型控制策略

用于有功功率的充放电控制及无功功率的功率解耦控制，是储能系统最基本的控制目标。在链式电池储能系统中，每一相由 N 个功率子模块级联而成，在功率子模块的直流侧均有一个电池模块并联接入电容器的两端，这 $3N$ 个电池组间的荷电状态均衡是提高电池使用寿命的关键。此外，当电网电压不平衡或个别功率模块故障时，需要通过平衡控制和子模块旁路控制，使储能系统正常运行。针对上述目标综合实现的控制策略框图如图 6-55 所示，它由功率解耦控制、相内电池模块的 SOC 均衡控制、相间电池模块的 SOC 均衡控制、电网电压不对称控制和功率子模块故障控制等组成。而相间电池组的 SOC 均衡、电网电压不对称和功率子模块故障控制均通过零序电压注入的方法实现，由此可见，零序电压注入的方法是核心技术之一。

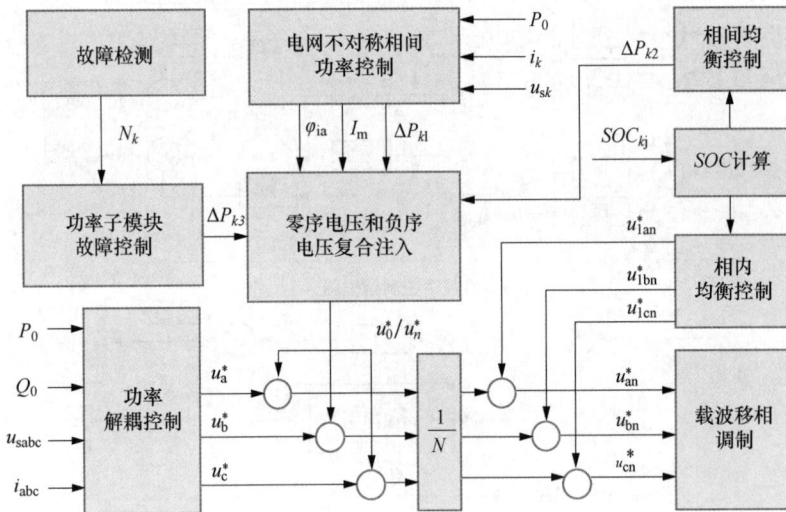

图 6-55 控制策略框图

1. 功率解耦控制

在 dq 旋转坐标系下使用 PI 控制器对功率进行控制，以及在 αβ 静止坐标系下使用 PR 控制器对功率进行控制，均可实现有功功率与无功功率的无静差控制。而在电网电压不平衡时，除了对功率进行解耦控制外，链式储能 PCS 还需要控制电网电流的平衡。根据瞬时无功理论，此时参考电流计算式为

$$\begin{cases} i_{\mathrm{dref}}^{+} = \dfrac{2(u_{\mathrm{sd}}^{+}P_0 + u_{\mathrm{sq}}^{+}Q_0)}{3(u_{\mathrm{sd}}^{+})^2 + (u_{\mathrm{sq}}^{+})^2} \\[3mm] i_{\mathrm{qref}}^{+} = \dfrac{2(u_{\mathrm{sq}}^{+}P_0 - u_{\mathrm{sd}}^{+}Q_0)}{3\left[(u_{\mathrm{sd}}^{+})^2 + (u_{\mathrm{sq}}^{+})^2\right]} \\[3mm] i_{\mathrm{dref}}^{-} = 0 \\[2mm] i_{\mathrm{qref}}^{-} = 0 \end{cases} \qquad (6\text{-}75)$$

式中：u_{sd}^{+}、u_{sq}^{+}、u_{sd}^{-}、u_{sq}^{-} 为电网电压正负序的 d 轴与 q 轴分量；而 i_{dref}^{+}、i_{qref}^{+}、i_{dref}^{-}、i_{qref}^{-} 为网侧电流正负序的 d 轴与 q 轴分量；P_0、Q_0 为有功与无功功率给定。

　　链式储能 PCS 的功率控制框图如图 6-56 所示，通过负序电网电压前馈来抑制负序电流。采用基于解耦双同步坐标系（Decouple Double Synchronous Reference Frames，DDSRF）的锁相环对电网电压进行锁相，同时得到电网电压的正负序分量电流指令，进而经 dq 解耦控制得到链式储能 PCS 交流侧输出电压指令。

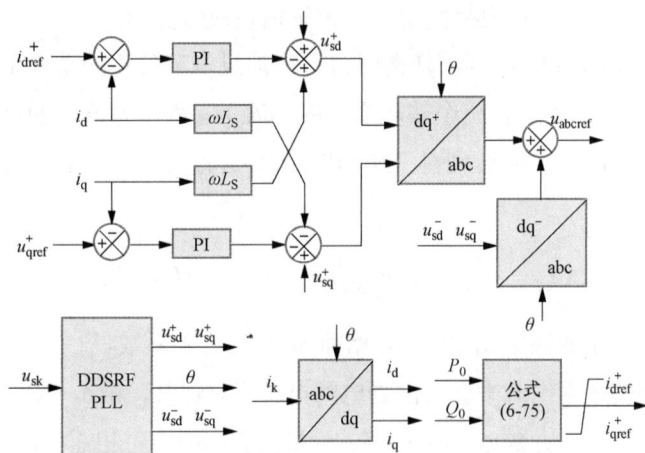

图 6-56　链式储能 PCS 的功率控制框图

2. 相内电池模块的 SOC 均衡控制

链式储能 PCS 的 SOC 均衡分为相内均衡和相间均衡两种，则定义

$$\begin{cases} SOC_k = \dfrac{1}{N_k} \sum_{j=1}^{N_k} SOC_{kj},\ (k = \mathrm{a,b,c}) \\[4mm] SOC_{\mathrm{BESS}} = \dfrac{1}{\sum\limits_{k=\mathrm{a,b,c}} N_k} \left(\sum\limits_{k=\mathrm{a,b,c}} \sum\limits_{j=1}^{N_j} SOC_{kj} \right) \end{cases} \qquad (6\text{-}76)$$

式中：SOC_k 为 k 相电池模块的荷电状态；SOC_{kj} 为 k 相第 j 个电池模块的荷电状态；N_k 为 k 相正常工作的功率模块个数，$N_k \leqslant N$；SOC_{BESS} 为储能系统的荷电状态。

　　针对相内电池模块间的 SOC 均衡控制，以该相的 SOC_k 为参考值，通过在对应的功率子模块参考电压上叠加一个电压分量来实现

$$u_{kj\_ref} = \frac{u_{kref}}{N_k} + \gamma E_{nom}(SOC_k - SOC_{kj})\cos(\omega t + \varphi_{ik}) \qquad (6-77)$$

式中：u_{kref} 为 k 相的参考电压；γ 为相内均衡系数；E_{nom} 为电池模块的额定电压。

图 6-57 给出了相内 SOC 均衡的控制框图，该均衡策略在储能 PCS 充放电工况下均有效，均衡速度受储能 PCS 电流幅值大小影响，可适当调节均衡系数 γ；其中 W_{nom} 为储能系统的额定能量，MWh。由于各功率模块上叠加的电压分量之和为零，因此不影响储能 PCS 的输出相电压，但需要根据式（6-77）进行判断，以防止单个模块出现超调。

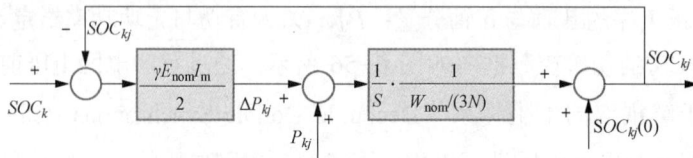

图 6-57　相内 SOC 均衡控制框图

3. 相间电池模块的 SOC 均衡控制与功率子模块故障控制

当相间电池模块的 SOC 出现不均衡时，可以通过调节各相的功率来实现相间电池模块的 SOC 均衡。相间均衡是以整个储能系统的 SOC_{BESS} 为参考值，通过零序电压注入调节三相之间的功率分配，从而达到对三相间的 SOC 进行均衡的目的。各相需要调节的功率 ΔP_{k2} 为

$$\Delta P_{k2} = \frac{\lambda P_{nom}}{3}(SOC_{BESS} - SOC_k), \quad (k = a,b,c) \qquad (6-78)$$

式中：P_{nom} 为储能系统的额定功率；λ 为相间 SOC 的均衡系数。

功率解耦控制使电网电流平衡，但当电网电压不对称时，由于 PCS 三相有功功率不相同，会引发相间电池模块 SOC 的不均衡。为抵消其影响，每相需要调节的功率 ΔP_{k1} 为

$$\begin{cases} \Delta P_{a1} = P_0/3 - 1/2U_{sa}I_m\cos(\varphi_{sa} - \varphi_{ia}) \\ \Delta P_{b1} = P_0/3 - 1/2U_{sb}I_m\cos(\varphi_{sb} - \varphi_{ia} + 2\pi/3) \\ \Delta P_{c1} = P_0/3 - 1/2U_{sc}I_m\cos(\varphi_{sc} - \varphi_{ia} + 4\pi/3) \end{cases} \qquad (6-79)$$

式中：P_0 为储能系统的充放电功率；U_{sk} 与 φ_{sk} 为 k 相电网电压幅值与相位；I_m 为网侧电流的幅值；φ_{ia} 为网侧 A 相电流的相位。

同理，当 k 相功率子模块发生故障时，旁路开关动作，故障子模块及其相连的电池模块被切除，为使故障相与非故障相的电池组 SOC 均衡，每相需要调节的功率 ΔP_{k3} 为

$$\Delta P_{k3} = \left(\frac{N_k}{\sum\limits_{k=a,b,c} N_k} - \frac{1}{3}\right)P_0 \qquad (6-80)$$

式中：N_k 为每一相正常工作的模块数。

确定了需要调节的功率后，可以通过零序电压注入的方法调整各相的充放电功率，从而达到均衡各相电池模块 SOC 的目的。对于各相来讲，需要注入零序电压改变的功率等于式（6-78）～式（6-80）之和，即

$$\Delta P_k = \Delta P_{k1} + \Delta P_{k2} + \Delta P_{k3} \tag{6-81}$$

设零序电压为 $u_0 = U_0 \cos(\omega t + \theta_0)$，需要注入的零序电压为

$$\begin{cases} U_0 = \dfrac{2}{I_m} \sqrt{\dfrac{2\left(\Delta P_a^2 + \Delta P_b^2 + \Delta P_c^2\right)}{3}} \\ \theta_0 = \arctan 2\left(\dfrac{\Delta P_c - \Delta P_b}{\sqrt{3}\Delta P_a}\right) + \varphi_{ia} \end{cases} \tag{6-82}$$

为保证不出现超调，注入零序电压后的相电压必须小于该相各电池模块允许的电压之和。忽略电感压降，则零序电压幅值必须满足

$$U_{0\max} = \min\left(\sqrt{(N_k E)^2 - U_{sk}^2 \sin^2(\varphi_{sk} - \theta_0)} - U_{sk}\cos(\varphi_{sk} - \theta_0)\right), \quad (k = a,b,c) \tag{6-83}$$

上述控制策略使链式储能 PCS 能够抵消电网电压不平衡、功率模块故障等因素对电池模块 SOC 一致性的影响，并与相间均衡控制环节综合集成，最终通过零序电压的注入统一实现。

6.3.3 保护及优化技术

1. 基于零序和负序电压复合注入的相间 SOC 均衡控制

链式 BESS 相间 SOC 均衡控制主要通过注入与各相 SOC 相关的零序电压来实现。零序电压注入法在三相星形联结的链式 BESS 中不会产生零序电流，因此不会影响系统的输出性能。此方式属于软件均衡方式，虽然其易于实现，且无须增加额外的硬件和系统成本，但其均衡能力受到功率模块直流电压的限制，仅适用于相间 SOC 不均衡度 ΔSOC 较小的情况。在 ΔSOC 较大时，所需注入的零序电压幅值也较大，容易导致功率模块输出电压超调，进而失去均衡作用。ΔSOC 的定义式为

$$\begin{aligned} \Delta SOC &= \sqrt{\Delta SOC_a{}^2 + \Delta SOC_b{}^2 + \Delta SOC_c{}^2} \\ &= \sqrt{(SOC_{BESS} - SOC_a)^2 + (SOC_{BESS} - SOC_b)^2 + (SOC_{BESS} - SOC_c)^2} \end{aligned} \tag{6-84}$$

式中：ΔSOC_k 为各相 SOC 的偏差。

现有研究发现，通过负序电流注入的方式来均衡链式静止同步补偿器直流侧母线电压的能力较强。此方法同样可应用于链式 BESS 的相间 SOC 均衡，但是负序电流注入会影响电能质量和装置的输出性能。负序电压注入法与负序电流注入法本质上相同，因而也存在同样的问题。通过对比分析零序电压与负序电压的均衡能力大小，当要调节的功率相同

时，所需注入的负序电压分量相比于零序电压值要小得多。因此，在直流电压或者 *SOC* 差异较大时，使用负序电压分量注入法更加合适。在相间电压不均衡程度较小时，使用零序电压注入；反之，则使用负序电压注入。但这样的混合注入方法存在负序电流对电能质量影响较大的问题，且两种均衡模式不能平滑过渡，来回切换会对系统造成较大扰动，不利于装置稳定运行。针对上述问题，本节提出一种基于零序和负序电压复合注入的相间 *SOC* 均衡控制策略，通过引入零序电压注入系数 *m* 和负序电压注入系数 *n*，将与各相 *SOC* 相关的零序电压和负序电压结合注入，既解决了不同均衡策略模式切换时的平滑过渡问题，也很好地兼顾了储能系统的输出性能、相间 *SOC* 均衡能力及电能质量。

在均衡过程中，所需注入的零序和负序电压的幅值和相位均可根据各相所需均衡的功率计算得到。计算负序电压所需的偏差功率是基于各相 *SOC* 的偏差确定的，零序电压注入系数 *m* 和负序电压注入系数 *n* 可根据式（6-85）确定，然后将计算后的零序电压和负序电压分别与各自的注入系数相乘后再同时注入，并叠加在各相调制波上。最后这些叠加信号与载波信号进行比较，以产生功率器件的开关信号。为保证均衡过程中所产生的偏差功率与单独注入负序或零序电压时相同，注入系数 *m*、*n* 需满足条件 *m*+*n*=1。在引入负序电流后，系统的电流应小于装置的额定电流，且由于引入负序电流在电网中所产生的不平衡度应小于 2%，则有

$$
\begin{cases}
m = 1, & U_{0\max} \geqslant U_0 \\
m = \dfrac{U_{0\max}}{U_0}, & U_{0\max} < U_0
\end{cases}
$$

$$
\begin{cases}
n = 0, & U_{0\max} \geqslant U_0 \\
n = 1 - \dfrac{U_{0\max}}{U_0}, & U_{0\max} < U_0
\end{cases}
\tag{6-85}
$$

2. 适用于电池梯次利用的链式储能 PCS 控制

储能电池成本高是制约电池储能系统在电网中规模化应用的重要因素。近年来，随着国内外电动汽车的推广和应用，预计未来几年将有大量车用动力电池达到使用寿命而退役，这些退役动力电池的荷电能力一般为原始容量的 80% 左右，仍具有可观的利用价值。退役动力电池的梯次利用，既能缓解回收处理的压力，也能降低储能系统的初始成本。

目前关于退役动力电池梯次利用的研究主要集中在退役电池单元的拆解、测试及筛选环节。在筛选出一致性较好的电池单元后，将其重新组合为电池模组，并通过适当的接口变换器与外部进行能量交换。之所以要进行退役动力电池组的拆解、筛选和重组等一系列过程，是因为不同退役动力电池组参数的一致性较差。若直接进行串并联，可能会引发较大的电池环流、降低可靠性及减少容量利用率等一系列问题。若能通过选用适当的变换器拓扑结构，根据各退役动力电池组的特性对其进行独立的功率控制，则可避免退役动力电池单元的拆解、筛选和重组等过程。通过对链式变换器原有控制策略进行

相应改进，可实现对各功率模块单元进行独立的功率控制。因此可选择外观完好、没有破损且各功能元件有效的退役动力电池组，将其直接接入链式变换器 H 桥直流侧，不仅避免了复杂的筛选重组过程，而且对各电池组电压要求不高，模组内要求串并联的电池单元数量少，可极大提高各级联功率单元的可靠性。

在基于退役动力电池的链式储能系统中，可根据各功率单元所接的退役动力电池组参数，如有效容量、当前 SOC、电压等，决定其在运行过程中所承担的充放电功率。由于各退役动力电池组在电动汽车应用环节中，电池的串并联方式、位置差异、温度差异、振动强度以及衰退轨迹等因素各不相同，导致电池参数的衰退速率差异较大，最终加剧了电池组的不一致性，这种不一致性体现在各电池模组的有效容量及内阻等参数上。已有的电池组 SOC 的定义方法是根据额定容量定义的，其实际有效容量会随循环次数和使用时间的增加而逐渐减少。如果不定期对其更新，则 SOC 的估算精度无法保证。例如，额定容量为 10A・h 的电池组使用一段时间后，实际有效容量下降为 8A・h，当充满电的电池放电 8A・h 后，SOC 应变为 0。但是如果忽略老化问题，SOC 会显示为 20%，从而产生很大的估算误差，这将导致电池的过放电。因此，将退役动力电池组的 SOC 根据其有效容量进行重新定义，则有

$$SOC = \frac{Q_r}{Q_a} \times 100\% \tag{6-86}$$

式中：Q_r 为电池组剩余容量；Q_a 为有效容量，退役动力电池的有效容量为电池在满电状态下所能放出的最大电量。

根据预先测量得到的退役动力电池组的 $OCV\text{-}SOC$ 曲线，可在线估计其有效容量、实时 SOC 等参数，根据上述参数可在线分配各功率单元所承担的功率，其功率分配系数及各功率模块承担功率分别为

$$\omega_{kj} = \begin{cases} \dfrac{Q_{akj}SOC_{kj}U_{bkj}}{Q_{ak1}SOC_{k1}U_{bk1} + Q_{a+2}SOC_{k2}U_{bk2} + \cdots + Q_{akn}SOC_{kn}U_{bkn}} & \text{（放电）} \\[4mm] \dfrac{Q_{akj}(1-SOC_{kj})U_{bkj}}{Q_{ak1}(1-SOC_{k1})U_{bk21} + Q_{ak2}(1-SOC_{k2})U_{bk2} + \cdots + Q_{akn}(1-SOC_{kn})U_{bkn}} & \text{（充电）} \end{cases} \tag{6-87}$$

$$P_{kj}^* = \frac{\omega_{kj}P^*}{3} \tag{6-88}$$

式中：Q_{akj}、SOC_{kj} 分为第 k 相第 j 个功率模块的有效容量；U_{bkj} 为当前 SOC 和电池组电压周期平均值。

在基于退役动力电池的链式储能系统中，由于各退役动力电池组的有效容量、内阻等参数差异较大，为了能够充分利用各电池组的有效容量，系统中各功率单元需根据退役动力电池组的特性，在不同的充放电倍率下工作，即各功率单元的功率能够独立控

制。独立的模块功率控制对于退役动力电池应用于链式储能系统具有重要意义。然而，在链式变换器中各模块的独立功率控制较难实现，原因在于流经每相功率模块交流侧的电流相同，各功率单元的功率并不真正独立。且实现功率单元独立的功率控制较易引发稳定性问题，这是因为每相 N 个功率单元的 N 个开关函数要控制 $N+1$ 个功率变量，即 N 个功率单元的功率和交流电流。

6.3.4　工程应用案例

基于模块化多电平换流器的高压直流（MMC-HVDC）的输电已经被证明是海上风场远距离传输的优选方案。在我国，已经有南汇、南澳等示范项目。尽管海上风的湍流强度相对较低，但海上风电输出功率的波动依然较大，因此需要储能系统进行平滑处理。图6-58（a）给出了海上风场电池储能的传统集成方式，此时大容量BESS通过PCS在岸上MMC与交流电网的公共连接点处接入。图6-58（b）则给出了基于储能型MMC换流站的新的集成方式，此时大容量 BESS 分散配置在 MMC 的各模块直流侧，不需要额外的大容量 PCS 即可集成到海上风力发电中，提供功率平滑等功能。

1. 系统配置

南汇柔性直流输电系统主要用于连接南汇风电场站与大治站，南风换流站通过整流作为发端，书柔换流站通过逆变作为收端，二者相距 8km，交流电网侧的母线电压为35kV。两个换流站均采用完全相同的拓扑结构，如图 6-59 所示。柔性直流输电示范工程额定容量为 20MW，直流额定电压为±30kV。此外，每个换流站的桥臂均由 56 个子模块组成，2 个子模块为冷备用，6 个子模块为热备用。因此一共有 48 个子模块参与换流过程，每个子模块的直流母线电压约为 1.25kV。

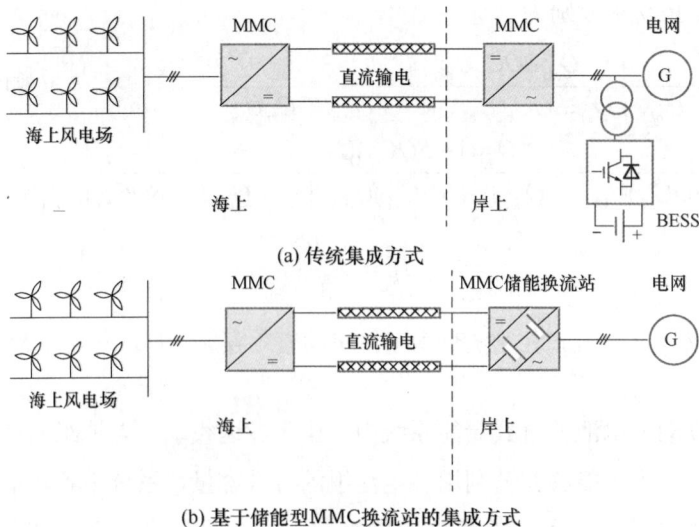

(a) 传统集成方式

(b) 基于储能型MMC换流站的集成方式

图 6-58　海上风场的电池储能集成方式

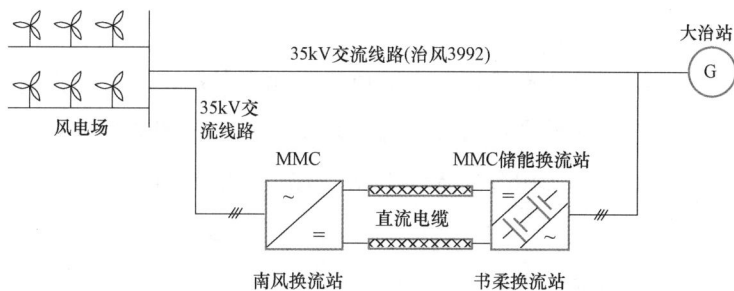

图 6-59　南汇柔性直流输电系统

将 BESS 集成到书柔换流站中，使之升级为 MMC 储能换流站，用以平滑风电场的波动功率。其中风电场具有 11 台 1.5MW 风力发电机，总装机容量为 16.5MW，因此储能系统的能量选为 4MW·h。而整个换流站的额定容量为 20MW，共有 288 个子模块参与正常运行，平均每个子模块的功率约为 70kW。4MW·h 的电池分散布置在 288 个子模块中，则每个子模块将约有 13.8kW·h 的电池模块。由于原 MMC 中子模块的直流母线电压为 1.25kV，此处选择额定电压为 1.5kV/10A·h 的电池模块。考虑电池电压波动率为 17%，则电池模块的电压波动范围为 1.25～1.75kV，正好满足系统的需要。同时，3.3kV 的 IGBT 模块能够满足此时电池模块的电压波动。关于电池类型，本储能型 MMC 换流站选择钛酸锂电池，BESS 的充放电功率最大可达到 20MW 以上。最终整个储能型 MMC 换流站中含有 288 个 1.5kV/10A·h 的钛酸锂电池模块，总能量达到 4.32MW·h。图 6-60 给出了 MMC 储能换流站的结构，在原有拓扑的基础上仅需要增加电池模块及相关的保护系统即可。

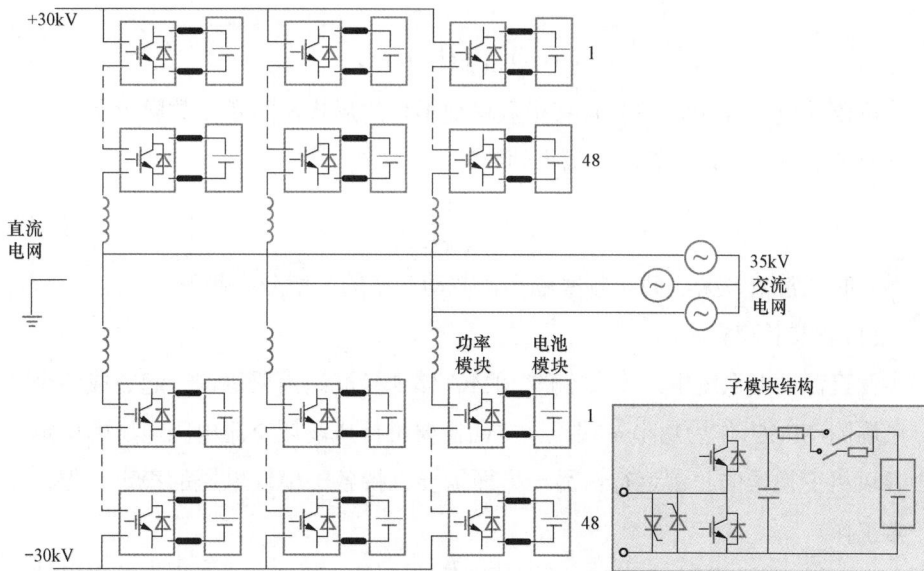

图 6-60　储能型 MMC 换流站的结构

2. 运行及控制策略

MMC 储能换流站在柔性直流输电中既可作为功率发端，也可作为功率收端，收发的两个换流站需要合作完成整个交直交系统的功率变换。传统的柔性直流输电系统仅能完成功率的传输，在结合了 BESS 之后，MMC 储能换流站可在功率传输的同时，对风电场的波动功率进行平滑。

（1）输出功率平滑策略。

采用一阶低通滤波器完成风波动功率的平滑。一阶低通滤波器在数学上可以表述为

$$\tau Y' + Y = X \tag{6-89}$$

式中：τ 为滤波器的时间常数；Y 为滤波器的输出；Y' 为滤波器输出的导数；X 为滤波器的输入。

当步长为 Δt 的离散数据通过滤波器，且 Y' 表示为离散的形式时，式（6-89）可变为

$$\tau \frac{Y_k - Y_{k-1}}{\Delta t} + Y_k = X_k \tag{6-90}$$

将式（6-90）变形，可得

$$Y_k = \frac{\tau}{\tau + \Delta t} Y_{k-1} + \frac{\Delta t}{\tau + \Delta t} X_k \tag{6-91}$$

定义常数为

$$\alpha = \frac{\tau}{\tau + \Delta t} \tag{6-92}$$

则式（6-91）可以写成

$$Y_k = \alpha Y_{k-1} + (1 - \alpha) X_k \tag{6-93}$$

由此可以看出，式（6-93）有着指数移动平均的形式，两者在数学上是等价的。对于时间常数为 τ 的低通滤波器，其截止频率为

$$f = \frac{1}{2\pi\tau} \tag{6-94}$$

显然，时间常数越大，截止频率越小，波动功率的平滑效果越好。

（2）协调控制策略。

在柔性直流输电系统中，收发端的 MMC 储能换流站需要协调一起完成整个系统的控制。风场侧 MMC 作为功率发端，一方面需要维持风场侧交流电网电压的稳定，保证风场中各风机变换器的正常运行；另一方面需要维持各子模块电压的稳定，保证 MMC 能够正常工作。

图 6-61 给出了风场侧 MMC 的详细控制策略。而电网侧 MMC 作为功率受端，一方面需要维持直流电网电压的稳定，为风场侧 MMC 提供正常工作的条件；另一方面需要

维持各子模块电压的稳定，保证 MMC 的正常运行。在此基础上，风场的功率即可完全传输至电网中。

　　然而，由于 BESS 的加入，电网侧 MMC 发生了较大变化：一方面，子模块电压被电池模块直接钳位，无须再由 MMC 控制；另一方面，电网侧 MMC 需要平滑风场的输出功率。图 6-62 给出了电网侧 MMC 的详细控制策略。换流站可以根据风场的信息或历史风况对风场的输出功率进行预测，也可以直接观测直流电网侧的功率，然后利用功率平滑策略计算出当前储能型 MMC 要输出的有功功率指令，最后依据该指令完成交流侧功率的控制。除此之外，为保证正常工作，储能型 MMC 还需要对各电池模块进行 SOC 均衡控制。

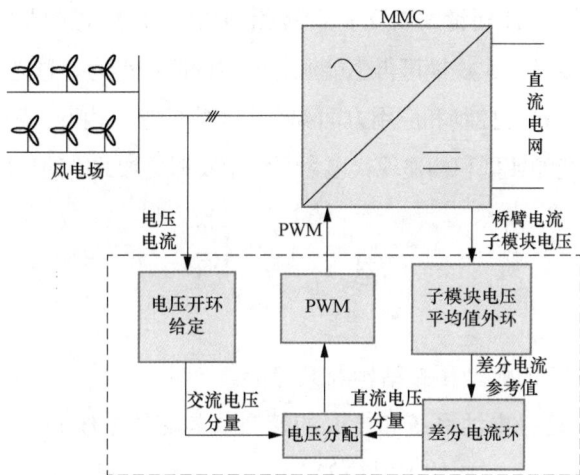

图 6-61　风场侧 MMC 的控制策略框图

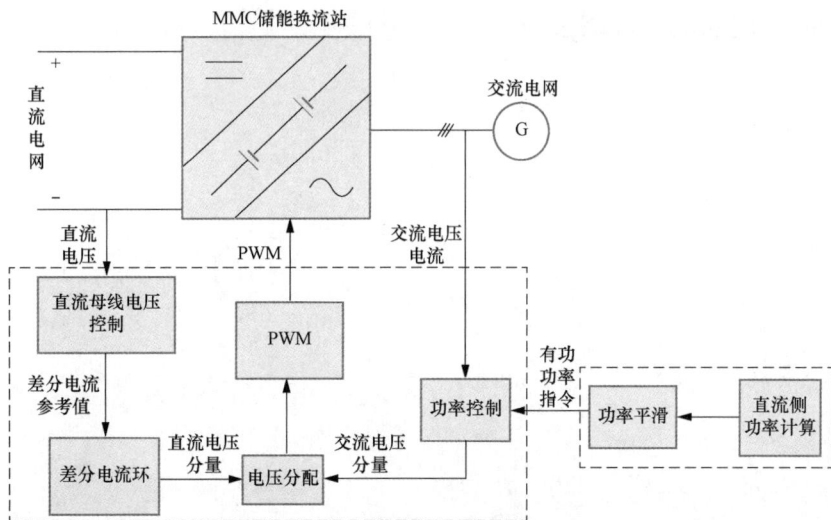

图 6-62　电网侧 MMC 的控制策略框图

小　　结

电池储能功率变换系统（PCS）是电能存储与转换的关键技术，对于提高电网的稳定性、促进可再生能源的利用以及实现能源的高效管理具有重要作用。本章首先介绍了 PCS 的基本结构和典型控制方法，主要分析了工频升压型 PCS 和高压直挂型 PCS 这两类拓扑结构，并指出了不同拓扑结构的优势和局限性。然后探讨了低压电池储能 PCS 的主电路拓扑分析、典型控制策略，以及并网与离网运行控制方法，强调了 PCS 在不同运行模式下的应用灵活性。针对大规模储能需求，本章还介绍了高压直挂型 PCS 的优势，如模块化设计、高效率和可靠性等，并详细分析了 H 桥链式以及基于 MMC 的高压直挂电池储能系统，探讨了其主电路拓扑和控制策略，以及在大规模可再生能源并网中的应用潜力。总之，PCS 作为电池储能系统的核心组件，在设计、控制和应用方面都有着丰富的技术内涵。随着技术的不断进步和创新，PCS 将在推动能源转型和构建现代电力系统中发挥更加关键的作用。

思　考　题

6-1　试分析 PCS 的典型拓扑结构及其分类。

6-2　PCS 作为连接电池系统和电网的接口，是储能系统和外界进行能量交换的关键组成部分，试简要分析 PCS 的主要功能。

6-3　PCS 经过扩容后可以实现储能系统的大容量化应用，试列举出几种 PCS 的扩容技术，并分别分析其实现方法。

第 7 章

储能系统安全状态监测

随着储能技术在电网中的广泛应用,其安全性问题日益凸显。一旦发生安全事故,不仅会造成财产损失,还可能对人员安全及环境造成严重影响。因此,储能系统的安全状态监测显得尤为重要。对储能系统进行安全状态监测,不仅能够实时掌握系统的运行状况,也能够及时发现的潜在的安全隐患,并通过预警提示为运行维护提供科学依据。实时监测与分析储能系统运行数据,有助于评估系统的安全性能,为储能技术的优化升级提供参考,同时保障电力系统的稳定运行。为此,本章将介绍储能系统常见安全问题及相应的安全参量监测及预警方法,并介绍储能系统安全事故的处置措施。

7.1 储能系统安全状态定义

储能电站作为支撑能源转型和电力平衡的关键设施,其安全性问题受到广泛关注。储能系统的安全状态是一个相对复杂的概念,涉及对电池安全的全面评估及监控。其中,电池作为储能系统的重要组成部分,其安全状态评估尤为重要。储能电池的安全状态应综合考虑多种影响电池安全的因素,包括电压、环境温度、电流、机械变形、极限外部条件、SOC、SOH、内阻和析锂等。上述因素对锂离子电池安全的影响机制是评估重点。储能电池安全状态评估的目标是,在全寿命周期内监测和跟踪其安全状态,由此作为故障超前预警和智能运维的依据,从而提升储能系统的安全性和可靠性。当前,国际电工委员会(International Electro technical Commission,IEC)、中国电子技术标准化研究院、美国保险商实验室(Underwriters Laboratories Inc,UL)等国内外标准化机构制定了多项评估储能用电池安全的标准,这些标准的制定旨在提高储能电池在终端应用上的安全性,并促进技术的升级。

储能系统集成了复杂的电气系统和储能本体,一旦出现故障或事故,不仅会导致设备损坏和财产损失,还会对周边环境和人员安全构成严重威胁。特别是电化学储能电站,由于储能本体是各种电化学电池,因此更容易出现安全隐患。对于储能电站安全状态(State of Safety,SOS)的评价,一般基于安全与滥用概念成反比的原则。由此,电池 SOS 的定义更具通用性,可通过添加新的子功能或完善现有的子功能来描述特定的滥用情况，从而提供一种数值量化储能系统安全性的方法。

7.1.1 储能系统安全问题概述

安全问题存在，可能会导致储能系统故障、能量损失和对环境产生负面影响。储能系统的安全问题涉及 PCS 的稳定运行、监控系统数据的准确性、消防设施的可靠性、供暖通风与空调系统的环境调节能力，以及预制舱的结构与电气安全等方面。以上任何环节存在疏忽或隐患，都可能引发安全事故，对电站的正常运行和人员的安全构成威胁。据不完全统计，2017—2022 年间，全球电化学储能电站发生了超过 70 起严重安全事故。这些事故往往伴随着爆炸、火灾等严重后果，不仅造成了巨大的经济损失，也给社会稳定和环境安全带来了严重影响。因此，应高度重视储能电站的安全问题，加强日常管理和维护，确保所有设施的安全稳定运行。

1. 电气安全

电气安全是储能系统安全的关键，涉及储能系统的电池组、电气线路及开关设备等组成部分。电气设备的故障、过载及短路等问题均是电气安全的主要风险。

电气故障可能由多种因素引起，包括设备老化、制造缺陷、安装和维护不当或外部因素（如天气变化、温度变化）等。这些因素可能导致电气系统的性能下降，甚至完全失效，从而增加火灾或电击的风险。

当电气设备的负载超过其设计容量时，会发生过载现象，导致设备过热，加速绝缘材料老化，从而增加火灾的风险。过载可能因设备选型不当、负载分配不合理或设备使用不当而引发。

短路是指电流绕过正常路径，直接通过低阻抗路径流动。通常是由于电线绝缘损坏、设备内部故障或外部因素（如金属物体穿透绝缘层）所致。短路会导致电流急剧增加，产生大量热量，从而可能引发火灾。其中，绝缘性能是电气设备安全的关键所在。绝缘性下降或失效会引发储能系统电流冲击及短路等安全隐患，对储能系统的电气拓扑结构构成威胁。例如，直流配电网结构中，如果电池簇存在绝缘不一致性，那么容易造成环流，导致电池过充或过放，从而加剧电池的老化。直流母线上的负载发生短路时，短路电流会传递给电池簇，从而引发事故。同时，直流母线的绝缘要求较高，一旦存在缺陷，可能产生不易熄灭的电弧火花，从而易引发火灾。

为了防止上述电气问题导致的事故，应采取以下措施：定期检查和维护电气系统，及时更换老化和损坏的设备；确保所有电气设备都符合国家和行业标准，并由合格的电工进行安装和维护；使用合适的保护装置，如断路器、熔断器和漏电保护器，以防止过载和短路的发生；避免在不适当的条件下使用电气设备，如潮湿环境或高温区域；对人员进行电气安全培训，提高他们对电气风险的意识。通过这些措施，可以显著降低电气设备故障、过载和短路等问题引发的火灾或电击事故风险。

2. 防火安全

储能消防系统主要包括火灾探测器、报警控制器、灭火设备、通风设备、隔离设备和应急预案等。这些部分共同工作，通过监测、预警、灭火等方式控制火灾，保障储能设备的正常运行和人员安全。特别是对于采用锂离子电池的储能系统，需要注意火灾扩散、爆炸等安全隐患，并采取相应的防火措施。

当前储能设施在消防方面存在的问题较为复杂，这些问题可能对人员安全和财产安全构成威胁。首先，部分企业在储能设施的设计和运营过程中对消防安全重视不够，导致消防设施不完善，存在重大安全隐患，包括消防设备不齐全、消防系统设计不合理等，从而在火灾发生时无法有效进行扑救。其次，消防设施的维护保养不到位，设备老化、失效的情况时有发生。对于长期运行的储能设施，若没有进行定期的检查和维护，可能会导致消防设备在关键时刻无法正常工作，从而无法及时控制火势。此外，通风不良也会导致电池散热不畅，进而引发过热甚至起火现象。同时，若消防设施管理不到位，可能导致火灾发生时无法及时扑灭或控制火势。若报警系统不准确，可能导致火灾无法及时被发现和处理，延误救援的最佳时机。

除了设备自身问题，部分企业的消防应急预案也缺乏实际操作性，员工对消防知识的掌握普遍不足。在紧急情况下，员工可能无法迅速采取正确的应对措施，从而增加了事故处理的难度和风险。

为解决这些问题，工作人员应提高对消防安全的认识，加大安全保护方面的投入，完善储能设施的消防设施配置，并定期对消防设施进行检查和维护。同时，储能系统应制定具有实际可操作性的应急预案，加强员工的消防知识培训，提高员工的应急处理能力。引入智能化技术，建立消防安全管理信息化平台，实现对储能设施的实时监控、预警分析和应急指挥等功能，也是提升消防安全管理水平的重要措施。

3. 机械安全

储能系统的机械安全是指在正常运行和异常情况下，系统能够保持稳定，不发生危险或事故。储能系统包括电池组、控制器和连接线路等部件，这些部件需要受到保护，以防止物理损坏或故障导致的危险。例如，在电动车辆中，电池组需要配备防护壳和冷却系统来防止外部碰撞或过热引起的问题。此外，储能系统的电气安全也非常重要，电池组和电子控制器之间的连接必须牢固可靠，并应采用适当的绝缘和保护措施，以确保正常运行。系统还需要具备过电压保护、过电流保护和短路保护等功能，以防止电气故障带来的安全隐患。

储能系统存在的具体机械安全问题包括：部分储能技术操作、产品生产不规范，导致设备选型和安装存在安全隐患；储能电站的系统集成、安装调试环节可能存在安全隐患，如设备选型不当、安装调试不规范等；储能系统的运行维护可能存在疏漏，如未能及时发现和处理设备故障、安全隐患等；储能设施报废处理不当可能导致环境污染和安全风险。

为解决上述问题，需要加强储能系统的全寿命周期安全管理，包括设备选型、安装调试、运行维护和报废处理等环节的严格把控，并制定和完善相关的技术标准和安全管理规范。同时，加强储能系统的实时监控和预警能力，提高应急处理能力，也是保障储能系统机械安全的重要措施。

4. 储能电池安全

储能电池在储能系统中占据核心地位，作为能量储存与释放的关键媒介，储能电池能够将多余的电能转化为化学能进行高效存储，并在需要时迅速将化学能转换回电能以供使用。这种灵活的充放电能力使得储能电池成为确保电网稳定、平衡供需差异以及优化能源利用的重要基石。在已报道的储能电站安全事故中，由于储能电池引发的故障占到了事故总数的95%。因此，储能电池的安全问题是储能系统安全问题的主要部分。

常见电化学储能电池安全性情况见表 7-1。其中，铅酸电池和磷酸铁锂电池应用最为广泛。电池主要通过电极与电解液的电化学反应实现电能的转移，在实际工况中，过充、过放等行为会加剧电池内部的电化学反应，导致电池内部温度过高或发生异常情况，最终引发电池热失控。热失控会使电池内部温度压力升高，当达到预定压力时，安全阀会打开并释放 H_2、CH_4 等易燃易爆气体，这些气体在高温下将呈喷射状燃烧。同时，由于锂离子电池储能电站单体电池数量多、且排列相对密集且电池能量密度高，电池在过充、短路、高温和撞击等条件下发生热失控，产生的热量将在电池模块单元组间快速扩散，进而引发整个储能电站的大规模火灾。

同时，随着电池使用时间的增加，电极材料会逐渐老化，进而导致电池性能下降、内阻增加等问题。单体电池容量衰减会导致电池组总容量减少，影响储能系统削峰填谷的能力；内阻增大则会增加电池组的能量损耗，降低能量转换效率。电池之间性能的差异还会引起电池组容量、电压等参数的不一致性，导致电池短路、漏液、析锂等问题发生，进一步加剧了电池安全隐患。

表 7-1　　　　　　　　　　常见电化学储能电池安全性情况

类型	安全性	原因
钠硫电池	低	工作温度要求苛刻，电池工作时需要加热保温在 300～350℃
铅酸电池	高	电解液稳定，不易发生爆炸和火灾，电池耐高温
全钒液电池	高	电解液稳定，不存在热失控、燃烧和起火风险，具有本征安全性
磷酸铁锂电池	较高	高温或过充情况下磷酸铁锂晶体性能稳定，难以分解

储能电池的安全风险具有发生时间短、扩散速度快和危险性极高的特点，这使得风险一旦爆发，很难及时有效控制。单体电池在发生热失控后，短短几秒内温度便能急剧上升至 300℃以上，这种短暂的时间窗口给风险防范和处理带来了极大的困难，锂离子电池热失控泄压阀打开并起火燃烧示意图如图 7-1 所示。热失控在锂离子电池储能电站中往往具有连续性，一旦某个单体电池因故障发生热失控，很容易引发周边电池也发生同样的失控现象，形成连锁反应。这种连锁反应可能导致电芯级故障迅速升级为电池包、电池簇乃至电池阵列的故障，并进一步蔓延到储能舱，甚至影响整个储能电站的安全。

图 7-1　锂离子电池热失控泄压阀打开并起火燃烧示意图

此外，电池在化学反应过程中会释放大量助燃可燃气体，如 H_2、CO 和烷类等，这些气体的存在大大增加了火灾和爆炸的风险。锂离子电池着火后具有极强的复燃能力，因此，需要采取特别的控制措施来应对可能的复燃情况。同时，电池热失控还会产生大量有毒有害气体，如氟化氢等，对现场救援人员和周围环境构成严重威胁。

针对储能电池的安全问题特点，储能电站需要采取一系列预防和应对措施，如实时监控电池状态、及时检测和处理潜在故障、采用有效的灭火和降温措施、加强安全培训和应急演练等。同时，加强储能电站的安全管理和规范操作，提高电站的自动化和智能化水平，也是降低安全风险的重要手段。

储能系统的电池管理系统（Battery Management System，BMS）是储能系统中的核心部件之一，主要负责监控和管理电池的性能和安全。BMS 的功能安全直接关系到整个储能系统的安全稳定运行。在设计 BMS 时，需要考虑系统的危险识别和风险分析、整体安全要求确定和安全功能分配、安全完整性实现及验证等步骤，以确保其功能安全完整性等级的有效达成。

BMS 的主要功能包括监测电池的电压、电流、温度等关键参数，以确保电池在安全范围内运行；控制电池的充放电过程，防止过充或过放，从而保护电池免受损坏；管理电池组之间的通信，确保信息传输的准确性和及时性；预测和预警电池的潜在故障，以防止意外事故的发生。

BMS 的安全问题主要包括：BMS 存在系统设计缺陷时，可能会导致电池监控和管理不到位，增加安全风险；BMS 硬件设备（如传感器、控制器等）出现故障时，可能会影响其正常运行，甚至导致安全事故；BMS 软件算法或程序存在漏洞时，可能会被黑客攻击或出现操作失误，从而影响系统安全；BMS 与电池组之间出现通信故障时，可能会导致信息传递不准确，从而影响系统决策。

为解决这些问题，需要从系统设计、硬件选型、软件开发和通信协议等多个方面综合考虑，确保 BMS 的可靠性和安全性。同时，还需要定期对 BMS 进行维护和升级，以适应不断变化的运行环境和实际需求。

此外，储能系统的集成安全是指在储能系统的设计、建设和运营过程中，采取多种措施以确保系统的整体安全性和可靠性。储能集成安全涉及电池本体安全设计、BMS、系统集成安全措施和储能系统安全管理体系等多个方面。

（1）设备众多。储能电站是一个包含多模块、高度设备集成化的系统，不同厂家设备之间的通信组网存在较大困难，设备之间的可靠性差异也会降低储能系统的整体可靠性。同时，各模块之间的功能配合对储能系统管理平台提出了更高的要求。

（2）系统可靠性问题。储能系统的可靠性包括储能元件、控制和保护电路及预警系统等方面的可靠性。储能元件是储能系统的核心部件，其质量不可靠或性能不稳定会导致储能电站性能下降，影响电站的运行效率。对于制冷模块、通风模块等辅助设备，若发生停机也会引发储能电站安全事故。若控制和保护电路设计不合理、存在缺陷或受干扰误操作等情况，可能会导致系统无法有效应对异常情况，威胁储能电站的安全和可靠性。若预警系统可靠性较差，会导致系统无法对热失控等安全问题进行有效识别，增加故障升级的风险。

（3）安全技术标准缺乏。目前国内尚无专门针对储能系统集成方面安全的技术标准，因此需要尽快出台相关政策，明确储能设施建设的相关技术要求，包括安全设计、系统效率和系统寿命等。

（4）标准化问题。储能集成系统产品设计参差不齐，软硬件不兼容。

为解决上述问题，储能系统集成商需要从多个方面进行综合考虑，包括制程工艺管控、电池筛选、质量管控和售后服务体系等，以确保储能系统的整体安全性和可靠性。

除了以上储能系统主观的安全问题外，工作人员的操作不当或储能系统的运行环境也会带来一系列安全问题，具体包括以下两方面。

（1）人员管理安全问题。

储能系统的安全管理和监测是确保其长期可靠运行的关键，需要设置保护措施，及时对储能电站异常情况进行处理，将安全风险降到最低。除了储能电站硬件问题，电站建成后的管理也关系到系统的安全，主要包括人员培训不足、安全意识薄弱、人员操作失误和人员管理不善。以上问题若得不到妥善解决，可能会导致设备故障、泄漏和火灾等安全事故。

（2）环境安全问题。

空气温湿度、灰尘污染、高海拔地区气候、沿海地区盐雾和自然灾害等环境因素，也会对储能设备的安全性和可靠性产生长期影响，进一步增加了安全风险。例如，过高温度可能导致设备过热，而散热不足、水分、粉尘等因素也可能导致接触电阻增大及绝缘性能下降。同时，如果储能电站设置在人员密集、高层地下或易燃易爆品周边等场所，将进一步增加安全风险。

7.1.2　储能系统安全定义及安全等级划分

储能系统的安全性是指在工作过程中，储能系统是否运行稳定可靠，以及是否能够安全地储存和释放能量。储能电站应构建安全风险分级管控和隐患排查治理的预防机制，并定期开展安全状态分析和风险评价。储能电站的安全风险主要分为储能电池风险和其他安全风险。

1. 储能电池安全等级划分

不同于 *SOC*、*SOH* 等已被业界广泛认可的电池评价及参量定义方法，储能电池安全等级的划分目前缺少统一的标准。目前，对电池安全等级分类使用最广泛的方法是欧洲汽车研发委员会（European Council for Automotive R&D，EUCAR）提出的危险等级分类表，见表 7-2。根据电池可能发生的危险状态，将其细分为 0～7 共八个风险等级，等级越高，潜在的风险越大。通常情况下，0～4 级的风险并不会对人类构成直接威胁，一旦风险等级达到 5～7 级，标志着电池已经处于严重的风险状态。在面临这种高风险等级时，必须立即采取消防措施，以最大程度地减少潜在危害。

表 7-2　　　　　　　　　　　　EUCAR 电池安全测试危险等级及说明

危险等级	名称	分级标准及后果描述
0	无影响	没有功能失效
1	被动保护启动	电池可逆损伤，更换或重置保护装置后可恢复
2	缺陷	电池不可逆损伤，需要维修或更换电池
3	轻微漏液或排气	电解液质量损失<50%
4	大量漏液或排气	电解液质量损失≥50%
5	破裂	电池内部物质飞溅
6	起火	产生火焰
7	爆炸	电池解体或引起抛射

除了上述方法外，国内外学者还提出了其他的风险等级划分方法。例如，阈值法通过设定电池安全工作区或报警阈值，将电池安全状态划分为安全和不安全两级，可用来诊断电池的故障。Cabrera-Castillo 等最早提出了电池 SOS 的定义，用来评价电池在多种

因素影响下失效的可能性。也可以根据国内外先进储能技术的标准和应用情况，制定"惊险1级""高危2级""安全3级""较安全4级"和"最安全5级"共五个等级的储能安全分级标准，这些等级从上到下代表着储能技术的安全性越来越高。整体来看，目前危险概率法或阈值法更适合对电池进行简单的预测和安全状态预警，而表7-2更适合那些需要针对突发安全状况给出相应的处置策略的场景。

2. 储能电站安全等级划分

储能电站安全风险等级划分是系统的评估过程，旨在通过量化和评估储能系统的安全性，为电站的安全管理提供科学依据。分级方法多采用打分法，通过一系列评估指标，对储能电站的安全风险进行量化分析，从而实现对安全风险的有效管理和控制。

在评估过程中，储能电站的安全风险被分为重大风险、较大风险、一般风险和低风险四个等级。这四个等级的评估内容涵盖了五个分项，分别是建设手续的合规性、站址与平面布置、电池储能系统、消防系统以及运行维护与应急管理。其中，建设手续的合规性评估不纳入评分体系，而是直接作为重大风险的判断依据。这是因为建设手续的合规性对于电站的安全至关重要，一旦不合规，就可能直接导致重大安全风险。

不同种类的电池在安全性方面存在差异，因此在打分时，各分项所占的分值比例需要根据储能电站所使用的电池种类进行灵活调整。这有助于更准确地反映不同电池种类对安全风险的影响，从而实现对储能电站安全风险的精准评估。常用的储能电池评分分值占比见表7-3。通过这种分级评估方法，储能电站能够更全面地了解自身的安全风险状况，并根据评估结果采取相应的风险控制措施，从而提高储能电站的整体安全性。同时，这种方法也为监管部门提供了有效的监管工具，有助于推动储能行业的健康发展。

表7-3 各类储能电池评分分值占比

电池类型	站址与平面布置	电池储能系统	消防系统	运行维护与应急管理
磷酸铁锂电池	20%	30%	30%	20%
铅酸/铅炭电池	20%	35%	20%	25%
全巩液流电池	20%	35%	20%	25%

储能安全标准对于确保储能技术的安全性和可靠性至关重要，但其制定和实施面临一系列挑战。首先，随着储能技术的不断进步，新的电池类型、系统架构和应用场景不断涌现，现有标准无法覆盖所有新兴技术。这就要求标准制定机构持续更新和完善标准，以保持其相关性和实用性。

其次，标准的划分和分类需要充分考虑各种机制和因素，以确保其准确性和可操作性。储能系统的安全标准需要平衡成本、性能和安全性之间的关系，同时兼顾不同应用场景下的特殊要求。此外，标准的制定还需考虑不同国家和地区之间的差异，以促进国际间的交流合作和市场准入。

同时，储能安全标准的推广需要具备较强的社会认可度和监管力度。标准需要得到制造商、运营商、监管部门和用户等相关利益方的广泛认可。此外，监管机构需要有足够的监管能力和资源，以确保标准的有效执行，包括对储能系统的安全性进行评估和认证，以及对违规行为进行处罚。

最后，为了实现储能技术的安全性总体提升，还需要加强相关技术研发和创新。这包括开发新型储能材料和设备、优化系统设计和运行策略、提高事故预防和应急响应能力。通过技术创新和标准制定相结合，更好地推动储能技术的安全发展。

7.2　储能系统安全状态相关参量

7.2.1　安全状态关注内容

储能系统的安全状态参量及分类涉及多个因素和参数。根据具体的用途不同，所观测的安全状态参量有所区别。储能电池安全评价、储能电池安全状态评估以及储能系统的安全性与稳定性分析是三个关键的方面。

储能电池安全评价：电池作为储能系统的重要组成部分，其安全评价尤为重要。这包括电池本征安全、储能故障及事故统计、热失控机理及火蔓延机制等方面。此外，还需要对从储能单体电池到储能系统的整体安全进行评价。

储能电池安全状态评估：储能电池的安全状态评估综合了影响电池安全的多种因素，包括电压、环境温度、电流、机械变形、极限外部条件、荷电状态、健康状态、内阻和析锂状态等。上述因素对锂离子电池安全的影响机制研究仍有待深入，以便于在全寿命周期内监测和跟踪电池的安全状态，并为故障早期预警和智能运维提供依据。

储能系统的安全性与稳定性分析：储能系统的安全性评估需要考虑电气安全、防火安全和机械安全等方面。电气安全涉及电池组、电气线路和开关设备等；防火安全需要注意火灾扩散、爆炸等安全隐患；机械安全则关注系统的支架、固定装置和防雷措施等是否合理可靠。此外，储能系统的稳定性评估包括电池组的充放电性能、系统的电压稳定性、运行的负荷适应能力等。

7.2.2　参量与储能安全状态的相关性

储能电站的安全特性监测集中在对主要设备的参数监测上，包括储能电站设备的电压、电流、温度等工况参数，以及辅助设备的运行参数。传统的安全状态监测主要是对电站中运行电参数和设备运行参数的单一监测，如今储能电站的参数监测呈现出多参数、微观化的发展趋势，需要对电池的安全状态进行多维监测。多参数的监测有助于全面了解储能电站相关设备的安全运行状态，为储能电池故障的预测和预警提供强大的数据支撑。微观化的参数感知，例如电池阻抗、电池表面压力和电池表面温度分布等，能够多参数表征电池的运行状态和内部微观电化学反应过程，实现安全状态的多维监测。同时，人工智能、大数据、阻抗等技术也逐渐被引入到储能电站的监测系统中，提高了储能电站的安全监测能力。以下列举了当前储能系统的主要监测参量。

1. 电参量

储能电站的电压和电流是其安全状态监测的基础参量，也是电池运行状态的直接反映。当电池内部发生故障或容量退化时，电压和电流可能会出现异常变化。例如，电池内部短路可能导致电压骤降或电流异常增大。此类异常不仅会影响电池的正常使用，还可能引发更严重的故障，如热失控。

电压和电流还可以作为预测电池故障的重要指标。通过对电压和电流的实时监测和分析，可以估计电池的 SOC、SOH 等状态，及时发现电池存在的容量衰减、内阻增大等问题，有助于提前采取措施，防止故障进一步恶化，降低热失控等严重故障的发生概率。

常用的监测设备和平台如下。

（1）数据采集设备。电压传感器用于实时监测储能电池的端电压，确保其在安全范围内；电流传感器用于实时监测储能电池的充放电电流，防止过电流情况发生。

（2）数据管理与状态监测平台。支持对大规模分布式储能装置的信息采集和处理，实现分布式储能系统数据管理以及在线监测功能，包括数据采集模块、数据管理模块、控制模块以及接口集成模块。

（3）储能监控及能量管理系统。实时监视储能系统的各种运行数据，并基于全景分析算法分析系统运行状态，提供数据诊断和分析决策功能。此外，系统不仅支持功率控制速度与精度的调节，还具有实时数据库和历史数据库的备份和恢复功能。

所采集的电参数数据可与 EMS 集成，实现与 EMS 的数据共享，并利用人工智能对监测数据进行深度分析和挖掘，提高故障预测和处理的准确性，实现智能化监控。同时，通过互联网和云计算实现储能电站的远程监控和维护，降低运维成本。

2. 温度

电池故障与温度之间存在密切关系。温度是影响电池性能和寿命的关键因素之一，过高或过低的温度都可能对电池造成损害，从而引发故障，具体表现在：

（1）电池内部的化学反应速率随着温度的变化而变化。在高温下，反应速率加快，可能导致电池过热，使电池温度急剧上升，从而引发连锁反应；相反，在低温下，内部反应速率降低，可能导致电池性能下降，出现容量减少、内阻增大等现象。

（2）导致热失控风险。当电池内部温度持续升高并超过一定阈值时，会触发热失控。热失控是严重的安全问题，可能导致电池起火或爆炸。

（3）造成电池老化。在长期高温或低温环境下工作，会加速电池的老化过程，使老化电池的性能快速衰减。

（4）在安全性评估方面，电池在工作过程中产生的热量如果无法有效散发，会导致局部温度过高，从而增加故障和安全事故的风险。

电池储能系统中，通常会安装温度传感器来实时监测电池的温度，传感器的放置应综合考虑电池组、散热系统、进出风口以及关键连接点等因素，以确保能够全面、准确地监测电池的温度变化。

为了更精确地获取电池的温度状况，可以采用红外热成像技术进行非接触式测温。此方法可以减少线路布置难度，但会增加测量成本。为解决此问题，可以在电池表面布置分布式传感器，利用温度反演计算算法，计算电池温度场分布，实现电池表面温度的全面感知。该技术可实时监测电池表面的温度分布，及时发现局部过热等异常情况，为故障预警和处理提供有力支持。

3. 阻抗

阻抗作为电化学系统的重要特征参量，一直以来被认为是电化学分析的重要工具之一。电池阻抗反映了带电粒子在电池内部移动所受到的阻力，可用来表征电池内部的微观电化学反应，具有极大的使用价值。图 7-2 为磷酸铁锂电池的电化学阻抗谱。

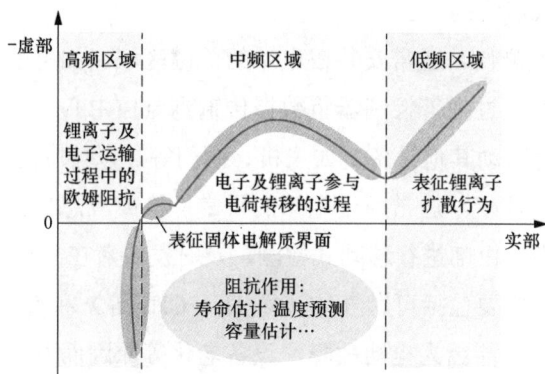

图 7-2　磷酸铁锂电池的电化学阻抗谱

阻抗测量在以下方面具有应用潜力。

（1）评估电池性能。电池阻抗是评估电池性能的重要指标之一，能够反映电池内部化学反应和充放电过程中能量转化效率、电池容量和寿命的变化情况。在电池设计和生产过程中，需要测量电池阻抗以了解电池的质量和性能，以便对电池进行优化和改进。

（2）检测电池健康状态。电池阻抗的测量有助于检测电池的健康状态，如电池内部的负极极化或固体电解质界面（SEI）膜形成等，从而及时诊断和发现问题，避免电池损坏或故障。

（3）优化电池系统性能。通过电池阻抗测量，可以对电池与其他电路元件（电机、控制器等）之间的匹配进行优化，提高整个电池系统的性能和效率。

如图 7-2 所示，按照阻抗所能表征的电池内部动力学过程类型，可在领域将电池阻抗可分为低频、中频、高频三个区域。实际应用中，可通过分析不同区域阻抗变化特点提取有价值的电池状态信息。

目前，阻抗已被广泛应用于电池 SOC、SOH、SOP 和电池内部温度等参数估计，有望作为储能电站参数监控的补充和传统测试方案的替代。

4. 气体

在热失控条件下，电池内部的电解液、正极材料、负极材料以及隔膜等会发生热分解或化学反应，生成多种气体，如 O_2、CO_2、CO、H_2、CH_4 等。气体的产生和积累会加剧电池热失控的严重程度。随着气体的不断生成，电池内部的压力会逐渐升高，可能导致电池壳体破裂或电解液泄漏。此过程会进一步加剧电池内部化学反应，释放更多热量和气体，形成恶性循环。气体的种类和浓度也会对电池热失控的过程产生影响。例如，CO 等有毒气体的生成会对人员安全造成威胁；而 H_2、O_2 等可燃气体的存在可能加剧电池的燃烧过程。

对气体的监测可预防事故进一步蔓延，这也是电池早期安全预警的有效手段。当前主要通过以下两种方式监测：

（1）固定式气体检测仪。通常安装在电站的关键区域，如电池室、设备间等。能够持续监测气体浓度，并通过报警控制器将数据传输到监控中心。一旦气体浓度超标，报警控制器会触发报警并联动其他设备，如风机、阀门等，以排除险情。

（2）便携式气体检测仪。通常用于电站的日常巡检或应急响应。操作人员可以手持便携式气体检测仪在电站内部进行移动式检测，及时发现潜在的安全隐患。

所监测气体的种类主要包括可燃气体（如 H_2、CH_4 等）和有毒气体（如 CO 等）。可燃气体在储能电站中可能因为电池故障、设备老化等原因而发生泄漏，可燃气体监测器能够实时监测其浓度，一旦超过安全阈值，便会立即触发报警。而有毒气体对人体健康有害，长时间接触或吸入可能导致中毒。通过有毒气体监测器可以实时监测其浓度，确保电站人员的健康安全。

气体监测数据通常会被实时上传到电站的监控系统中。系统会对这些数据进行处理和分析，一旦发现气体浓度超标或出现异常波动，系统便会自动触发报警。报警信息可以通过声音、灯光等方式提醒操作人员，并通过短信、邮件等方式发送给相关人员，以便他们及时采取应对措施。

5. 压力

电池表面压力的监控是确保电池安全运行、延长使用寿命的关键环节。电池在充电和放电过程中，内部会产生热量。随着热量的积累，电池的内部压力会逐渐升高，进而产生热膨胀力。如果这种热膨胀力不能得到有效的控制和监测，可能会对电池的安全使用产生不利影响。在储能电池的运行过程中，其表面压力会随着内部电化学反应的激烈程度而发生变化。

压力监测能有效确保电池的安全性。由于动力电池中所使用的电解液、隔膜等物质具有一定的挥发性，电池内部存在的安全隐患（如电池温度过高、电池内部短路、过充等）会导致电池内部气体不断增加，从而引发电池爆炸等安全事故。因此，根据压力变化特性，可对以上故障进行及时预警，避免安全隐患。此外，电池内部异常气体的存在还会导致电池性能下降，通过压力监测可以及时掌握电池内部情况，避免因异常气体存在影响电池效率和使用寿命。

6. 绝缘特性

储能电站的绝缘特性能够反映绝缘缺陷，是表征储能电站安全状态、电池内短路程度等信息的重要参量。绝缘特性监测能够为系统提供安全保障，对防止电池组内部故障、避免潜在的安全风险具有重要意义。绝缘监测系统在监测过程中，可以根据设备的绝缘状态数据进行分析处理，并对设备的故障预兆进行预警，以此减少可能发生的故障情况。

储能系统绝缘特性监测的主要方法有三种。

（1）交流绝缘电阻测量法。对于交流测，通过施加特定频率的交流电压来测量电池包外壳与内部单体电池之间的绝缘电阻。

（2）电流传感法。通过测量储能设备在工作状态下直流正负母线之间的电流差来判断其绝缘特性。当回路出现绝缘故障时，电流不再相等，据此可计算出绝缘电阻。

（3）电桥测量法。在直流电源与接地外壳之间接入一系列电阻，并通过控制开关或继电器切换接入已知电阻，测量该电阻上的电压，进而计算出绝缘电阻。

当绝缘特性监测发现异常情况时，系统应及时发出报警信号，并采取相应的保护措施，如切断故障设备的电源以防止故障扩大化，启动备用设备以确保电站的连续供电等。

7. 其他安全参量

近些年来，声音监测在储能系统安全领域的应用也取得了一定研究进展。通过捕捉和分析电池内部安全阀开启、气液溢出物或是热失控等故障产生的声音，可以了解电池的工作状态和健康状况。此类声音特征的变化可以作为电池状态的另一个重要指标，有助于预测和预防电池故障和安全隐患的发生。

声音监测与其他传感器技术（如光学传感器和气体传感器）的结合，可以形成多参数预警系统。这种系统可以实现对电池火灾隐患的高灵敏辨识和预警，从而进一步提升储能电站的安全运行水平。通过多参量监测和分析，能够更准确地判断储能系统的运行状态，及时发现潜在的安全隐患，并采取相应的处理措施。

除了上述提到的监测参量外，储能系统的运行还涉及许多其他环境参量和辅助设备的运行参量，如冷却液流量、空气湿度等。对这些参量的监测同样至关重要，直接影响着储能系统的正常运行和安全性。例如，冷却液流量不足可能会导致电池过热，而空气湿度过高可能会增加电池的短路风险。因此，对环境参数和辅助设备运行参数的监测也是保证储能电站正常运行和安全性的重要环节。

总的来说，通过声音监测与多参数预警系统的结合，以及环境参数和辅助设备运行参数的全面监测，可以有效地提升储能系统的安全性，减少故障和安全隐患发生的概率，为储能系统的稳定运行和可持续发展提供有力保障。随着技术的不断进步，未来这些监测手段和预警系统将会更加完备。

7.3 储能系统安全预警

储能系统安全预警是提高储能电站安全性的重要途径，通过监测储能电站的重要参数，并对数据进行分析和预测，在系统判断出存在异常问题或潜在危险时发出警报，从而最大限度地保障人身安全。储能系统的安全预警主要包括以下方面。

（1）电池热失控预警。锂离子电池因热失控引发的火灾、爆炸等事故是储能电站面临的主要安全问题。当热失控时，电池内部温度急剧升高，同时释放大量的热量和气体。通过监测温度、内阻、电压、电池内部压力及生成的气体等特征参数，可以实现对锂离子电池热失控的安全预警。

（2）电化学储能电站的分级消防与大数据主动预警。电化学储能电站的分级消防系统通常根据储能电站的模块化结构和潜在火灾风险进行设计。这种分级方案旨在实现早期探测、局部快速响应以及全面的火情控制和抑制。例如，模组级消防系统在电池模组层面采用温度传感器、烟雾探测器等实时监测模组的状态；而集装箱级消防系统则是在储能集装箱内部设置更为全面的火灾报警与灭火系统。

（3）全寿命周期储能系统安全分析。储能系统的安全性分析应遵循"预防为主、防消结合"的原则。储能安全控制系统应融合电池管理系统、预警系统、热失控探测系统、火灾探测系统和灭火控制系统等，实现数据融合和智能判断，及时对电池系统进行安全管控。

（4）早期及超早期安全预警。采用实验和仿真相结合的方式，针对气体、交流阻抗、温度和声音等多个特征参数进行研究，给出适用于大规模储能的电池早期安全预警方法及安全防护措施。

7.3.1　安全预警的基本策略

基于规则的预警方法主要依赖于设定预警阈值来实现，当监测到参数超过设定的阈值时，系统将会触发预警。针对不同的储能设备，需要根据实际情况设置多级阈值，以实现分级预警，从而提高预警的准确性和灵敏度。但是基于规则的预警方法的预警时间较短，通常以秒为单位。此外，由于电池系统的复杂性，仅依靠规则无法覆盖所有潜在的异常情况，会导致漏报或误报的问题。因此，需要引入早期预警系统。在储能系统的安全预警中，根据预警对象的特性主要将其分为突变型参数和渐变型参数两类。

1. 突变型参数

突变型参数通常指那些可能出现突然变化的参数，这种突变通常意味着发生了热失控或设备故障。由第 7.2 节可知，储能系统中该类可监测参数在热失控过程中会呈现出明显的特征。因此，可以根据不同参数的变化特征设置适当的警报阈值，从而实现对储能系统的预警。

在整个热失控过程中，副反应会导致温度发生不可逆的上升。热失控过程的温度曲线如图 7-3 所示。由图中可知，$T_1 \sim T_2$ 阶段电池内部开始发生放热反应，温度上升较为缓慢；而在 $T_2 \sim T_3$ 阶段温度急速攀升，意味着热失控开始。因此，通过在温度刚开始攀升阶段设立合适的阈值，可实现对储能系统的预警功能。目前主要利用温度传感器、红外摄像机以及光纤等设备监测电池温度。一旦监测到温度超过预设的阈值，就会触发热失控警报，以便及时采取相应措施应对潜在的安全风险。

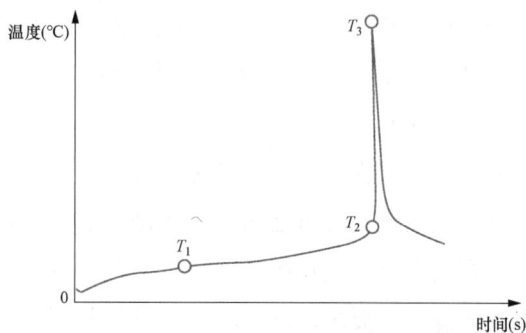

图 7-3　热失控过程的温度曲线示意图

热失控过程中不同参数变化趋势如图 7-4 所示。当电池发生热失控时，电压将下降至 0V。电压下降的变化一般先于温度下降，而温度下降存在一定的滞后期，通常在 15～40s 之间。因此，通过选择合适的预警阈值并使用电压预警，可以较早发现热失控，提前进行预警，从而提升电池组的安全性。

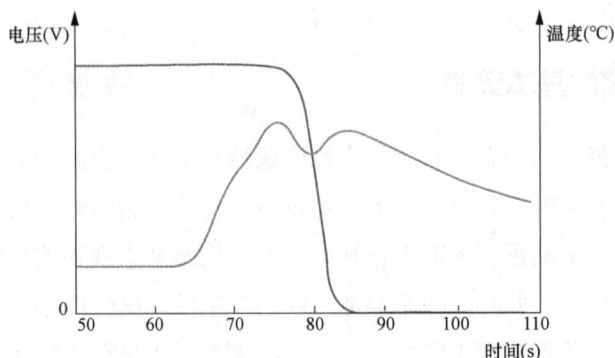

图 7-4　热失控过程中不同参数变化趋势图

在电池的热失控过程中，副反应会释放出大量易燃且有毒的气体，导致热失控风险增加。不同阶段副反应所产生的气体有所区别，例如，H_2 是最先产生的气体，而 CO 和 CO_2 是伴随多个副反应阶段产生的气体。因此，目前的气体预警主要根据不同气体的浓度或者整体压强设置合适的阈值，以实现安全预警。此外，也可通过监测电池排气阀声音变化等来进行预警。

2. 渐变型参数

渐变型参数是指那些随着时间逐渐变化的参数，例如电池容量衰减、内阻增加等。这些变化虽然不像突变型那样会在短期内造成严重后果，但长期的渐进变化同样会对电池系统的安全性产生不利影响。因此，对这些渐变型参数进行预警监测也是必要的。

电池容量衰减是随着电池循环次数的增加，不可避免地产生的一种电池老化现象。容量衰减意味着电池的能量存储能力逐渐减弱。一般当电池容量衰减达到 80% 时，认为该电池的寿命已经结束。容量衰减主要分为可逆衰减和不可逆衰减两种类型。其中，不可逆衰减是导致电池老化的重要因素之一，其形成原因很复杂，既与外界环境因素有关，也与电池内部的化学反应有关。

虽然容量衰减与电池状态关系密切，但目前无法在线进行容量测试。因此，主要通过数据拟合、状态估计以及时序预测等方法来推测电池的容量衰减情况，进而监测电池的老化程度，预测电池的剩余寿命。数据拟合是采取合适的经验模型进行预测，该方法简单便捷，但是对模型选择有一定要求。状态估计是采用粒子滤波、扩展卡尔曼滤波等方式进行预测，相比于数据拟合的方法有着更高的准确性。时序预测则是利用时间序列模型，通过已有的历史时间序列数据进行外推预测。

电池内阻的增加是导致电池老化的另一个重要原因。内阻的增加会导致电池的能量效率下降，特别是在高功率应用中更为明显。随着电池内阻的增大，电池产生的热量也会增多，造成巨大的安全隐患。电池内阻是不可直接测量的物理量，其数值会随其内部发生的化学反应而发生变化。目前，可以通过混合脉冲（Hybrid Pulse Power Characterization，HPPC）测试法、电化学阻抗谱（Electrochemical Impedance Spectroscopy，EIS）测试法、交流测试法和直流测试法等测量电池内阻。在实际应用中，为了实现对电池状态的监控和预警，需要根据历史经验设置合理的内阻阈值。

7.3.2　早期预警

早期预警是在安全问题尚未发生，但存在潜在风险的情况下提前发出警示的方法。该方法可以最大程度地保证储能电站的整体安全性。早期预警系统主要关注储能电池的热失控问题。当锂离子电池发生热失控时，会伴随有可燃气体的缓慢释放。通过监测电池的温度、内阻、电压、电池内部压力以及生成的气体等特征参数，可以实现对电池热失控的早期预警。

目前，储能电站的早期预警技术中，由于电池数据为时间序列且量级较大，同时对预警的实时性、适用性有一定要求，因此大多采用深度学习技术进行预测分析与警报。通过对大量数据的学习和分析，神经网络能够在参数变化的早期阶段发现异常，从而实现对安全隐患的预测和预警。

多层感知器（Multilayer Perceptron，MLP）、人工神经网络（Artificial Neural Network，ANN）、长短期记忆（Long Short Term Memory，LSTM）神经网络、门控循环单元（Gated Recurrent Unit，GRU）和卷积神经网络（Convolutional Neural Network，RNN）等技术，目前广泛应用于热失控预警以及电池寿命预测中。通过该类深度学习方式完成相关状态参数的预测，再设定相关分级阈值，可实现早期的状态评价和安全预警。

储能系统长期监测获得的参数数据为典型时间序列数据，深度学习领域中的LSTM、GRU 等网络对时间序列有出色的预测效果，因此相关应用较为广泛。

7.3.3　多级预警

现实中，热失控形成的机理多样，并且单参数可受多种因素影响。例如，电池接触不良会引起电压异常突变，仅使用单参数进行热失控预警，结果可能存在误报或漏报的情况。多级预警系统是在早期预警的基础上，进一步结合多维信号的机器学习预警方法，实现对储能系统的全面监控和预警。

多参数预警系统可以利用多个参数之间的相关特征，通过深度学习等手段提取更深层次的信息。通过考虑各个参数的权值、参数之间的时序关系和动态变化趋势，以及不同参数在不同阶段的重要性，实现对不同情况的准确预警。这些系统能够实时监测电池状态，并在发现异常时迅速启动相应的防护措施（如联动消防设施），从而提高储能系统运行的可靠性。因此，多参数的综合预警可以结合各自参数的优势，更好地保障储能电站的安全。

综上所述，储能电站的安全预警策略是多层次的综合体系，需要通过技术创新和系统集成来确保储能系统的安全可靠运行。同时，储能系统的早期预警和多级预警系统通过综合运用多种监测手段和先进技术，能够有效预测和预防潜在的安全风险，确保储能系统的安全运行。随着技术的进步和研究的深入，这一领域仍在不断发展中。

7.4　储能系统安全处理措施

储能电站结构复杂、设备众多，同时其安全受到环境因素和人为因素共同的影响，因此，储能电站的安全事故也相对复杂。本节根据储能电站安全事故的起因和影响程度，将其分为以下几类模式。

7.4.1　消防联动

储能系统的消防联动通常包括火灾探测器、消防控制主机、室内外声光报警器、释放警示器、灭火装置、紧急启动开关和站控消防站等。这些组件共同协作，实时监测电池火灾的相关数据，并在必要时采取相应的灭火和报警措施。

根据储能系统的不同层级，储能消防可划分为站级、舱级、簇级和模组级，并针对这些层级采取相应的消防措施。这些措施包括电站的布局规划、消防设施的配备、火灾探测与报警和灭火系统的配置等，以最大程度地降低储能系统的火灾风险。

储能消防系统的联动逻辑和方案因具体的应用需求而存在差异。例如，每个电池包都应实现气体保护，其中控制和管道布局是关键。此外，还应考虑气体控制与药剂选择的差异，以及水喷淋系统的设计。

当前，行业内制定了储能系统火灾预警及消防防护系统标准，规定了电化学储能系统用火灾预警及消防防护系统的技术要求、试验方法、检验规则，以及标志、包装、运输和储存要求。此标准适用于锂离子电池储能系统的火灾预警及消防防护系统，其他类型的储能系统可参照执行。

7.4.2　其他处理方式

1. 自然灾害处置

在面对自然灾害时，储能电站的应急处置应遵循"灾前预警检查、灾中跟踪处置、灾后救援修复"的原则，以确保电站的安全运行和人员财产安全。

灾前，储能电站应进行全面的预警检查，包括对建筑结构、设备运行状况及应急保障措施进行全面检查，封闭或隔离危险区域，暂停可能加剧风险的生产活动。这有助于在灾害来临前减少潜在的安全隐患。

灾害发生时，在确保人员安全的前提下，储能电站应灵活执行应急措施，以减轻灾害影响。这些措施可能包括停止电站的运行、确保人员撤离到安全区域，并采取必要的措施保护设备免受进一步损害。

灾后，储能电站需要对现场安全状况进行细致评估，在确保安全的前提下，方可展开人员救援和设备修复工作。包括全面评估建筑物和设备的损毁情况，制定相应的修复计划，并在确保安全的前提下进行修复工作。

针对台风、洪水等气象灾害，储能电站需提前检查建筑外墙及设备的密封性，进行必要的加固和遮挡，同时确保排水通道畅通无阻。一旦出现渗水、水淹的情况，应立即补漏并使用排水泵排水，以防止水淹造成更大的损害。

面对暴雪、寒潮等极端天气，储能电站需密切关注设备覆冰和运行情况，及时安排融冰、除冰作业，以防止因冰冻而损坏设备或导致设备运行不畅。

对于地震灾害，储能电站需在灾前采取加固措施，灾后则需对建筑物、设备损毁情况进行全面评估，在确保安全后方可进入现场进行清理和修复工作。通过这一系列措施，储能电站能够在自然灾害面前有效应对，从而保障人员和财产安全。

2. 人身伤亡事故处置

当发生人身触电伤害事故时，应立即切断相关设备的电源，或使用绝缘工具使触电者迅速脱离电源。触电者脱离电源后，应立即根据伤情进行现场急救；若伤情严重，则应立即拨打 120 医疗救护电话或将其就近送往医院救治。

若发生人身机械伤害事故，应立即停止机械运行，并确保在不会对伤者造成进一步伤害的前提下，使其脱离危险源。在必要时，甚至需要拆卸机械部件以救出伤者的受伤部位。伤者脱离危险源后，同样需要根据其伤情进行现场施救；若伤势严重，则应立即拨打 120 医疗救护电话或尽快将其送往附近医院。

对于人员高空坠落事故，应将伤者迅速转移至安全地点，随后根据伤情采取必要的现场急救措施。若伤情严重，应立即拨打 120 医疗救护电话或将其就近送往医疗机构进行专业治疗。在紧急情况下，保持冷静并迅速采取行动至关重要。以下是一些额外的指导原则，以帮助处理这些紧急情况。

（1）触电伤害事故。在触电者脱离电源后，应立即检查其呼吸和心跳，如果停止，立即进行心肺复苏（Cardiopulmonary Resuscitation，CPR）；不要触摸触电者的皮肤，以防止自己也受到电击；确保周围环境安全，避免触电者受到其他伤害。

（2）人身机械伤害事故。在停止机械运行后，应确保机械运行已经完全停止，并使用安全工具来移动机械设备；如果伤者被卡在机械设备中，应立即呼叫专业救援队伍，利用专业工具和他们的经验来安全地移除机械设备；在等待救援的过程中，如果伤者处于危险中，应尽可能地为其提供舒适和安全的环境。

（3）人员高空坠落事故。在将伤者转移到安全地点后，应立即检查其呼吸和心跳，如果停止，应立即进行 CPR；如果伤者失去意识，应将其置于侧卧位，以防止呕吐物导致窒息；检查伤者是否有明显的骨折或创伤，并采取适当的措施来稳定其状况，如使用三角巾或绷带固定骨折部位。

在任何紧急情况下，都应尽快寻求专业医疗援助，并确保自己和其他人员的安全。同时，还应记录事故发生的情况，以便后续调查和处理。

3. 火灾与爆炸事故处置

在火灾发生时，确保人员安全是首要任务，并需遵循既定流程向相关部门和机构报告。同时，应注意以下处理措施。

（1）疏散无关人员。立即通知所有在场人员撤离火灾现场，并遵循既定的疏散路线和指示。确保所有人员都了解疏散程序，并在火灾发生时能够迅速、有序撤离。

（2）报告火灾。根据火灾的严重程度，及时向属地消防救援机构报警。如果有人受伤或伤亡，应立即拨打 120 医疗救护电话。

（3）遵循标准。对于常规电气设备和建筑火灾，应急措施必须遵循 GB/T 38315—2019《社会单位灭火和应急疏散预案编制及实施导则》标准中的规定。这些标准提供了详细的步骤和指导，以确保在火灾发生时采取适当的措施。

（4）电池火灾预警。一旦收到电池火灾预警，应密切监控预警电池的温度、电压和可燃气体浓度等数据变化。在必要时，应停止该电池所在的储能系统运行，并通知相关人员按应急响应要求做好应急准备。

（5）电池热失控或火灾处理。若发现电池热失控或火灾，首先要确保储能系统的外部电源已断开；如果未断开，需要手动操作。同时，检查储能系统的自动灭火装置是否正常启动；若未启动或启动不正常，应立即远程启动灭火装置。

（6）初期火灾处理。对于单体电池或单个模组的初期火灾，应以储能电站自救为主，采取有效灭火措施进行单体灭火。根据火势发展情况，决定是否拨打通知专业消防人员介入。

（7）电池簇级别火灾处理。对于电池簇级别的火灾，应第一时间通知并联合专业消防人员进行灭火，以防火势扩大。

（8）电站级别火灾处理。对于电站级别的火灾，应以专业消防人员为主导进行灭火工作。在专业消防人员的指导下，电站工作人员应协助进行灭火和救援工作。

在整个火灾处理过程中，保持冷静和有序至关重要。应遵循既定的应急程序，及时向相关部门报告，并与专业救援人员紧密合作，以确保火灾得到有效控制，从而最大限度地减少人员伤亡和财产损失。

4. 突发环境事件处置

在突发环境事件时，应迅速而有序地采取应急措施，以确保人员安全并防止环境污染的进一步扩散。主要处理措施如下。

（1）人员撤离。在突发环境事件时，必须综合考虑事件的影响、事发地的气象条件、地理环境以及人员密集度等因素，迅速而有序地将污染区域的人员撤离至安全地带。确保所有人员都清楚撤离路线和指示，并在事件发生时能够迅速、有序撤离。

（2）切断污染源。一旦突发环境事件，应立刻采取行动，包括关闭相关设施、封堵泄漏点、设置围挡、启用喷淋系统以及实施紧急转移等措施，旨在迅速切断和控制废污水、毒害气体以及危化品等污染源，防止污染进一步蔓延和扩散。

（3）伤者救治。在发生人员中毒或窒息事件后，救援人员必须首先确保自身的安全防护措施到位，随后立即将伤者从危险区域撤离，再进行后续的救治工作。在救治过程中，应根据伤者的症状和中毒程度，采取适当的医疗措施。

（4）污染物的收集和处理。对于电解液、毒害气体、毒害液体以及消防过程中产生的废水和废液，必须进行妥善收集，并对受污染的生产场所和设备设施进行彻底清洗，以确保环境安全。这可能需要使用特殊的设备和材料，以有效地处理和消除污染物。

（5）环境恢复。在污染事件得到控制后，应对受影响的区域进行环境恢复工作。包括土壤修复、水体净化和植被恢复等，以恢复受污染地区的自然环境。

在整个应急过程中，应与相关部门和机构密切合作，确保信息共享和应对措施协调一致。此外，应记录事件的发生、应对和恢复过程，以便进行后续的调查和处理。

5. 涉网电网异常事件处置

当电网频率、电压出现异常或因线路故障导致储能电站与系统解列时，储能电站必须遵循所属调度机构的指令进行处置，且不得擅自并网。因为擅自并网可能会加剧电网的混乱，导致更严重的事故发生。储能电站的处置措施包括：

（1）执行调度指令。立即执行调度机构的指令，如断开与电网的连接、停止储能系统的运行等，以确保电网的稳定性和安全性。

（2）内部设备安全运行。确保储能电站内部设备的安全运行，监控电池状态，避免过充或过放，以防止内部设备损坏。

（3）电网系统保持通信。与电网系统保持通信畅通，及时接收并执行调度指令，确保信息传递的及时性和准确性。

在电网振荡的情况下，电化学储能电站可以退出自动发电控制（Automatic Generation Control，AGC）和自动电压控制（Automatic Voltage Control，AVC），以减少振荡对储能电站自身及电网系统的影响。然而，退出这些控制后，储能电站仍需遵循所属调度机构的指令进行处置，确保电网的安全稳定运行。

当电网发生大面积停电事故时，被指定为黑启动电源点的储能电站，其应急处置应遵循 DL/T 2247.5—2021《电化学储能电站调度运行管理 第 5 部分：应急处置》中的规定，并依据所属调度机构的指令进行处置，以快速恢复供电，减少停电对社会和经济的影响。对于未被指定为黑启动电源点的储能电站，在电网大面积停电事故发生时，应优先保障自身安全，同时积极与所属调度机构保持沟通，根据调度指令采取相应措施，全力配合电网的恢复工作。

具体的处置措施包括但不限于：确保储能电站内部设备的安全运行，实时监控电池状态，避免过充或过放；与电网系统保持通信畅通，及时接收并执行调度指令；在条件允许的情况下，为其他重要设施或关键节点提供应急电源支持；配合电网系统的恢复工作，如在电网稳定后逐步并网，为电网提供必要的电力支持。

在整个应急处置过程中，储能电站应保持高度的警惕性和专业性，确保所有操作符合安全标准和规范，最大限度地减少事故对电网和周边环境的影响。

小　　结

本章节首先系统地介绍了储能系统安全状态的定义，详细阐述了具体的安全问题。然后对于实际储能系统的安全状态判定，介绍了几种常用的安全等级划分方法。接着针对储能系统常见的安全参数，简要介绍了具体的监测方法和基于安全参数的储能系统安全预警方法。最后对储能系统安全处置措施进行了梳理。

思 考 题

7-1 如何定义储能系统的安全状态？有哪些关键要素必须予以考虑。

7-2 储能系统的安全包含哪几个方面？

7-3 对于电池热失控的预警，可以选择哪些参数进行监测？

7-4 储能电站早期预警主要包括哪些关键环节？应如何实现？

第8章

储能系统在电力系统中的典型应用

电力系统安全稳定运行的核心在于确保发电功率和负荷功率的平衡。而储能系统凭借其能量时移的功能，为电力系统功率平衡问题提供了新的解决方案，并且能够解决新能源并网带来的一系列问题，提升电力系统运行的稳定性、可靠性和经济性。

本章针对实际中广泛应用的电池储能系统，重点介绍其在电力系统电源侧、电网侧和用户侧中的典型应用场景，并分析储能在实际应用中解决的问题和实现的具体功能。

8.1 储能系统在新能源发电侧的应用

根据电力系统发电侧的主要需求，可以将储能系统在发电侧的应用分为若干场景，见表 8-1。

表 8-1　　　　　　　　　　　　　储能技术在发电侧的应用场景

应用领域	应用场景	储能的作用
新能源并网发电领域	平抑波动、提升稳定性、参与调频调压、发掘黑启动潜力	（1）平抑新能源输出功率波动； （2）跟踪计划输出功率； （3）提升新能源并网稳定性； （4）辅助新能源调频调压； （5）发掘新能源黑启动潜力
常规发电领域	辅助机组运行、调频、调压、调峰、备用等	（1）辅助火电机组运行，提高效率，减少碳排放； （2）充放电功率，参与系统频率调节，提供辅助服务； （3）减少火电机组损耗； （4）根据负荷需求释放或吸收无功功率，调整电压； （5）充当系统备用容量，时刻准备放电

根据表 8-1，储能装置具有充放电能的特性，在电力系统的新能源发电侧展现出巨大的应用潜力。目前，它常被用于辅助风电等新能源发电机组并网，优化并网性能，并解决由此带来的一系列问题；同时，它也能辅助火电等常规发电机组参与调峰等任务，

减少备用需求，实现常规发电机组的灵活性改造。

发电侧对储能的需求场景类型较多，本节将重点关注能量时移、改善新能源并网特性、系统调频和备用容量四类典型场景，并介绍储能系统在电力系统新能源发电侧的典型应用。

1. 能量时移

储能系统的最主要功能是通过充放电功率实现能量时移。能量时移的典型应用是削峰填谷，即储能系统在负荷低谷时段吸收功率，在负荷高峰时段释放功率，从而提高电网效率，维持系统稳定运行。

2. 改善新能源并网特性

风光等新能源具有随机性、波动性等特点，这些特点会给并网过程带来诸多问题。储能可以辅助新能源并网，改善其并网特性，具体应用包括新能源输出功率平滑、新能源能量时移和新能源跟踪计划输出功率等。此外，储能还可以抑制新能源并网处的直流电压波动，提升系统的瞬时稳定性。

3. 系统调频

新能源并网和大规模电力电子设备的接入会给系统调频带来很大的挑战。储能具有快速充放功率的特点，是非常好的调频资源。它可以参与系统调频、惯性支撑等辅助服务，不仅速度快，而且应用灵活。

4. 备用容量

储能可承担系统的备用容量。当电力系统遭遇突发情况时，储能可以作为有功功率的储备，保障电能质量并维持系统安全稳定运行。在承担备用容量时，储能一般配置为系统最大负荷的 15%～20%，且不小于系统中最大单机装机容量。关于储能承担系统备用容量的研究主要为储能容量的配置策略，以下将对此进行介绍。

在发电侧的实际应用中，需要根据不同的目标和约束条件，对储能容量进行合理配置，以解决储能如何配置以及配置多大的问题。储能容量配置的重点是确定两个指标：最大充放电功率和额定容量。为了计算这两个指标，需要根据储能实现的功能选取优化目标，并结合 SOC 等约束条件，进行优化问题的求解。储能配置方案的一般流程如图 8-1 所示。

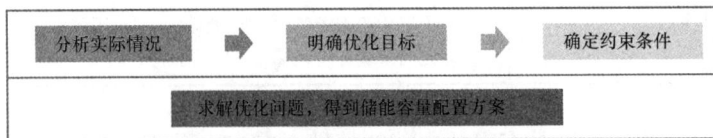

图 8-1　储能配置方案的一般流程图

现行规定中，针对储能容量配置这一问题，国家电网公司发布的 Q/GDW 10769—

2017《电化学储能电站技术导则》明确规定了储能电站配置的方法。该导则提出，电化学储能电站的容量配置计算应综合考虑电池的寿命特性、充放电特性、最佳充放电区间和经济性。其中，寿命特性指的是储能系统的循环寿命，即电池的充放电次数；充放电特性一般体现在优化模型的约束条件中，用于限制储能的充放电速率；最佳充放电区间指的是储能的 SOC 运行范围，不允许储能"满充满放"，一般设置在 $10\%\sim90\%$ 之间；经济性主要考虑的是储能的建设成本，一般在目标函数中予以考虑。

在实际工程应用中，储能容量配置往往是一个综合性的规划问题，需要考虑多方面的条件。针对不同的应用场景，会得到不同的目标函数和约束条件，因此对应的储能容量配置的具体方法也不同，需要具体情况具体分析。

综上所述，储能系统在电力系统发电侧应用广泛，具有很大潜力。下面针对电池储能系统在电力系统发电侧的具体应用，结合上面提及的四类典型场景进行详细介绍。

8.1.1　削峰填谷

1. 电力系统调峰概述

由于电能不能大量储存，因此电能的发出和使用必须是同步的。这意味着电力系统需要多少电量，发电部门就必须同步发出多少电量。电力系统中的用电负荷经常发生变化，为了维持有功功率平衡，并保持系统频率的稳定，发电部门需要相应地调整发电机的输出功率，以适应用电负荷的变化，这一过程称为调峰。

由于用电负荷分布不均匀，在用电高峰时，电网往往会超负荷运行。此时需要投入正常运行以外的发电机组以满足需求。这些发电机组在用电高峰时参与调节，因此称为调峰机组。调峰机组的要求是启动和停止方便快捷，且并网时同步调整容易。电力系统峰谷示意图如图 8-2 所示，电力系统调峰示意图如图 8-3 所示。

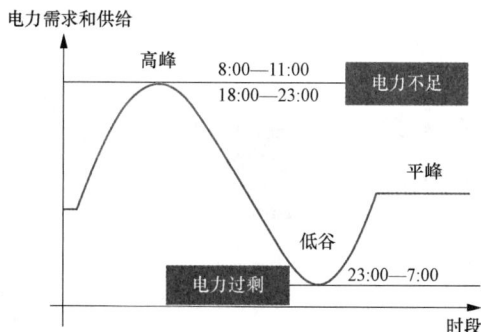

图 8-2　电力系统峰谷示意图

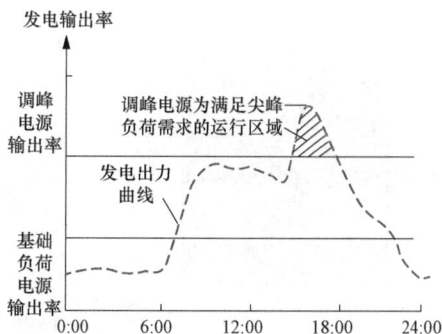

图 8-3　电力系统调峰示意图

当前，我国的电源结构以火电为主，通过调节火电机组以适应负荷的峰谷变化，这是当前电网中最主要的峰谷调节方式。除火电之外，目前电力系统中削峰填谷还可以采用水电机组、负荷管理和抽水蓄能电站等方式实现。下面以燃煤火电机组为例，介绍火电厂参与电力系统调峰的方式。燃煤火电机组主要采用两种方式参与调峰，即变负荷运行调峰和启停调峰，如图 8-4 所示。其中，变负荷运行调峰指的是改变机组的运行负荷，以满足电网负荷变化的调峰方式，即电力系统负荷高峰时增大机组输出功率，电力系统负荷低谷时降低机组运行功率；而启停调峰指的是通过机组启停的方式实现系统调峰功能，一般是根据电力系统日负荷曲线的分配状况，安排机组进行有规律的启停。

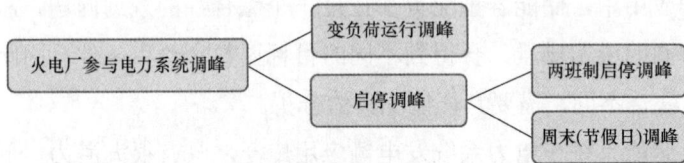

图 8-4　火电厂参与电力系统调峰方式示意图

　　然而，传统火电厂参与电力系统调峰的方式也存在弊端。首先，变负荷运行调峰与启停调峰在非额定状态下运行时的燃料损失都比较大，效率比较低，势必造成浪费；此外，频繁调峰还会给机组寿命和经济性带来不利影响。因此，采用火电机组单独作为调峰电源会直接影响机组运行的安全性和经济性。基于此，给火电厂配置储热系统是国内外常用的调峰改良方案。

　　2. 储热配合火电参与电力系统调峰

　　储热装置通常是大型蓄热水罐，利用冷热水分层原理进行储热，其工作原理如图 8-5 所示。蓄热罐通常建设在供热系统的热源侧，连接在热电厂与供热网络之间，如图 8-6 所示。采用储热系统配合传统火电的方案参与电力系统调峰，可以有效提升传统火电机组的调峰能力。

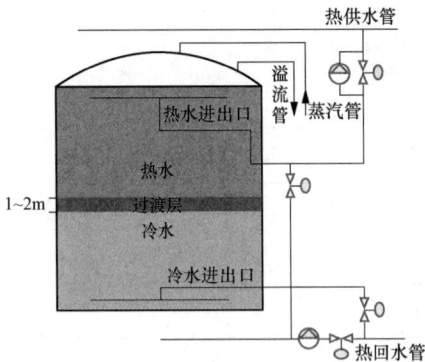

图 8-5　储热装置工作原理图

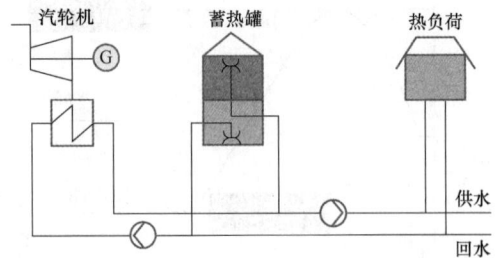

图 8-6　蓄热罐在热电厂中的配置原理图

　　其基本原理为：蓄热罐利用水的显热将热量存储到蓄热罐内，可配合高压电极锅炉和再热蒸汽减温减压后加热热网循环水，并在机组调峰期间储存一定热量的热水。在机组升负荷时，配合电锅炉增加厂用电并替代部分机组供热抽汽量，以提高供热机组升负荷率。

根据如上原理，便可以通过增加储热系统的方式，改善传统火电机组的调峰性能。这里以一个简单的算例进行说明。假设带基本负荷的火电机组夜间低谷时段负荷为30%，白天用电高峰时段除满负荷运行外，还需增加调峰机组满负荷（相当于30%基本负荷机组）运行，如图8-7所示。

对于这种负荷情况，如果采用储热系统和火电配合的方式运行，则可以让火电机组在夜间低谷时段仍保持60%左右负荷。这样既能避免火电机组持续低负荷运行，使其保持较高效率，又可以将与实际用电负荷量30%的差值用蓄热罐以热能的形式储存起来。在白天用电高峰时段，火电主机组满负荷运行的同时，蓄热罐发电机组发出30%的电量，即可保证满足实际负荷需求。采用储热系统参与调峰能够减轻火电机组的调峰负担，避免火电机组的持续低负荷运行以及大范围的变功率运行，有利于延长火电机组的运行寿命，并有效改善系统的灵活性。

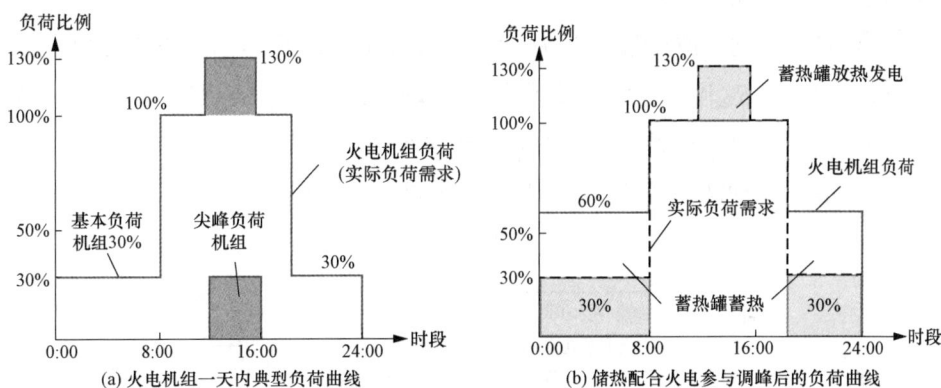

图 8-7　储热配合火电参与电力系统调峰示意图

8.1.2　功率平滑及跟踪计划输出功率

1. 储能平滑功率波动

新能源发电受天气、环境等因素影响，具有随机性、波动性和间歇性的特点。随着新能源输出功率占比的不断升高，新能源并网带来的振荡问题已对电力系统的安全运行产生显著影响。未来，当高比例的新能源接入电网后，这种振荡问题将会进一步加剧。大规模新能源接入电网，不仅给电力系统安全稳定运行带来影响，还会显著影响电力系统运行的经济性。

储能系统的出现为解决新能源发电输出功率的平滑问题提供了一种新的方案。通过加装储能设备，可以在新能源功率偏高时吸收能量，在新能源功率偏低时释放能量，从而达到平抑新能源机组输出功率波动的目的。一般来说，平滑波动的目标是使并网输出

的有功功率波动满足一定的要求，即在某时间段内，功率波动率应小于设定值。某时间段内的功率波动率则有

$$F_t = \frac{\Delta P_t}{P_n} = \frac{P_{t\max} - P_{t\min}}{P_n} \times 100\% \leqslant F_{\text{tup}} \qquad (8-1)$$

式中：F_t 为 t 时间段内的功率波动率；ΔP_t 为 t 时间段内的最大功率变化量；$P_{t\max}$、$P_{t\min}$ 分别为 t 时间段内的最大功率和最小功率；P_n 为额定功率；F_{tup} 为功率波动率的设定值。

滤波法是储能平滑功率波动的一种简单方法。其总体思路是：对风电功率进行一定时间常数的滤波处理，然后计算滤波前后功率的差值，并由储能来弥补这一差值。选取的时间常数不同，平滑的效果也不同，储能所需要的容量也会有所差异。采用滤波法的储能平滑功率波动原理示意图如图8-8所示。

图8-8中，蓝色曲线代表新能源输出功率的额定值。当新能源输出功率大于额定值时，储能通过吸收多余的功率来实现功率平衡；当新能源输出功率小于额定值时，储能通过释放功率来维持功率平衡。

目前，储能平滑功率波动常用的方法是小波包分解法。图8-9给出了小波包分解的原理示意图。其中，S_{ij} 代表分解后得到的不同频率的信号，i 为尺度坐标，j 为位置坐标。小波包分解不仅分解低频部分，也分解高频部分。并且小波包分解能根据信号特性和分析需求，自适应地选择相应频带以匹配信号频谱，它是一种比小波分解更为精细的分解方法。

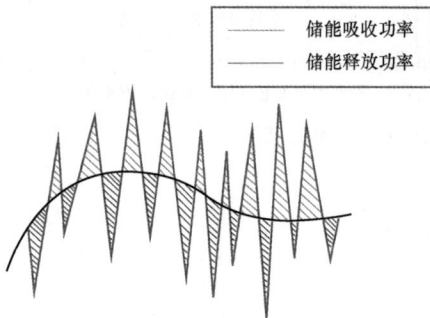

图8-8 采用滤波法的储能平滑功率波动原理示意图

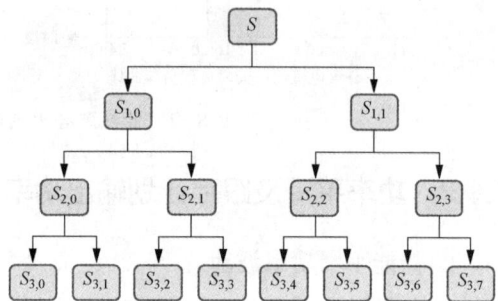

图8-9 小波包分解示意图

基于小波分析，可以将风电功率分解为两部分：希望风电保留的低频信号和希望储能平滑的高频信号。这样做既可以满足并网功率平滑的要求，又可以兼顾对储能系统性能的影响。

考虑到储能性能的区别，可以进一步改进功率平滑的策略：首先，将次高频信号交由能量型储能系统（如电池）进行平滑处理；然后，将未完全平滑的更高频率信号送往功率型储能系统（如超级电容）进行滤波处理，如此得到的功率平滑效果会更好。改进

后的小波包分解法控制结构如图 8-10 所示。

针对混合型储能系统，可以采用基于变分模态分解的控制策略。该策略前先利用移动平均滤波法获得储能系统整体的参考功率，然后采用变分模态分解法分别获得混合储能系统中不同类型储能的功率分配。该策略能发挥不同类型储能的优点，有效平抑风光发电功率的波动，极大延长储能系统的运行寿命。

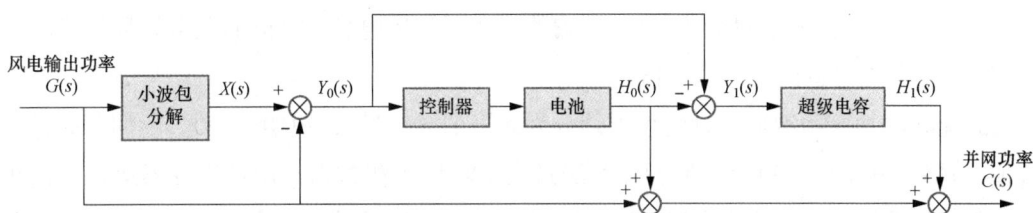

图 8-10　改进后的小波包分解法控制结构

2. 储能配合风电跟踪计划输出功率

新能源电站的发电计划是调度端基于日前预测功率制定的，由于日前预测值可能和次日实际值存在较大差别，导致新能源电站的次日实际输出功率偏离发电计划较多。若不使用储能对实际功率进行调整，则新能源电站可能达不到并网要求，将面临限电甚至不能并网的问题。因此，需要利用电池储能系统对新能源电站整体输出功率进行调整，以减少与发电之间的偏差，提高新能源的可调度性，满足电网的要求。

假定风储电站的发电计划是风电场的日前预测功率曲线，则风储系统实时跟踪发电计划输出功率的控制策略发电计划跟踪控制以及储能系统反馈控制由两部分组成。其中，发电计划跟踪控制框图如图 8-11 所示。

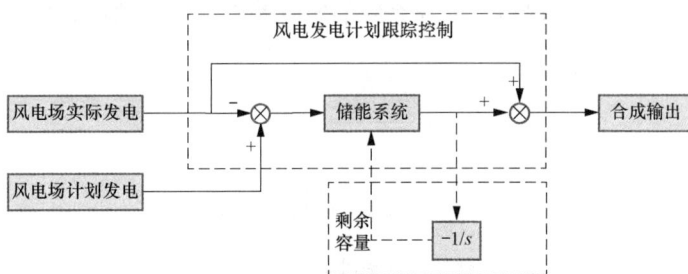

图 8-11　发电计划跟踪控制框图

由图 8-11 可知，储能系统的发电控制由两步完成：首先，在风电发电计划跟踪控制中，制定储能系统的期望发电值；然后，在储能系统的反馈控制中，实时修正储能系统的期望发电值。其中，储能系统的期望发电值是根据风电输出功率的超短期预测值和风电发电计划之间的偏差制定的。储能系统的期望发电值制定原理如图 8-12 所示。

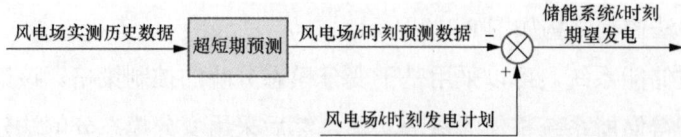

图 8-12　储能系统的期望发电值制定原理图

由图 8-12 可知，储能系统的期望发电值制定过程为：根据风电场实测数据进行超短期预测，进而得到风电场 k 时刻的预测数据，再与风电场 k 时刻的发电计划作差，得到储能系统在该时刻的期望发电值。

新能源的功率预测根据时间可以划分为超短期（小时）、短期（日）、中期（周）和长期（月）。其中，超短期功率预测是通过实时环境监测数据、电站逆变器运行数据和历史数据等数据源建立预测模型，进而预测未来 0～4h 的输出功率。超短期预测的数学模型为

$$P^{\mathrm{w}}(t) = P^{\mathrm{w}}(t-1) + \Delta P^{\mathrm{w}} \qquad (8-2)$$

$$\Delta P^{\mathrm{w}} = \alpha \times \Delta t \qquad (8-3)$$

式中：$P^{\mathrm{w}}(t)$ 为 t 时刻的实测输出功率；$P^{\mathrm{w}}(t-1)$ 为 $t-1$ 时刻的实测输出功率；ΔP^{w} 为 $t-1$ 时刻到 t 时刻的输出功率变化值；α 为 $t-1$ 时刻到 t 时刻的输出功率变化率。

由于风电场输出功率的时间间隔变化比较小，因此 α 可以看成风电场实测输出功率在 $t-2$ 时刻到 $t-1$ 时刻的变化值。因为该方法是依据风电场前一时刻的实测输出功率值和前一时刻的功率变化率来进行递推，以此预测风电场下一时刻的输出功率，所以该方法的预测精度在拐点处比较低，整体上会影响风储系统的跟踪效果。

由发电计划跟踪控制制定的储能系统的期望发电值，还需利用实时反馈修正期望发电值得到储能系统的实时输出值。储能系统的实时输出功率反馈控制如图 8-13 所示。

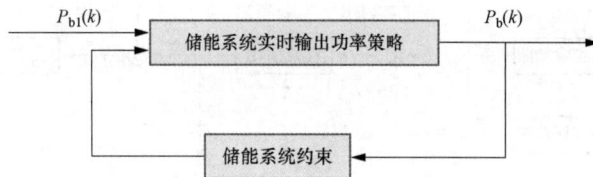

图 8-13　储能系统实时输出功率反馈控制图

图 8-13 中，$P_{\mathrm{b1}}(k)$ 为储能系统在 t 时刻的期望发电值；$P_{\mathrm{b}}(k)$ 为储能系统在 t 时刻的实时发电值。储能系统的约束条件为

$$\left| P_{\mathrm{b1}}(t) \right| \leqslant P_{\mathrm{brats}} \qquad (8-4)$$

$$\left| \int_0^t P_{\mathrm{b1}}(t)\mathrm{d}t \right| \leqslant b Q_{\mathrm{brats}} \qquad (8-5)$$

式中：P_{brats} 为储能系统的额定功率；Q_{brats} 为储能系统的额定电量；b 为储能系统的充放

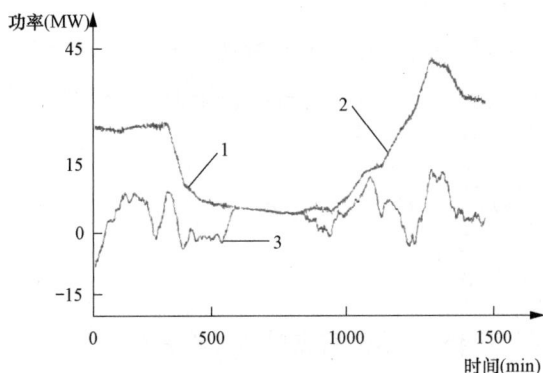

图 8-14　风电场在一月份某一天的发电曲线

电深度。

下面以某风电场在一月份某一天的输出功率为例，根据制定的储能系统发电控制策略实时发电，实现风储电站实时跟踪发电计划，发电曲线如图 8-14 所示。

在图 8-14 中，曲线 1 为风电发电计划曲线，曲线 2 为风储联合输出功率曲线，曲线 3 为储能系统的发电曲线。可以看出，风储电站联合发电达到了理想的跟踪效果。

8.1.3　瞬时功率稳定性改进

1. 瞬时功率稳定性改进原理

根据 GB/T 19963.2—2024《风电场接入电力系统技术规定》中关于风电场正常运行情况下有功功率变化的相关规定，风电场 1min 和 10min 级别有功功率变化率极限见表 8-2。

表 8-2　　　　　　　　风电场 1min 和 10min 级别有功功率变化率极限

装机容量	1min	10min
<30MW	3MW	10MW
30～150MW	装机容量/10	装机容量/3
>150MW	15MW	50MW

根据表 8-2 可知，风电场接入电网之后，要保证瞬时功率的变化不能太大，因此需要改进系统瞬时功率的稳定性。对于电池储能来说，频繁的充放电会大大缩短电池寿命。而飞轮储能具有响应速度快、循环寿命长等优点，因此这里选择飞轮储能这种功率型储能，并将其应用于并网风力发电系统中。

飞轮是一个绕其对称轴旋转的圆轮、圆盘或圆柱刚体。当圆柱刚体绕定轴转动时，刚体上各点都绕同一直线（转轴）做圆周运动，而轴本身在空间中的位置保持不变。飞轮储能正是利用改变物体的惯性需要做功的原理来实现能量的输入（储能）或输出（释能）的。飞轮动能变化量的表达式为

$$\Delta E_k = \int_{\theta_1}^{\theta_2} M \mathrm{d}\theta = \frac{1}{2} J \omega_2^2 - \frac{1}{2} J \omega_1^2 \qquad (8-6)$$

式中：ΔE_k 为飞轮动能变化量；M 为外力矩；J 为转动惯量；ω 为角速度；θ 为角位移。

根据式（8-6），飞轮在加速过程中，角速度从 ω_1 增加到 ω_2，角位移从 θ_1 增加到 θ_2，外力矩 M 从对飞轮做功转化为飞轮的动能增量；而在飞轮减速过程中，角速度从 ω_2 减少到 ω_1，角位移从 θ_2 减少到 θ_1，飞轮动能释放，转化为输出力矩 M 对外做功。转速为 ω 时，增速储能及减速释能的瞬时功率分别为

$$P_1 = \frac{\mathrm{d}\Delta E_k}{\mathrm{d}t} = M\frac{\mathrm{d}\theta}{\mathrm{d}t} = M\omega \tag{8-7}$$

$$P_2 = \frac{\mathrm{d}E_k}{\mathrm{d}t} = J\omega\frac{\mathrm{d}\omega}{\mathrm{d}t} \tag{8-8}$$

基于飞轮储能的风储联合系统结构如图 8-15 所示。它主要由飞轮装置、变流器、风机和电网等部分组成。合理控制飞轮储能，可以对风电系统的瞬时功率起到改善作用，具体原理为：通过控制永磁同步电动机的转速来实现飞轮储能装置的充放电，从而实现电能和机械能的转换。当风力发电机输出的有功功率不能满足电网需求时，以波动的有功功率作为飞轮电动机变流器的控制信号，驱动飞轮储能装置放电，并向电网输送电能。反之，当风力发电机输出的有功功率超过电网需求时，飞轮储能装置处于充电状态，吸收多余的电能，从而抑制风力发电机组输出的波动功率。

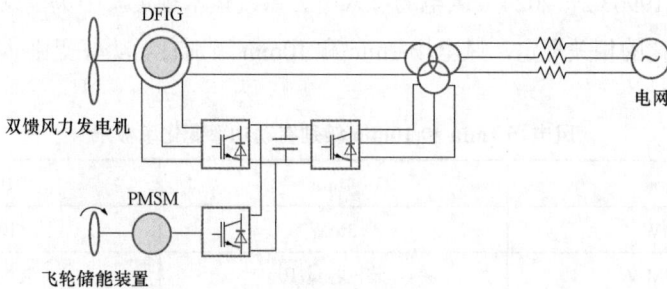

图 8-15　基于飞轮储能的风储联合系统结构图

2. 风储联合系统瞬时功率稳定性改进仿真

对基于 1MW/10kW·h 飞轮储能的并网风力发电系统进行建模与仿真。直流侧电压 U_{dc} 仿真结果如图 8-16 所示。

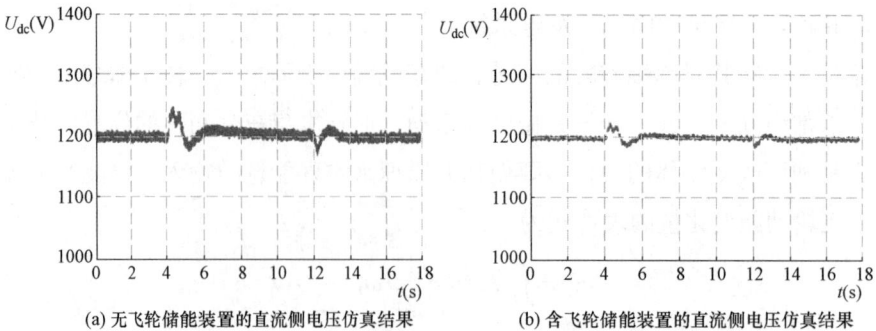

(a) 无飞轮储能装置的直流侧电压仿真结果　　(b) 含飞轮储能装置的直流侧电压仿真结果

图 8-16　直流侧电压仿真结果图

根据图 8-16 可以看出，直流侧电压基本在 1200V 上下波动，而含有飞轮储能装置的并网风电系统，其直流侧电压波动明显更小。当风速发生突变时，经过飞轮储能装置的补偿后，电压波动会进一步减小。

此外，该并网风力发电系统的网侧有功功率仿真结果如图 8-17 所示。

图 8-17 对比了无飞轮储能装置与含有飞轮储能装置的并网风力发电系统网侧有功功率的波动情况。可见，含有飞轮储能装置的并网风力发电系

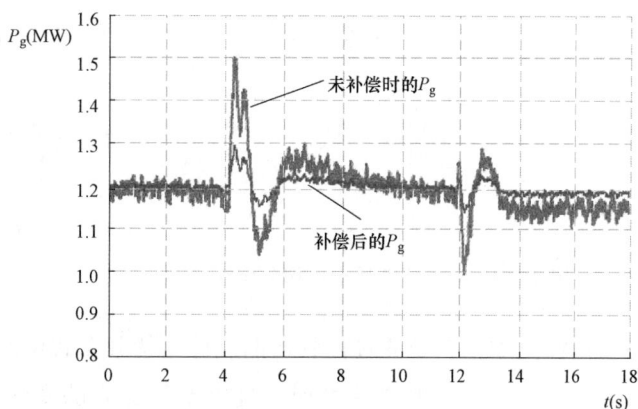

图 8-17 并网风力发电系统的网侧有功功率仿真结果图

统网侧有功功率的波动明显更小，经过储能装置补偿后，网侧有功功率在 1.2MW 上下波动。

8.1.4 惯量控制及频率调节

1. 电力系统调频介绍

频率是衡量电力系统电能质量的重要指标，它可以反映电力系统中有功功率供需平衡的基本状态。频率的异常会给发电机组、输配电网及用户带来极为严重的后果。电力系统的频率受到多种因素的影响，包括负荷变化、发电机输出变化、输电线路的阻抗以及系统中其他设备的运行状态等。当这些因素导致电力系统频率偏离标准值时，可能导致设备损坏甚至系统崩溃。

电力系统的频率调节过程本质上是通过维持有功功率平衡来实现系统频率的稳定，可以分为三次调频。其中，一次调频包括负荷和发电机组输出功率两方面。首先，负荷本身具有频率调节效应；其次，由于调速器的存在，当系统频率发生变化时，控制系统会改变发电机的有功输出功率，从而实现对系统频率的调节。但是，一次调频是频率的有差调节，无法消除稳态的频率偏差。典型的电网一次调频曲线如图 8-18 所示。

二次调频又称自动发电控制，它通过设定一些调频机组，在频率发生变化时实时调整其输出功率，使发电机组功频静特性曲线上下移动，从而实现频率的无差调节。根据机组爬坡率等因素的不同，功率分配的比例也有所不同。典型的电网二次调频曲线如图 8-19 所示。

三次调频又称为经济调度，它是指调度部门根据负荷曲线进行负荷的最优经济分配。三次调频主要针对变化较慢且容易预测的负荷，需要考虑诸多因素，常用的原则是

等煤耗微增率原则。

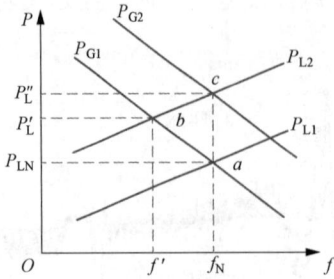

图 8-18 典型的电网一次调频曲线　　　　图 8-19 典型的电网二次调频曲线

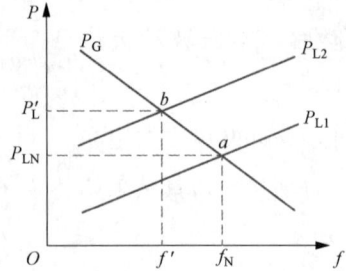

惯性支撑指的是通过控制器的设计，使分布式电源模拟出同步发电机转子运动方程的外特性。在系统频率突变时，能够减缓频率的变化速率，从而提升系统频率的稳定性。与一次调频针对系统频率的变化量不同，惯性支撑针对的是系统频率的变化率。目前，在新能源发电参与系统调频的控制设计中，常将一次调频和惯性支撑同时考虑，设计综合性的频率支撑策略。当系统因为负荷突变导致频率变化时，惯性支撑环节能够延缓瞬时频率的变化，而一次调频环节能够将频率恢复到原来的水平，两者相互配合，效果更好。

2. 新能源并网对调频的挑战

新能源机组的大规模并网给电力系统带来了许多不可忽视的问题。一方面，新能源本身具有随机性、波动性和间歇性，给调度带来困难；另一方面，新能源机组需要经过电力电子设备并网，具有响应快速、缺少有功备用的特点，导致系统惯量水平下降和系统调频能力不足。

传统电力电子设备具有"零惯性"特点，新能源机组（如风电）通过电力电子设备并网，会降低系统的整体惯量水平，从而导致系统频率稳定性下降。另外，为使风电场获得的收益最大化，风电机组往往运行在最大功率跟踪点处，没有预留容量来提供调频服务，导致系统调频容量减少。且风电渗透率越高，系统频率恢复过程越慢，调频能力越弱。因此，需要挖掘风电自身或储能的调频潜力。

风电参与电力系统调频的典型频率响应曲线如图 8-20 所示。按时间尺度划分，惯性响应的时间通常为 5～10s，一次调频时间一般持续 20～30s，二次调频时间一般持续 10～30min。当系统频率突增时，风电场可以通过切机或者减载的方式响应系统频率变化，实现较为简单。当系统频率突降时，风机获取响应系统频率变化的额外功率较为困难。

228

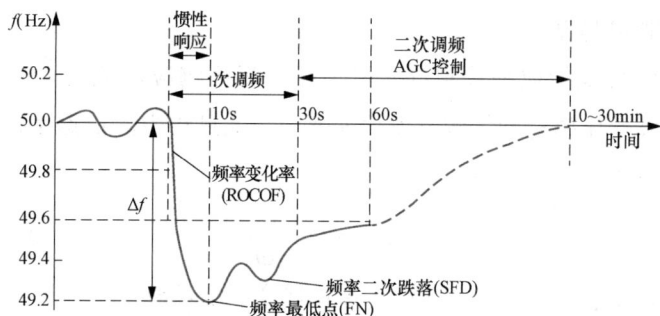

图 8-20　风电参与电力系统调频的典型频率响应曲线

　　相比之下，储能系统具有快速吞吐功率的功能，可实现能量时移。如果给新能源配备一定容量的储能，则可以使储能配合新能源参与系统调频，提高新能源运行的经济性，并提高系统整体的稳定性和安全性。

3. 储能下垂控制

　　下垂控制和虚拟惯性控制是储能电池参与一次调频时所采用的两种典型控制方式。在下垂控制下，储能系统可模拟发电机组的下垂特性，在负荷发生扰动后迅速动作，弥补系统的有功缺额，从而使系统频率迅速恢复至某一稳态频率偏差范围内。储能系统参与电力系统的下垂控制如图 8-21 所示。当 Δf 满足 $-f_{op} \leqslant \Delta f \leqslant +f_{op}$ 时，负荷变动引起的系统频率偏差较小，处于系统正常范围内负荷波动的过程，仅利用发电机转子的惯性响应平衡系统的有功功率，而储能系统在此区间不输出功率。为了避免储能系统因频率波动而进行不必要的动作，设置 $-f_{op} \leqslant \Delta f \leqslant +f_{op}$ 为储能系统的调频死区。

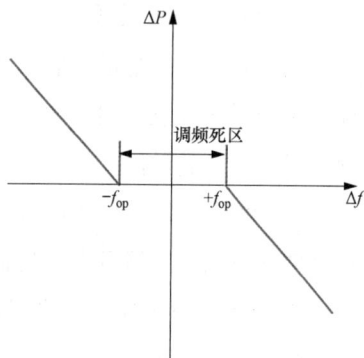

图 8-21　储能系统参与电力系统下垂控制

　　当频率区间处于 $\Delta f < -f_{op}$ 或 $\Delta f > +f_{op}$ 时，为维持电网频率稳定，传统发电机组的调速器发挥一次调频作用。此时，储能系统因其响应速度快、充放稳定等特性，用于辅助系统一次调频，使频率快速恢复稳定。储能吸收或释放的功率与系统频率之间的关系为

$$\Delta P_{ED} = -K_{ED}(f - f_{ref}) \tag{8-9}$$

式中：K_{ED} 为下垂控制系数，表示储能在此控制方式下的单位调节功率。

　　储能采用下垂控制方式时，其输出功率总是有助于减小频率偏差。

　　电网中大部分负荷扰动波动幅度小，变化速率快。若电池储能系统对所有的频率波动都做出响应，会使电池频繁动作，从而加快老化。为避免设备老化，设 $+f_{op}$ 和 $-f_{op}$ 分别为储能调频死区的上下限，一般取 $\pm 0.03Hz$ 作为调频死区的范围。

4. 储能虚拟惯性控制

虚拟惯性控制使储能电池模拟同步发电机的惯性响应，从而提高系统惯性时间常数，有效降低频率变化率，减缓频率变化速度。在此过程中，根据系统频率偏差变化率确定储能的响应功率，计算式为

$$\Delta P_{EI} = -M_E \frac{d\Delta f}{dt} \qquad (8-10)$$

式中：$d\Delta f/dt$ 为频率偏差变化率；M_E 为虚拟惯性控制系数。

扰动发生后，在调频过程中系统频率先恶化后恢复。当 $\Delta f(d\Delta f/dt)>0$ 时，即频率恶化，储能采用正向虚拟惯性控制，以降低频率偏差变化率，阻碍频率进一步恶化；当 $\Delta f(d\Delta f/dt)<0$ 时，即频率逐渐恢复，储能采用反向虚拟惯性控制。虚拟惯性系数的正负性与恶化期相反，从而使频率恢复期储能惯性输出功率与频率恢复方向一致，更好地响应频率恢复需求，加速频率恢复。

5. 储能辅助风电参与一次调频

风储联合系统由传统的火电机组、风电场以及储能系统组成。通常情况下，风电场储能的配置方法分为两种：集中式和分散式。集中式是指将储能系统接在风电场并网的出口处，经过单独的 AC/DC 逆变器与电网直接相连，如图 8-22 所示。这种方式易实现模块化管理和控制，且为储能容量扩展或缩小提供便利。分散式是指将储能系统直接并联在单台风机能量转换系统的直流端，通过此接口实现储能系统与风力发电机之间的能量变化与控制，此方式具有可靠性高、损耗低的特点。由于每台风机的工况不同，风电场本身具有一定的功率平滑作用，因此对于同样的平滑效果，集中式配置所需的储能容量小于分散式配置，但分散式有助于平滑风电场传输线上的功率波动，从而减小线路损耗。

为了进一步分析风储联合调频对系统频率特性的影响，建立了电力系统频率特性控制模型，如图 8-23 所示。该模型包含传统火电机组、风电机组、储能系统以及负荷等调频单元。

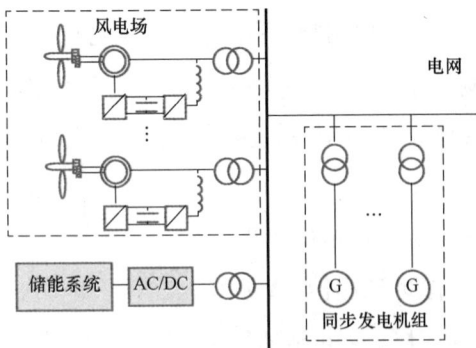

图 8-22　风储联合调频系统结构图　　　　图 8-23　电力系统频率特性控制模型

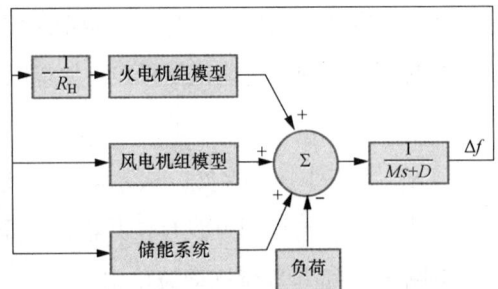

图 8-23 中，R_H 为火电机组一次调频下垂系数。在不考虑发电机调速器的情况下，系统频率特性模型传递函数为

$$G(S) = \frac{\Delta f}{\Delta P} = \frac{1}{Ms + D} \tag{8-11}$$

式中：M 为惯性时间常数；D 为阻尼系数。

变速风电机组采用桨距角控制和转子惯性控制策略。在桨距角控制下，风机一次调频传递函数为

$$G_\beta(s) = -\frac{k_{pf}}{1 + T_\beta s} \tag{8-12}$$

式中：T_β 为变桨距响应时间常数；k_{pf} 为一次调频系数。

在惯性控制下，风力发电机一次调频传递函数为

$$G_w(s) = -\frac{k_{df} s}{1 + T_w s} \tag{8-13}$$

式中：T_w 为变桨距响应时间常数；k_{df} 为惯性响应系数。

将变速风电机组的变桨距控制和惯性控制相结合，使风电场具备传统发电机的频率响应能力，其频率的传递函数为

$$G_w(s) = -\frac{(k_{df} T_\beta) s^2 + (k_{df} + k_{pf} T_w) s + k_{pf}}{T_w T_\beta s^2 + (T_\beta + T_w) s + 1} \tag{8-14}$$

在风电场配置适量的储能系统，能够满足电力系统对风电场的调频需求。通过对储能系统增加频率控制环节，使储能具备传统发电机组的惯性响应和一次调频能力。储能系统频率的传递函数为

$$G_E(s) = -\frac{k_{ef} s + k_{pf}}{T_E s + 1} \tag{8-15}$$

式中：T_E 为储能响应时间常数；k_{ef} 为储能惯性系数；储能系统的惯性响应系数 k_{ef} 与风电机组调频一致。

风储联合系统频率模型传递函数为

$$G_{wE}(S) = \frac{\Delta P_w + \Delta P_E}{\Delta f} = G_w(s) + G_E(s) \tag{8-16}$$

通过对传递函数进行分析，研究了风储联合调频对电力系统频率特性的影响，并在此基础上，提出了一种风储联合一次调频的并行控制策略。该策略采用自适应惯性控制和下垂控制分别控制风机和储能系统的调频系数，当频率发生变化时，风储联合系统可以提供所需的功率为

$$\Delta P_{wE} = \Delta P_w + \Delta P_E = -\Delta P = -k_{df} \frac{df}{dt} - k_{pf} \Delta f - k_E \Delta f \tag{8-17}$$

式中：k_E 为储能调频系数。

电网频率稳定是电力系统安全运行的基础。随着新能源并网数量的逐年增加，导致传统机组调频备用容量不足，给系统频率的稳定带来了诸多困难。储能系统输出功率灵活，能够快速进行功率响应，且便于调度。作为电源参与电网调频优势明显。基于储能在单独参与一次调频时所采用的下垂控制和虚拟惯性控制策略，通过风储联合的方式参与电力系统的调频，增强了储能参与系统调频的有效性。

8.2 储能系统在电网侧的应用

8.2.1 背景

从宏观上看，储能技术在电网侧的应用需要以电力系统实际需求为导向，充分结合系统需求及技术经济性，统筹布局电网侧独立储能及电网功能替代性储能，以保障电力系统的可靠供应。

目前，电网侧新型储能是未来新型电力系统构建的重要支撑。据预测，"十四五"期间，全国电网侧储能总需求规模约为 5500 万 kW，时长为 2～4h。其应用场景以支撑电力保供、提升地区电力系统调节能力为主，其中三北地区的规模需求略高于中东部地区，具体区域分布如图 8-24 所示。

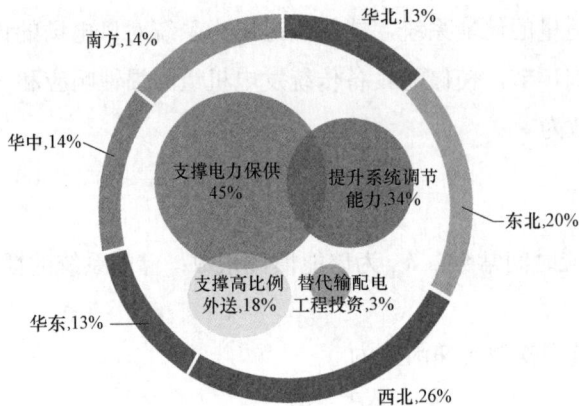

图 8-24 我国储能区域分布图

电网侧配置储能的主要目的是提升电力系统的平衡调节能力，充分发挥新型储能的功率和电量双调节功能，重点考虑支撑电力保供、提升系统调节能力、支持高比例新能源外送和替代输变电工程等场景。从应用场景上看，储能系统在电网侧的应用具体可分为：提升系统二次调频与惯性支撑能力；缓解系统输电阻塞；提供无功支撑和电压调整能力等。下面针对电池储能系统在电力系统电网侧的具体应用场景进行详细介绍。

8.2.2 二次调频与惯性支撑

二次调频，也称为自动发电控制（Automatic Generation Control，AGC），是指发电机组提供足够的可调整容量及一定的调节速率，在允许的调节偏差下实时跟踪频率，以满足系统频率稳定的要求。

电力系统惯性支撑是指在电力系统运行过程中，发电机和负荷之间的功率不平衡引起的频率波动能够维持在允许范围内的一种特性。惯性支撑措施通常包括增加发电机组的数量和惯量、提高机组的调速性能以及采用其他辅助控制手段。这样可以使系统负荷发生变化时，发电机通过调整输出功率来补偿负荷波动，从而减小系统频率的变动幅度。

1. 储能系统参与电网二次调频

储能系统参与电网二次调频具有诸多优势。首先，储能系统响应速度快，可以快速平抑负荷波动；其次，储能系统能够精确控制输出功率，在额定功率范围内的任何功率点都能保持稳定输出；储能系统还可以随时改变瞬时输出功率方向，在电网频率突变时，抑制传统机组因爬坡能力不足导致的反向调节。因此，储能在响应速度和精准控制方面具有独特优势，可以通过响应区域控制偏差（Area Control Error，ACE）参与电网二次调频。

二次调频是并网主体通过自动发电控制（AGC），跟踪电力调度机构下达的指令，按照一定调节速率实时调整发电机功率，以满足电力系统频率、联络线功率控制要求的服务。

一次调频为有差调频，当负荷变化较大导致频率偏移达不到要求时，需进行二次调频。二次调频示意图如图 8-25 所示。通过发电机的调频器来调节有功输出，使发电机功频静特性曲线上下移动。二次调频可实现频率无差调节；在一次调频基础上，由一个或数个发电厂来承担频率的无差调节。

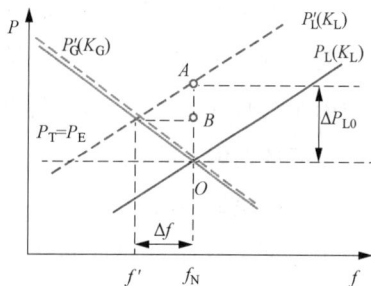

图 8-25 二次调频示意图

在二次调频中，调频器的基本控制方式有三种，即比例调节、积分调节和微分调节。三种方式各有优缺点，应取长补短综合利用。将综合后的信号作为调频器控制信号，改变功率设定值，直到误差信号为零。下面介绍几种基本的调频方法。

（1）有差调频法。

有差调频法是指用有差调频器实现并联机组频率调节的方法。有差调频器的稳态工作特性可以表示为

$$\Delta f + R\Delta P_c = 0 \qquad (8-18)$$

式中：Δf、ΔP_c 分别为调频过程结束时系统频率的增量与调频机组有功功率的增量；

R 为有差调频器的调差系数。

各机组同时参加调频，没有先后之分，并且计划外负荷在调频机组间是按一定比例分配的，但是频率稳定值的偏差较大。

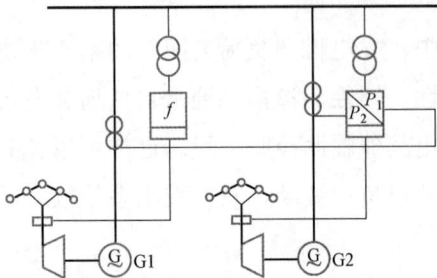

图 8-26　主导发电机法调频过程原理图

（2）主导发电机法。

调频方程式为

$$\begin{cases} \Delta f = 0 \\ \Delta P_{c2} = K_1 \Delta P_{c1} \\ \vdots \\ \Delta P_{cn} = K_{n-1} \Delta P_{c1} \end{cases} \qquad (8-19)$$

式中：ΔP_{ci} 为第 i 调频发电机的有功增量；K_i 为功率分配系数。

主导发电机法的调频过程原理如图 8-26 所示。

1）设负荷增量为 ΔP_L，平衡被打破。

2）无差调频器向着满足其调节方程的方向调整，此时出现 ΔP_{c1}。

3）其余 $n-1$ 个调频机组向着满足功率分配方程的方向调节。

4）出现"成组调频"的状态，直到 ΔP_{c1} 不再出现新值时才结束。

在主导发电机法中，各调频机组间的输出功率也是按照一定的比例分配的，无差调频器为主导调频器的主要缺点是各机组在调频过程中的作用有先有后，缺乏"同时性"，但是频率的稳定值是无偏差的。

（3）积差调频法。

积差调频法是指根据系统频率偏差的累积值工作的方法。单机积差调频的方程为

$$\int \Delta f \mathrm{d}t + K \Delta P_c = 0 \qquad (8-20)$$

式中：K 为调频功率比例系数。

积差调频过程原理如图 8-27 所示。当出现计划外负荷增加时，频率下降，$\Delta f < 0$，由调节方程求得 $\Delta P_c < 0$，因此调频发电机组输出功率增加，不断调节使得 Δf 趋近于零，调节过程结束，频率维持额定值。此时，调频发电机组增加的输出功率正好等于计划外负荷。若系统负荷减少，调节过程与上述过程相仿，只是调频发电机组输出功率减少，最后 Δf 同样趋近于零。

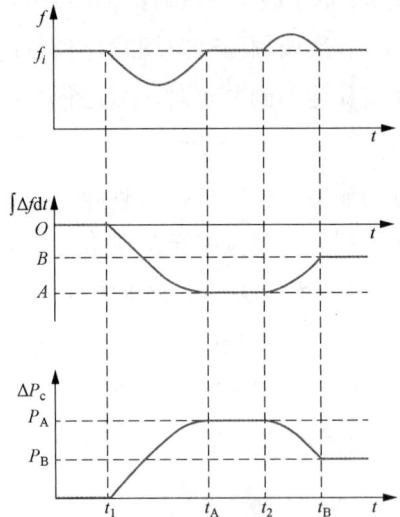

图 8-27　积差调频过程原理图

当多台机采用积差调频法时，可采用集中制或分散制调频，如图 8-28 和图 8-29 所示。

集中制调频的主要优点是各机组的功率分配是有比例的，这个比例 a_i 按照经济分配的原则给出；其缺点是需要通信。而分散制调频对通信没有要求，其主要缺点是各调频装置的频率测量偏差可能会导致系统内无休止的功率交换。

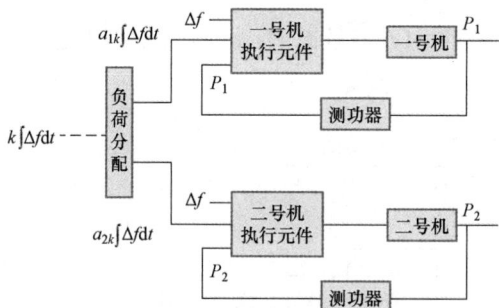

图 8-28　集中制调频示意图　　　图 8-29　分散制调频示意图

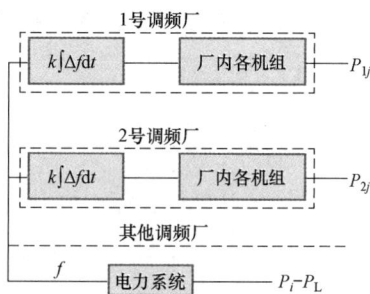

按积差调频法实现调频时，计划外的负荷能在所有参加调频的机组间按一定的比例进行分配，且频率的稳定值无偏差。但频率积差信号滞后于频率瞬时值，因此调节过程缓慢。

储能参与电网二次调频动态模型如图 8-30 所示。图中，P_{Fi} 为第 i 个传统机组的一次调频有功输出功率；P_i^0 和 P_j^0 分别为第 i 个传统机组和第 j 个电池储能的二次调频有功功率分配初始值；P_i 和 P_j 分别为第 i 个传统机组和第 j 个电池储能的二次调频有功功率指令值；$\vec{P_i}$ 和 $\vec{P_j}$ 分别为第 i 个传统机组和第 j 个电池储能的实际二次调频有功功率值。

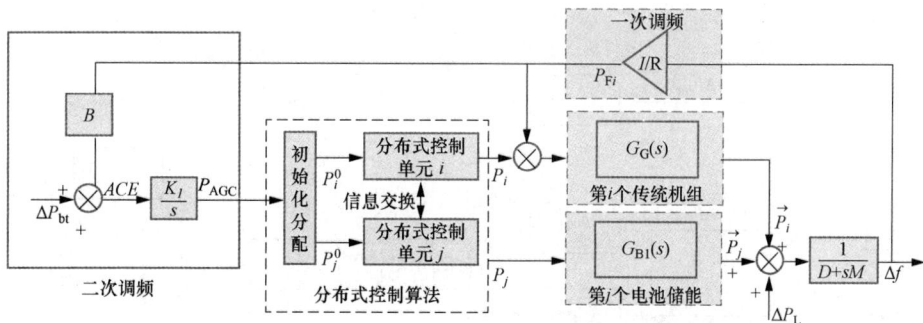

图 8-30　储能参与电网二次调频动态模型

根据调频控制信号的不同，将电池储能参与电网二次调频控制的方式分为区域控制误差（ACE）和区域调节需求（Area Regulation Requirement，ARR）两种模式。

区域控制误差模式是指将 ACE 信号作为系统调频信号，分别分配给传统机组和储能，基于 ACE 控制方式的区域电网调频动态模型如图 8-31 所示。

为简化分析，图 8-31 省略了区域互联电网的交换功率，当采用定频率控制模式时，ACE、ACE_G 和 ACE_B 分别表示为

$$\begin{cases} ACE = -B \cdot \Delta f(s) \\ ACE_B = \alpha \cdot ACE \\ ACE_G = (1-\alpha) \cdot ACE \end{cases} \tag{8-21}$$

式中：α 和 β 分别为分配给传统机组和电池储能的 ACE 信号比例，可称为参与因子，一般有 $\alpha + \beta = 1$。

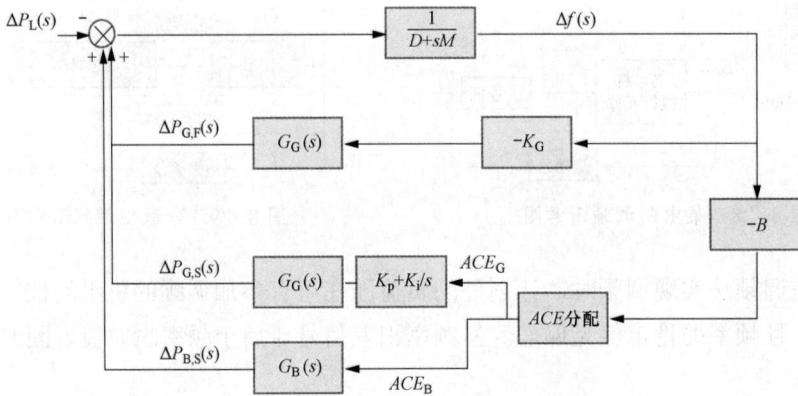

图 8-31　基于 ACE 控制方式的区域电网调频动态模型

区域调节需求模式是指将 ARR 信号作为系统调频信号，分别分配给传统机组和储能，基于 ARR 控制方式的区域电网调频动态模型如图 8-32 所示。

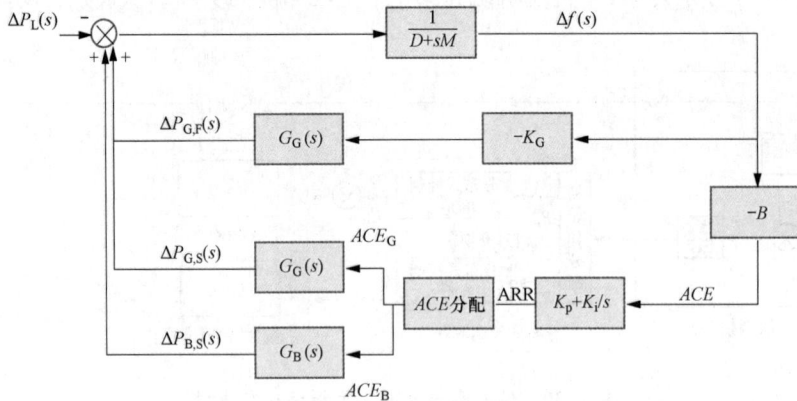

图 8-32　基于 ARR 控制方式的区域电网调频动态模型

ACE 控制方式下，电池储能根据参与因子快速分配输出功率，能够体现电池储能快速响应的特性。但在后续调频过程中，电池储能逐渐退出，一定程度上抑制了频率的恢复。采用 ARR 控制方式时，需要先经过积分延时环节，再对 ACE 信号在传统机组和储

能间进行分配。相对于 ACE 控制方式，ARR 控制方式对暂态频率偏差的恢复作用不明显，但有利于稳态频率偏差的恢复。储能参与电网二次调频的流程如图 8-33 所示。

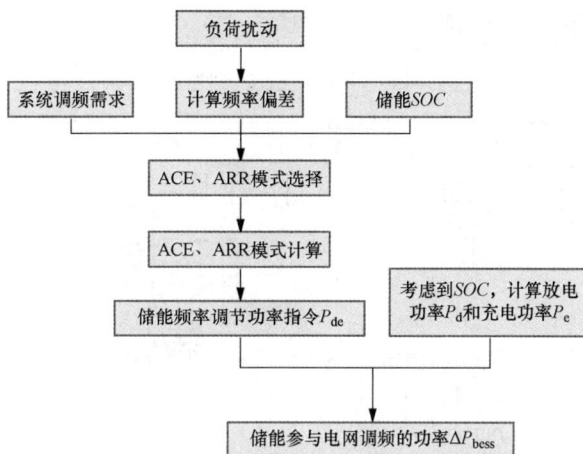

图 8-33　储能参与电网二次调频流程图

2. 储能参与电网惯性支撑

电力系统的惯性是指发电机转子的质量和转动惯量，发电机通过转动惯量能够提供惯性转矩，帮助发电机抵抗负荷变动和电源扰动。在电力系统中，当电力负荷突然发生变化时，系统的电能供应与需求之间会出现失衡。如果发电机速度变化过大，会导致系统频率的剧烈波动，进而影响系统的稳定运行和供电质量。由于常规新能源无法在电网频率波动时为系统提供有效支撑，因此需配置储能设备，为新能源的频率支撑提供惯量来源。目前，基于储能的惯性支撑方法主要有以下几种。

（1）虚拟同步发电机技术。

虚拟同步发电机（VSG）技术是通过模拟传统同步发电机的运行特性，使得并网逆变器可以像同步发电机一样响应电网频率的变化。进一步地，通过储能装置协助风电场进行惯量补偿，可实现调频功能。虚拟同步发电机包括有功-频率控制环和无功-电压控制环，新能源机组通过配合储能装置，响应系统频率的变化，输出指定的功率，以补偿系统中的功率不平衡。类似地，通过无功-电压下垂控制环节，可以调控新能源并网逆变器的无功输出。实际应用中，在新能源机组的输出侧装设储能系统，通过虚拟同步发电机技术控制网侧逆变器发出或吸收有功功率，从而模拟同步发电机中原动机的作用。虚拟同步发电机拓扑结构如图 8-34 所示。

（2）虚拟惯量自适应控制技术。

为了使虚拟同步发电机技术获得较好的运行效果，需对控制环节中的惯性时间常数、有功-频率下垂系数及无功-电压下垂系数进行整定，而有功-频率下垂系数与频率-电

压跌落深度、储能荷电状态等密切相关。在同一惯量参数下，当系统运行状态变化时，

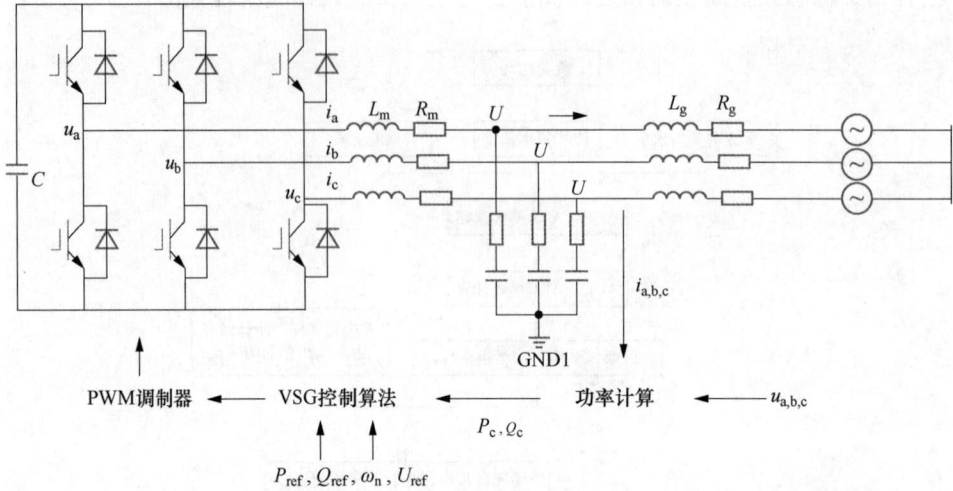

图 8-34　虚拟同步发电机拓扑

难以保证对系统始终有较好的支撑效果。在储能安全运行区内，可根据系统频率变化分阶段调节虚拟惯量，以加快频率恢复速度。从扰动开始到频率开始恢复为第一阶段，增大惯量调节以减小频率波动；而从频率开始恢复到调频结束为第二阶段，减小惯量使频率快速恢复。在储能极限运行状态下，根据 SOC 自主调节虚拟惯量的大小，以避免储能单元深度过充或过放，从而延长其使用寿命。

为了 VSG 在给定功率变化时有更快的响应速度，基于虚拟转子惯量 J 与功率振荡关系的分析，提出了一种自适应虚拟转子惯量控制方案

$$J = \begin{cases} J_0, \dfrac{\mathrm{d}\omega}{\mathrm{d}t} \leqslant C \\[2mm] J_0 + k\dfrac{|\omega - \omega_g|}{\omega - \omega_g}\dfrac{\mathrm{d}\omega}{\mathrm{d}t}, \dfrac{\mathrm{d}\omega}{\mathrm{d}t} > C \end{cases} \qquad (8-22)$$

式中：k 为常数；C 为虚拟转子角速度变化率的阈值。

（3）频率微分技术。

虚拟同步发电机技术需对传统逆变器的控制算法进行较大改进，而基于频率微分的虚拟惯量控制技术可作为一个额外的控制回路，单独附加到逆变器原有的控制回路上，因此也得到了一定的应用。有学者通过锁相环检测频率信号，并进行微分运算，然后将该信号通过滤波器叠加到逆变器的电流指令上，以此实现虚拟惯量控制。但由于滤波器的引入，增加了虚拟惯量响应的延时，因此提出了利用二阶广义积分器－锁频环（SOGI-FLL）检测电网频率微分信号的虚拟惯量控制策略，这样就避免了频率

微分运算。

SOGI-FLL 的控制框图如图 8-35 所示。

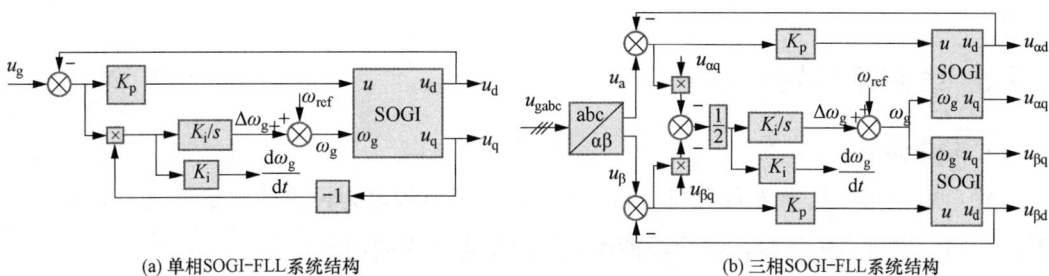

(a) 单相SOGI-FLL系统结构　　　　　　(b) 三相SOGI-FLL系统结构

图 8-35　SOGI-FLL 的控制框图

不同储能类型的虚拟惯量具有不同的特点。对于电容储能系统，在系统频率变化过程中，超级电容可通过快速调节有功功率，调用自身存储的静止能量。系统频率、SOC 及电压等因素都会影响超级电容的虚拟转动惯量大小。由于超级电容具有高功率密度，可满足快速充放电和多次循环充放电的使用需求，因此更适用于应对小幅度、高频次的负荷波动。在控制中，可优先调用电容储能，将其作为虚拟惯量的首要能量来源。对于电池储能系统，系统频率、SOC 及电压等因素同样会影响其虚拟转动惯量大小。由于蓄电池具有高能量密度，可应对大幅度的负荷波动，因此在惯量控制中能辅助超级电容实现能量补偿。超级电容 RC 等级模型如图 8-36 所示。

通过分析蓄电池和超级电容的充放电特征可知，基于混合储能的虚拟惯量技术可满足系统多工况下的稳定性要求，也更适合大规模新能源电场的并网运行。混合储能系统的拓扑结构如图 8-37 所示。

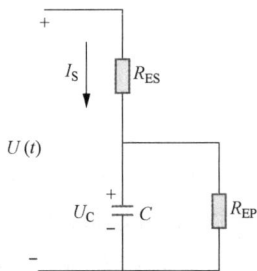

图 8-36　超级电容 RC 等效模型

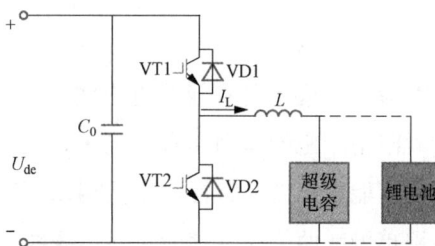

图 8-37　混合储能系统的拓扑结构

针对接入电网侧的储能系统，首先应综合考虑系统的约束条件，完成潮流计算，确定储能的优化配置容量；其次可建立超级电容、蓄电池与同步发电机转子动能间的能量转换关系，定量其虚拟转动惯量，将对储能单元虚拟惯量的整定等效为对同步发电机转动惯量的调节；最后根据超级电容与蓄电池的不同功率调节特性，划分惯性区域，优先调用高功率密度的超级电容，当超级电容难以满足系统的能量需求时，进一步调用高能量密度的蓄电池，以避免蓄电池频繁快速充放电，从而延长储能设备的使用寿命。

8.2.3 缓解系统输电阻塞

1. 输电阻塞

输电阻塞指的是当电力系统中输电线路、变压器等电力设施的容量被电力需求超过时，电网会出现电压下降，甚至不能满足用户用电需求的问题。

输电阻塞会带来多方面的负面影响。其中最直接的一点就是会导致电力短缺。由于无法满足用户的用电需求，停电成为常态。这不仅会给用户的生活造成极大不便，还会影响到企业生产的正常运转。同时，设备因无法正常供电而损坏的风险的也会增加。输电阻塞还会对电力系统的运行造成严重影响，可能会引发电压、电流等参数发生异常变化，进而导致电力设备损坏或退出运行，系统出现故障，甚至导致整个系统崩溃。对于电力市场而言，输电阻塞阻止了新的输电合同的增加，也可能使得已有的输电合同不能按计划实行，还可能在电力系统的某些地区形成垄断电价。

由于输电阻塞是由网络输电容量与输电计划之间的矛盾引起的，因此，要想消除阻塞，除了采用负荷预测、差别定价政策等调度及市场调整手段以外，究其根源，还需尽可能通过调整网络结构和控制器参数改变网络潮流，从而避免更改发电计划以及由此产生的阻塞费用，使发电方案达到最优，具体包括以下方法。

（1）输电线路改造扩容，包括新增线路、提高电压等级和增加导线传输能力。

（2）调节有载调压变压器的抽头。

（3）使用柔性交流输电系统（FACTS）。

（4）配置储能。

2. 储能设备的选择及配置方法

就阻塞产生的原因而言，电压越限、系统振荡等问题主要通过其他手段解决，而储能因具有能量充放的特性，主要用以解决潮流分布不均导致的局部线路过载问题。通过在线路单侧或两侧配置储能设备，在线路发生阻塞时存储电源侧多余的电能，或在线路功率不足时向负荷提供电能。

为缓解储能设备对线路的阻塞问题，需要依据电网的实际情况以及阻塞的特性，选择配置储能设备。储能设备需满足以下六点要求。

（1）输出功率。输电线路中配置的储能设备应具有较高的功率输出，至少达到数十兆瓦。储能设备可以通过模块化技术组合，以满足不同容量需求。同时，储能装置的无功输出能力也必须加以考虑。由于多数储能设备通过电压源换流器（VSC）实现并网控制，VSC 可独立控制有功和无功功率，但无功输出会受到有功输出及总容量的限制。

（2）放电持续时间。一般情况下，储存的能量可以在几秒到几个小时的时间内被输送到电网。然而，输电阻塞更多是由于线路过载所造成的，因此要求储能设备具有 15～30min 的放电持续时间。

（3）输出电压。可通过储能单元串联，适配系统电压等级。

（4）响应时间。储能设备的响应时间通常由储能介质以及并网换流器的控制共同决定。

（5）设备便捷性。输电线路和配电网往往受地理条件以及空间限制，即使储能设备的其他特性良好，但由于其体积庞大、不易运输安装，因此也并不适用于输电线路，为进一步提高便捷性，部分方案提出车载移动储能装置，将在本章第三节详细介绍。

（6）效率及寿命。储能设备的运行效率及使用寿命将极大影响系统投资及运行成本。

总体而言，储能设备的配置需综合考虑上述六点因素，在满足输电阻塞技术性要求的前提下，优化系统潮流分布，提高线路输送能力，并通过经济性分析，实现系统投资运行成本最优。

3. 基于分布因子的储能阻塞调整分析

在电力系统运行问题中，通过建立网络潮流模型，能够在优化问题中分析储能在电力系统网架中不同节点的充放功率对系统潮流的影响，进而通过优化储能布局以及输出功率，缓解峰荷时段关键线路阻塞问题。储能通过调节节点功率，从而改善系统潮流分布，进一步缓解阻塞问题。但在何处配置储能以及配置多少储能的输出功率是需要进一步解决的问题。因此，需要基于直流潮流的分布因子分析，实现储能对系统输电阻塞缓解作用的量化分析。

（1）直流潮流。

传统电力潮流模型具有高度的非线性，难以求解。因此，在保证一定求解精度的基础上，电力系统运行模型通常选用直流潮流模型。将非线性电力潮流模型简化为线性电路问题，从而使分析计算变得非常方便。

直流潮流是一种近似方法，主要用于系统中有功功率分布的近似估算。在直流潮流过程中，支路无功潮流为 0，如果支路互导纳用 B_{ij} 表示，那么支路的直流潮流 P_{ij} 可以表示为

$$P_{ij} = B_{ij}(\theta_i - \theta_j) \tag{8-23}$$

这样非线性的有功潮流方程简化成了线性的直流潮流方程。一条交流支路可以近似看成是一条直流支路，两端等效电压为角度 $\theta_{i,j}$。进一步导出节点注入的直流潮流，其矩

阵形式为

$$P = B_0'\theta$$
$$\theta = B_0'^{-1}P = XP \qquad (8-24)$$

其中

$$B_0'(i,i) = \sum_{j\in i, j\neq i} \frac{1}{x_{i,j}}$$
$$B_0'(i,j) = -\frac{1}{x_{i,j}} \qquad (8-25)$$

（2）常规灵敏度计算方法。

对于给定的电力系统运行状态，有时需要分析某些变量发生变化时，会引起其他变量发生多大的变化，这时需要进行灵敏度分析。

借助灵敏度系数或分布因子，可以简化发电机有功功率变化、某支路开断或者中枢点电压调整引起的潮流变化分析工作。系统当前运行状态满足潮流方程，灵敏度和分布因子的计算通常以潮流方程在给定运行点的局部线性化为基础。由此得到的灵敏度和分布因子本质上描述了变量之间的局部线性关系。灵敏度系数在电力系统静态安全分析、优化潮流、电网规划以及电力市场阻塞管理等领域具有广泛的应用。

电力系统中的潮流计算一般用下述公式描述

$$\begin{cases} f(x,u) = 0 \\ y = y(x,u) \end{cases} \qquad (8-26)$$

式中：x 为状态变量（负荷节点的电压幅值和相角）；u 为控制变量（发电机节点的有功功率和机端电压）；y 为依从变量（线路上的有功功率）；f 为反映网络拓扑结构的非线性潮流方程。

通常潮流计算的过程是：当网络结构和控制变量 u 给定时，从潮流方程中求得状态变量 x，进一步再求得依从变量 y。

常规灵敏度的计算思路为：如果系统的给定条件发生变化，例如控制变量 u 发生了 Δu 的变化，这时无须进行完整的潮流计算，可直接利用灵敏度系数快速求得状态变量和依从变量的变化量 Δx 和 Δy。具体做法是将潮流方程在当前点进行线性化处理，利用多元函数的泰勒展开式，并略去高次项，具体为

$$\begin{cases} f(x+\Delta x, u+\Delta u) \approx \dfrac{\partial f}{\partial x^{\mathrm{T}}}\Delta x + \dfrac{\partial f}{\partial u^{\mathrm{T}}}\Delta u = 0 \\ y(x+\Delta x, u+\Delta u) \approx y + \dfrac{\partial y}{\partial x^{\mathrm{T}}}\Delta x + \dfrac{\partial y}{\partial u^{\mathrm{T}}}\Delta u = y + \Delta y \end{cases} \qquad (8-27)$$

定义 S_{xu} 和 S_{yu} 分别为 u 的变化量引起 x 变化量和 y 变化量的灵敏度系数矩阵，计算式为

$$\begin{cases} \Delta x = S_{xu} \Delta u \\ \Delta y = S_{yu} \Delta u \end{cases} \tag{8-28}$$

其中

$$\begin{cases} S_{xu} = -\left(\dfrac{\partial f}{\partial x^T}\right)^{-1}\left(\dfrac{\partial f}{\partial u^T}\right) \\ S_{yu} = \left(\dfrac{\partial y}{\partial u^T}\right) + \left(\dfrac{\partial y}{\partial x^T}\right)S_{xu} \end{cases} \tag{8-29}$$

（3）分布因子。

在电网分析中，有时需要了解支路有功潮流的变化，这一变化可能是由发电机有功输出功率变化引起的，也可能是由电网中一条支路或几条支路开断引起的。这时可以用分布因子（Distribution Factor）来描述这种变化。在有的文献中，也将分布因子称为分布系数。

在特别关注系统有功潮流的情况下，可以基于有功潮流分布的直流潮流模型导出支路分布因子和发电机输出功率转移分布因子（Generation Shift Distribution Factor，GSDF）。这一类分布因子可以利用调整前系统的有功潮流分布，快速求出调整后的有功潮流分布。

GSDF 定义了由于发电机有功功率变化引起的支路潮流的变化量。当节点 i 的有功功率变化为 ΔP_i 时，引起支路 k 的有功潮流变化为 ΔP_k^i，则有

$$\Delta P_k^i = G_{k-i}\Delta P_i \tag{8-30}$$

式中：G_{k-i} 为发电机输出功率的转移因子。

式（8-30）的推导过程如下。

假定除了平衡节点有功功率变化外，其他节点有功注入保持不变，节点电压相角的变化量表示为

$$\Delta \theta = X(e_i \Delta P_i) = X_i \Delta P_i \tag{8-31}$$

式中：e_i 为单位列矢量，只有在节点 i 对应的位置有非零元素 1；X_i 为 X 中第 i 个列矢量；X 为直流潮流中 B_0 的逆矩阵。

则式（8-30）可以改写为

$$\Delta P_k^i = \frac{M_k^T \Delta \theta}{x_k} = \frac{1}{x_k} M_k^T X_i \Delta P_i = \frac{X_{mi} - X_{ni}}{x_k}\Delta P_i = \frac{X_{k-i}}{x_k}\Delta P_i = G_{k-i}\Delta P_i \tag{8-32}$$

式中：M_k 为支路 k 的节点-支路关联矢量，只在线路端点 m、n 对应位置处有 ± 1 两个元素（注入端为 -1，流出端为 $+1$），其余全为 0；X 中的双下标元素 $k-i$ 表示 X 矩阵中的元素；G_{k-i} 描述了发电机节点 i 的有功功率改变单位值时，支路 k 的有功潮流的变化量。当节点 i 注入单位电流时，支路 k 上的电流是 G_{k-i}，其数值不会大于该发电机节点注入的电

流，即 $|G_{k-i}| \leqslant 1$。

GSDF 值只与网络拓扑和线路参数有关，它可以分析当前潮流下线路功率的增量改变。因此，需要先计算一次潮流，以确定线路的初始功率。同时，GSDF 计算公式支持多次叠加，从而可以将某个节点的功率注入增量转移到其他任何节点，但前提是系统总发电功率和负荷功率必须相等。GSDF 能够调整发电机输出功率，使某些线路的潮流控制在指定的范围之内。这在实时调度的联络线潮流控制、电力市场的阻塞管理及在线静态安全分析的校正控制中都有应用。

需要注意的是，X 矩阵与平衡节点的选择有关，选择不同的平衡节点将得到不同的 GSDF 值；隐含地假定在新的稳态运行点，全系统的功率不平衡量由平衡节点的发电机来承担，这与电力系统的实际运行情况不符，这一问题可以通过准稳态发电机输出功率转移分布因子来解决。

（4）储能缓解输电阻塞的量化分析实例。

图 8-38 为三母线电力系统及其潮流分布图，各电气量均以标幺值形式给出，图中标出了支路电抗、支路编号以及支路规定的正方向。

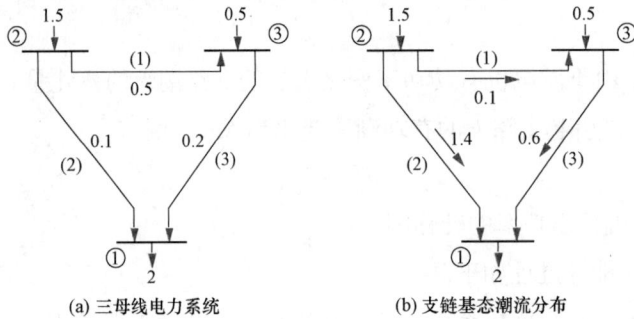

(a) 三母线电力系统   (b) 支链基态潮流分布

图 8-38　三母线电力系统及其潮流分布图

在图 8-38 中，由于线路（2）最大允许功率为 1，因此可以判断该线路发生过载。假设储能的最大充放电功率为 $\Delta P_{\mathrm{i}} = \mp 0.8$。以节点③为参考节点，分别计算节点①和节点②对支路（2）的 GSDF。

$$B_0' = \begin{pmatrix} 15 & -10 \\ -10 & 12 \end{pmatrix} \quad X = B_0'^{-1} = \frac{1}{80} \times \begin{pmatrix} 12 & 10 \\ 10 & 15 \end{pmatrix} \tag{8-33}$$

$$e_1 = \begin{bmatrix} 1 & 0 \end{bmatrix}^{\mathrm{T}} \quad\quad\quad e_2 = \begin{bmatrix} 0 & 1 \end{bmatrix}^{\mathrm{T}}$$

$$X_1 = Xe_1 = \begin{pmatrix} 0.15 \\ 0.125 \end{pmatrix} \quad X_2 = Xe_2 = \begin{pmatrix} 0.125 \\ 0.1875 \end{pmatrix} \tag{8-34}$$

$$G_{2-1} = \frac{\boldsymbol{M}_2^{\mathrm{T}} \boldsymbol{X}_1}{x_2} = \frac{(-1 \quad 1) \begin{pmatrix} 0.15 \\ 0.125 \end{pmatrix}}{0.1} = -0.25$$

$$G_{2-2} = \frac{\boldsymbol{M}_2^{\mathrm{T}} \boldsymbol{X}_2}{x_2} = \frac{(-1 \quad 1) \begin{pmatrix} 0.125 \\ 0.1875 \end{pmatrix}}{0.1} = 0.625$$

（8-35）

由节点 G_{2-1} 和节点 G_{2-2} 可知，在节点①和②处均可通过配置储能缓解线路（2）的阻塞。不同的是节点①处配置的储能吸收能量（功率为负），②处配置的储能释放能量（功率为正）。

因此方案 1 为

$$\min\left\{P_2^1\right\} = G_{2-1}\Delta P_2 + P_2 = -0.25 \times \max\left\{P_{\mathrm{ES}}\right\} + P_2$$
$$= -0.25 \times 0.8 + 1.4 = 1.2$$

（8-36）

可以看出，此方案并不能完全缓解线路阻塞情况，但线路功率仍然越限。

方案 2 为

$$\min\left\{P_2^2\right\} = G_{2-2}\Delta P_2 + P_2 = 0.625 \times \min\left\{P_{\mathrm{ES}}\right\} + P_2$$
$$= 0.625 \times (-0.8) + 1.4 = 0.9$$

（8-37）

由此可以看出，通过在节点②引入储能设备，使得支路（2）上的有功潮流减少，支路（2）上的潮流压力大大缓解，线路传输功率降至 1.0 以下。

综上所述，输电阻塞会导致电力短缺，增加设备损坏的风险，并可能引发电力系统故障甚至崩溃，进而影响电力市场，形成垄断电价。储能设备可以通过调节节点的功率，改善系统潮流分布，缓解输电阻塞问题。通过建立直流潮流模型和进行分布因子分析，可以量化储能在电力系统中不同节点充放电功率对系统潮流的影响，从而确定储能设备的最佳配置位置和功率，以缓解特定线路的阻塞问题。

8.2.4　无功支撑与电压调整

1. 配电网无功潮流和电压分布原理

近年来，随着经济和人们生活水平的提高，电气设备对电压质量提出了更高的要求。在电力市场快速发展的今天，配电网电压质量问题尤为突出。电动机负荷在综合负荷中的比重越来越大，一旦系统受到干扰，由于电动机固有的电压无功特性，系统很容易出现失稳现象。此外，各种补偿装置和有载调压变压器的不正确使用也给系统稳定性带来了不少隐患。

整个电力系统由发电、输电、变电、配电和用电五个环节组成。随着经济的发展，电压等级不断升高，电网规模不断扩大，电网结构也越来越复杂。为了保证电能能够稳定传输，在发电和输电环节采取了多种稳定手段和使用了大量装置，使得电压相对比较稳定。而与之相对应的配电网络，由于负荷的复杂性以及各种调节装置的影响，使得电压稳定问题比较复杂。

因此，首先了解负荷的静态电压特性很有必要，综合负荷的有功功率和无功功率一般都随着电压降低而减少，但是当电压降低到一定程度时，消耗的无功功率反而增加，这是由于感应电动机的功率特性所造成的，这种现象会导致系统的无功缺额进一步扩大，从而严重影响系统的电压稳定性。为了便于分析，常常用二次多项式来表示负荷的静态无功−电压特性，计算式为

$$Q_L = Q_{LN}\left[a_q\left(\frac{U}{U_N}\right)^2 + b_q\left(\frac{U}{U_N}\right) + c_q \right] \tag{8-38}$$

式中：Q_L 为负荷在电压 U 下吸收的无功功率；Q_{LN} 为负荷在额定电压 U_N 下吸收的无功功率；a_q、b_q 和 c_q 为特性系数。

应满足

$$a_q + b_q + c_q = 1 \tag{8-39}$$

式（8-38）中，等号右端的第一项与电压的二次方成正比，称为负荷中的恒定阻抗部分（或分量）；第二项与电压成正比，称为恒定电流部分；第三项与电压无关，称为恒定功率部分。

必须指出，由于负荷在系统分布得比较分散，很难通过计算得出综合负荷的电压−无功特性，一般人为对电压进行少量调整，以测量负荷功率的变化，从而得出定量的结果。然后求出特性曲线在额定电压下的斜率并进行线性化处理，这一处理结果可用于一定的电压范围内。

2. 储能无功电压控制

分析了负荷的静态无功−电压特性之后，下面以简单主动配电网结构为例，将主动配电网馈线作为潮流分析单元，对主动配电网的电压变化进行分析。配电网结构示意图如图 8-39 所示。

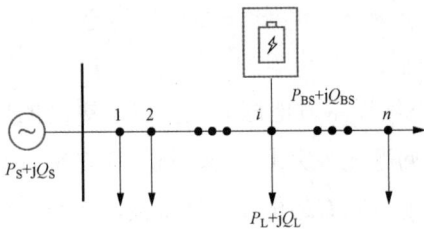

图 8-39　配电网结构示意图

该主动配电网馈线上有 n 个节点，主动配电网系统电源功率为 $P_S + jQ_S$，i 节点为并网节点，接入主动配电网的储能功率为 $P_{BS} + jQ_{BS}$。

假设主动配电网中节点之间阻抗均匀分布，每条馈线之间的阻抗为 $Z = R + jX$，每条馈线负荷大小均为 $P_L + jQ_L$。根据功率守恒原理，并网点有功交换功率 P_i^{PCC} 和无功交换功率 Q_i^{PCC} 表达式为

$$\begin{cases} P_i^{\text{PCC}} = P_{\text{L}} + P_{\text{BS}} \\ Q_i^{\text{PCC}} = Q_{\text{L}} + Q_{\text{BS}} \end{cases} \tag{8-40}$$

由电力系统分析中的潮流计算可知，i 节点的电压降的纵分量为

$$\Delta U = \frac{RP_i + XQ_i}{U_{\text{N}}} \tag{8-41}$$

式中：U_{N} 为线路的额定电压；P_i 和 Q_i 为 i 节点处的有功功率和无功功率。

假定储能电站通过公共连接点（PCC）向主动配电网注入有功功率 P_i^{PCC} 和无功功率 Q_i^{PCC}，那么注入功率后的电压降为

$$\Delta U' = \frac{R(P_i^{\text{PCC}} - P_i) + X(Q_i^{\text{PCC}} - Q_i)}{U_{\text{N}}} \tag{8-42}$$

当忽略线路的 R，近似计算可得出

$$\Delta U' \approx \frac{X(Q_i^{\text{PCC}} - Q_i)}{U_{\text{N}}} \tag{8-43}$$

因此，在所有引起电压不平衡的原因中，主要原因是电力网络中无功的供给量无法满足负荷需求，或者存在过多无功溢出。

配电网的调压手段主要包括无功补偿和对多余无功的消纳，维持电力系统电压在允许范围之内变化是通过控制电力系统无功电源的输出功率实现的。

因此，储能系统若要参与电网侧电压调节，需根据电网电压的变化相应地吸收或释放无功功率，起到类似静止无功发生器（SVG）和静止同步补偿器（STATCOM）的效果。由于储能系统具备快速、灵活的功率调节特性，并网之后，它能够作为快速响应的动态无功补偿装置参与电网侧的电压调节与控制，改善电能质量，而这一过程的关键就在于储能无功功率给定值的选取。储能并网示意图如图 8-40 所示。

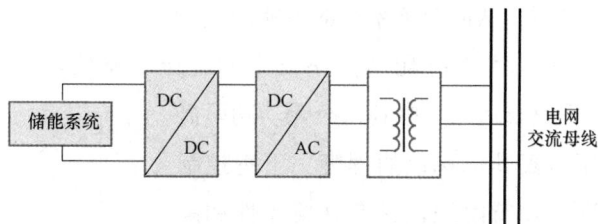

图 8-40　储能并网示意图

根据无功功率给定值的不同，目前主流的无功电压控制策略可以分为定电压控制和无功-电压下垂控制两类，而无功-电压下垂控制又可以分为固定的下垂控制和自适应下垂控制。

（1）定电压控制。

定电压控制框图如图 8-41 所示。定电压控制原理是对电网电压实际值和额定值

进行比较，经过 PI 调节后，得到储能无功功率的给定值，储能变流器按照指令输出相应的无功功率，从而使电网电压维持在额定值。但是，实际中储能输出的无功功率会受到有功功率的限制，当定电压控制需要的无功输出较大，且超过储能变流器当前的无功容量时，储能会持续以最大功率方式运行。这种情况既无法满足调压要求，又会影响系统的安全与稳定。因此，此种方式虽然控制策略比较简单，但不适合在实际工程中使用。

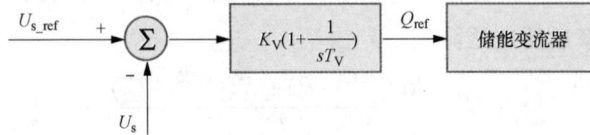

图 8-41　定电压控制框图

（2）无功-电压下垂控制。

如果将定电压控制中的无差 PI 调节改成有差的比例调节，并根据当前的有功功率设置无功功率的上下限，其控制框图如图 8-42 所示。其中，K_Q 为无功-电压下垂系数，这构成了储能变流器的无功-电压下垂控制策略。

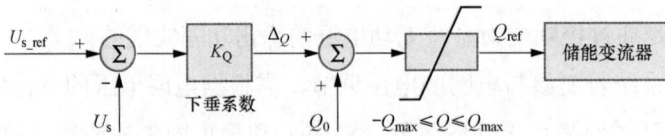

图 8-42　无功-电压下垂控制框图

采用无功-电压下垂控制时，储能系统会根据电网电压的实际值与额定值的差值，在自身功率输出的能力范围内，向电网提供一定的无功支撑。通过这种方式，储能系统参与电网电压的调节过程，从而改善系统的电能质量。

在下垂控制方式下，可以分配储能系统中的电压下垂值，无功-电压下垂特性如图 8-43 所示。下垂值表示在考虑到系统无功功率需求变化时，允许电压偏离其标称值的程度。下垂控制根据系统的实际情况来调节电压，具有强鲁棒性和高性能，已广泛应用于电力系统等重要领域。由于电力系统中存在各种干扰和失效问题，传统的 PI 控制器等控制方法容易受到外部干扰和内部失效问题的影响，导致控制效果不佳。而下垂控制策略作为控制系统中的一种迭代控制方法，能够有效地解决这些问题。因

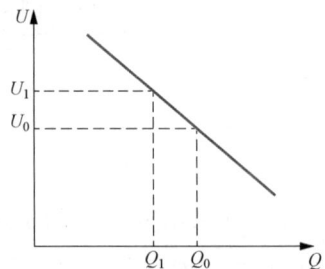

图 8-43　无功-电压下垂特性

此，采用无功-电压下垂控制能够提高系统的电压稳定性，同时提升储能变流器的可靠

性和效率。

1）固定的下垂控制。

2）自适应下垂控制。

在无功-电压下垂控制中，采用的是固定下垂系数 K_Q。如果 K_Q 取值太大，虽然有利于提高电压调节能力，但会导致储能变流器频繁工作在最大功率极限状态；如果 K_Q 取值过小，虽然可以保证储能变流器的稳定运行，但对电压调节的贡献有限。因此，传统的固定下垂控制不能同时满足电网的电压调节和稳定运行的要求。

为解决这一问题，可以将固定下垂系数改为自适应的下垂系数，以提升调压效果，自适应下垂控制框图如图 8-44 所示。自适应下垂系数可以根据储能变流器当前最大的无功容量来设定。当无功容量大时，增大下垂系数，以保证其良好的调压性能；当无功容量小时，减小下垂系数，以保证储能变流器稳定运行。

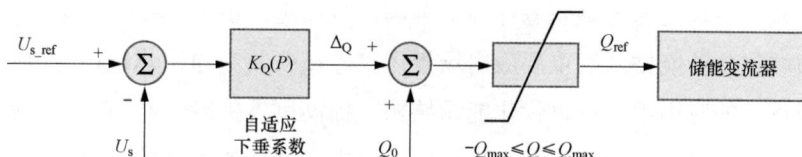

图 8-44　自适应下垂控制框图

综上所述，自适应下垂系数可以表示为

$$\Delta U' \approx \frac{X(Q_i^{\text{PCC}} - Q_i)}{U_N} \tag{8-44}$$

$$K_Q(P) = CQ_{\max} = C\sqrt{S_{\max}^2 - P^2(t)} \tag{8-45}$$

式中：$K_Q(P)$ 为自适应下垂系数；$S_{\max}$ 为储能变流器最大容量；C 为相关比例系数。

自适应下垂控制的无功输出可以定义为

$$\Delta Q = K_Q(P)(U_{s\_ref} - U_s) \tag{8-46}$$

因此，自适应下垂控制环的输出可以表示为

$$\Delta Q = C\sqrt{S_{\max}^2 - P^2(t)} \ (U_{s\_ref} - U_s) \tag{8-47}$$

采用自适应下垂控制，综合考虑了系统的调压性能和稳定运行能力，在实际应用中有着更好的调压效果，这也是未来提升储能无功调压能力的一个重要研究方向。

8.3　储能系统在用户侧的应用

8.3.1　背景

用户侧配置储能系统主要考虑的是提升电网运行的经济性与可靠性。储能系统在减小电网负荷峰谷差、降低电网建设成本和增强电网可靠性方面都具有重要意义。

具体来说，配备储能系统能够缓解因经济快速发展而造成的电力紧张问题，对于用电量较大的大工业及工商业用户而言，经济性提升显著；同时，用户侧储能可以增强售电公司在市场中的竞争意识，推动电力系统的健康发展；此外，用户侧储能还可以延缓和降低电网投资成本，促进新能源消纳，保障供电稳定。当用户侧储能发展到一定规模时，可以减小电网负荷峰谷差，降低电力负荷峰值，从而削减对主电网、配电网建设等方面的投资。

用户侧储能系统在多个领域展现了广泛的应用前景。首先，在传统工业园区中，储能系统可以帮助调节供需平衡，特别是在应对可再生能源波动性时发挥重要作用。通过储能系统，工业园区可以存储白天光伏系统产生的多余电力，并在主要用电时段向电网供电，以确保电网稳定运行，并提供备用电源保障园区正常运转。此外，储能系统还能够利用工业园区中较高的电价差进行峰谷套利，从而进一步降低能源成本。其次，公共基础设施领域也是储能技术的重要应用场景之一。在公共交通、建筑、城市服务设施等方面，储能技术的应用不仅可以优化能源结构，提高可再生能源利用效率，还能为城市基础设施提供备用电源，保障其稳定运行，从而提高城市的安全性和可靠性。例如，在城市中的学校、公园、地铁站等公共场所配置储能系统，可以有效应对电力负荷高峰和突发的电力需求，为居民提供便利。

除了传统领域，储能技术在新兴产业和商业领域也得到了广泛应用。在数据中心、商场、写字楼等商业场所，储能系统可以提供备用电源，在能源供应短缺或需求增加时用于平衡电力需求。此外，通过在商业体停车场、地下车库等地方设置充电桩，为新能源汽车提供充电服务，也是储能技术的一种创新应用。另外，微电网是另一个重要的应用领域，特别适用于偏远地区以及大电网覆盖不到的区域。微电网结合储能技术可以形成一个可控的能源单元，为用户提供可靠的电能供应。

综上所述，用户侧储能系统的应用主要集中在基于分时电价的峰谷套利、容量费用管理、供电可靠性提升和电能质量改善等场景，下面针对电池储能系统在电力系统负荷侧的具体应用场景进行详细介绍。

8.3.2　分时电价响应控制

目前电网公司的零售电价采用分时电价制度，用户可以根据自己的实际情况安排用电计划，将电价较高时段的电力需求转移到电价较低的时段，从而达到降低总体电价水平的目的，即为分时电价管理。分时电价管理与移峰策略相似，但分时电价管理是基于分时电价体系来实现的。在实施了分时电价的电力市场中，储能是帮助电力用户实现分时电价管理的理想手段。在电价较低时给储能系统充电，在高电价时放电，不仅可以通过低存高放来降低整体用电成本，而且还不用改变用户的用电习惯。即使是在电价最高时用户还可以按自己的需求使用电能。分时电价管理的收益主要通过电价差和用电计划的调整来获得。分时电价管理示意图如图 8-45 所示。

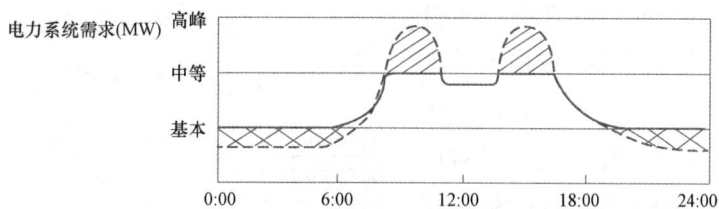

图 8-45　分时电价管理示意图

- - - 配置储能前的电力曲线；——配置储能前的电力曲线

1. 峰谷价差套利

目前，我国的工商业电价采用政府定价模式，但是在制定用电价格定时，会面向大众公开听证。价格主要包含当地的发电成本、电网输配费用以及一部分利润加成。根据用户类型、用电用途以及用电时间的差异，适用不同的电力价格类型。按照用电群体的划分，电网的销售电价主要分为居民用电销售价格、一般工商业用电销售价格、大工业用电销售价格和农业生产用电销售价格等。特别情况下，各地政府部门会出台一些特殊的用电价格政策，比如在抗洪救灾时或者针对某些特定行业的发展给予支持。

峰谷电价是用电需求与供电量之间配比不平衡的一种市场化表现，鉴于日内生活和生产用电的周期性特征，用电高峰期主要集中在几个时间段，时段内发电机组和输电线路处于高负荷率状态，因此可通过提高电价来控制一部分需求，减少尖峰时段用电的浪费。现阶段，随着电力交易逐渐建立和完善，政府更便于通过峰谷电价来引导社会在高峰时段的用电需求，进而降低供需差距。这使得一部分对电价比较敏感的工商业用户，选择将高能耗的生产活动安排在低谷电价时段，以降低生产用电成本。

但是对于那些对生产计划有严格要求的用户而言，调整生产周期较为困难且不经济，这时就需要储能系统来调整用电峰谷的比例。只要容量能满足实际需要，储能系统就能够实现随时随地的充电和放电。一般情况下，储能电站可以选择在低谷电价区间进行蓄电，以满足全天候的用电负荷需求，甚至可出售余电给其他的用户使用，这样做不仅能大幅节省用电成本，同时也减少了高峰期供电系统给用户带来的不稳定因素的影响，还能获得一部分收益，可谓是一举多得。

就峰谷价差套利运营模式来看，电化学储能电池总成本、峰谷电价差值以及每天电价峰谷波动的次数是影响投资行为的关键因素。在控制电化学储能电池总成本的基础上，系统利用价差产生套利的机会增多，其收益也明显增加。需要注意的是，在此商业模式下，要关注用户变压器的情况，确保变压器稳定运行，安全第一。在储能系统放电时，其功率必须被用电负荷全部消耗，避免产生向电网倒送电的现象。

峰谷价差套利是一种基于不同时间段电价差异的策略，通过在低谷时段购买电能，并在高峰时段将其释放或使用，从而实现经济效益的最大化。这种策略有助于用户在高电价时节省成本，并在低电价时充分利用便宜的电能。峰谷价差套利策略的组成环节示意图如图 8-46 所示。

图 8-46　峰谷价差套利策略的组成环节示意图

（1）电价分析和预测。

用户需要对电力市场的电价进行分析和预测，以确定高峰和低谷时段。这可以通过监控市场价格、分析历史数据以及预测市场趋势等方法来实现。

（2）储能系统控制。

峰谷价差套利需要一个智能的储能系统来管理能量的充放电。在低电价时段，储能系统应该充电以存储电能；而在高电价时段，储能系统应该放电以满足用户需求或向电网出售电能。

（3）风险管理。

虽然峰谷价差套利可以显著节约成本，但也伴随着一定的风险。不同时间段的电价波动、储能系统的效率和性能等因素都可能影响套利效果。因此，用户需要采取相应的风险管理措施，确保系统稳定运行并最大化经济效益。

峰谷套利收益是指电力用户基于分时电价，通过安装储能装置，在电价低谷时充电；在电价高峰时放电自供，从而减少高价电的购买量，实现峰谷价差套利。月峰谷套利收益 V_1 为

$$V_1 = \sum_{i=1}^{n} c_i (P_{d,i} - P_{c,i}) \Delta t_i \qquad (8-48)$$

式中：i 为时间，设置一天 96 个采样点；Δt_i 为采样点间隔，一般为 15min；c_i 为 i 时刻的电价；$P_{d,i}$ 为 i 时刻的放电功率；$P_{c,i}$ 为 i 时刻的充电功率。

2. 容量费用管理

不同于居民用户的单一制电价，国内大部分地区的工商业用户均实施两部制电价，即工商业用户的电费包括电度电价与基本电价两个部分。电度电价指的是按照实际发生的交易电量计费的电价。基本电价又称容量电价，与电量电价不同，它主要取决于用户用电功率的最高值，与在该功率下使用的时间长短以及用户用电总量都无关。基本电价按照电力

用户的变压器容量（kV·A）以及最大功率（kW）进行计算，为每个月固定的费用。

首先，我们来探讨一下支付容量费用的原因。高峰负荷通常是由特殊的天气或发生某些重大事件引发的，其持续时间一般很短。因此，高峰负荷时的电价必须很高，从而使满足高峰负荷需求的投资能够得到回收并有所回报。一般来讲，由于期望的收益非常不稳定，且很可能无法收回投资成本，仅依靠能量市场的电价信号很难吸引对高峰容量的投资。因此，有必要建立某种基于管制或市场的机制，向发电公司支付容量费用，以稳定其收入并鼓励新的投资，最终达到保证长期电力供应充裕性的目的。从总体上讲，支付容量费用的作用主要有两个：保证短期和长期的可靠性。长期可靠性也称系统容量充裕性，它表示从长期来看系统能够满足负荷需求的能力，其测度是备用裕度。备用裕度是指总的装机容量和峰荷之差。

具体来说，向发电公司支付容量费用或设立容量市场可起到以下作用。

（1）以直接、合理的方式回收固定的容量成本。

（2）为增加新的发电容量提供适当的价格信号。

（3）减少投资风险，尤其是对于峰荷机组，鼓励发电投资。

（4）降低发电公司减产的动机。

（5）延缓现有的竞争力弱的发电机从市场中退出。

（6）在发电机提供的能量和容量中适当分配成本和收入。

（7）减少能量市场的价格波动。

容量费用管理是一种通过减少负荷峰值以降低电力系统容量费用的策略。电力系统的容量费用通常基于用户在高峰时段的用电峰值来确定，因此，降低这些峰值有助于用户减少相应的容量费用。用户可以利用储能系统在用电低谷时储能、在高峰时放电，从而降低尖峰功率和最大需量功率，使工商业用户的实际用电功率曲线更加平滑，起到降低容量电价的作用。以下是实施容量费用管理的关键步骤。

（1）负荷分析和优化。

用户需要对自身的负荷进行分析，识别出高峰时段的用电峰值。然后通过优化设备运行模式、调整用电时间等方式来降低这些峰值，从而减少容量费用。

（2）储能系统应用。

储能系统是容量费用管理的关键工具。用户可以在低负荷时段使用储能系统充电，在高峰时段释放电能以降低用电峰值。通过这种方式，储能系统可以帮助用户有效管理容量费用。

（3）系统监控和调整。

实施容量费用管理需要持续的监控和调整。用户需要密切关注负荷变化、电价波动等因素，并及时调整储能系统的运行策略，以确保系统能够有效地降低用电峰值并最大化经济效益。容量费用管理流程图如图 8-47 所示。

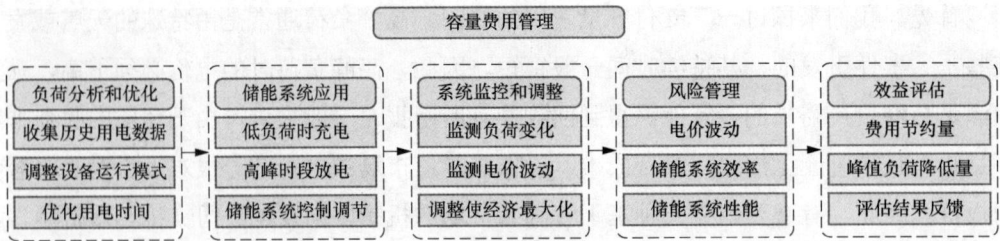

图 8-47　容量费用管理流程图

容量费用管理通过负荷分析和优化、储能系统应用、系统监控和调整以及风险管理等关键步骤，实现了电力系统容量费用的有效管理。首先，通过收集和分析负荷数据，识别出用电高峰时段，并采取措施对负荷进行优化，例如调整设备运行模式和用电时间。然后，利用储能系统在低负荷时段充电，并在高峰时段释放电能，以降低用电峰值。在此过程中，系统需持续监控负荷变化和电价波动等因素，并根据监控结果进行相应调整，确保系统稳定运行。同时，风险管理措施也需同步实施，以应对可能出现的电价波动和系统效率下降等风险。最后，对容量费用管理效益进行评估，包括节约的费用和降低的峰值负荷等，以指导后续的决策和调整。这一流程将储能系统应用于负荷管理中，以提高能源利用效率和降低成本，为电力系统的可持续发展提供重要支持。

通过实施峰谷价差套利和容量费用管理等分时电价响应控制策略，用户可以在电力系统储能应用中实现成本节约和负荷优化，并积极参与到电力系统中，从而推动能源的可持续发展。

8.3.3　改善供电可靠性和电能质量

随着电力电子技术的发展，非线性电力电子器件和装置在现代工业中得到了广泛应用。同时，为了解决电力系统自身发展存在的问题，直流输电和柔性交流输电系统（FACTS）技术不断投入实际工程应用。这些设备的运行使得电网中电压和电流波形畸变越来越严重，谐波水平不断上升。另外，冲击性、波动性负荷运行中不仅会产生大量的高次谐波，还会产生电压波动、闪变和三相不平衡等电能质量问题。但另一方面，随着各种复杂的、精密的且对电能质量敏感的用电设备不断普及，人们对电能质量的要求越来越高。

而储能，特别是移动式储能，可以在用户侧很大程度上改善电能质量，提高供电可靠性，确保工业用户用电成本有效降低。移动式储能电站虽然容量不大，但具有位置灵活、反应时间短等特点，可以用于应急电源，在稳定电网等方面应用潜力巨大。

1. 电能质量

电能质量描述的是通过公用电网供给用户端的交流电能的品质。理想状态的公用电网以恒定的频率、正弦波形和标准电压对用户供电。在三相交流系统中，还要求各相电压和电流的幅值大小相等、相位对称且互差 120°。但由于系统中的发电机、变压器、输电线路和各种设备的非线性或不对称性，以及运行操作、外来干扰和各种故障等原因，这种理想状态并不存在。因此，产生了电网运行、电力设备和供用电环节中的各种问题，也就产生了电能质量的概念。IEC 标准对电能质量（Power Quality）的定义为：电能质量是指供电装置在正常工作情况下不中断和干扰用户使用电力的物理特性。

衡量电能质量的指标除了额定电压、额定频率和正弦波形外，还包括所有电压瞬变现象，如冲击脉冲、电压下跌、瞬间间断等。目前，电能质量干扰的主要内容有断电、电压凹陷/凸起、瞬时脉冲、过电压（欠电压）、谐波、电压切痕、三相不平衡度、电压波动和闪变等。

造成当前电能质量问题的原因主要有两个方面。

（1）电力负荷造成的变化。电力系统存在大量非线性负荷、大规模电力电子应用装置和快速变化的冲击性负荷等。

（2）大量谐波注入电网。新型电力设备在实现功率控制和处理的同时，不可避免地产生非正弦波形电流，使公共连接点的电压波形发生严重畸变。随着这些非线性、冲击性负荷的大量使用，电能质量问题日益突出，对电网运行及敏感电气设备的影响和危害也愈发明显。

过去，电能质量研究主要集中在谐波相关的稳态电能质量问题上，但现在，对电压骤降、电压骤升和暂态扰动等各种暂态电能质量问题的研究正在成为热点。改善电能质量的装置和措施很多，以大功率电力电子器件为核心单元的新型装置，可以有效地抑制或抵消电力系统中出现的各种短时、瞬时扰动，而常规措施则更适用于稳态电压调整。电能质量控制装置按功能可分为无功补偿装置、滤波器和统一电能质量调节器（UPQC）三大类。

此外，电信、精密电子、数据中心等行业用户对电能质量要求较高。因此，研究电能质量改善措施很有必要。近年来，我国的电力技术得到快速发展，电力生产的效率得到明显提高。其中，供配电系统的电能质量与用户有着密切联系，提高供配电系统的电能质量合格水平具有重要意义。

2. 储能在改善电能质量方面的应用

储能技术能够显著改善电能质量问题，通过快速调节无功功率和有功功率，平衡系统中各种原因产生的不平衡功率，进而调节频率，补偿负荷波动，降低扰动对电网的影响，从而改善用户电能质量。

储能技术可以通过以下方式改善电能质量。

（1）快速响应和灵活调节。储能系统能够快速响应电网的需求变化，通过充放电操作调节电网的频率和电压，保持电力系统的稳定运行。

（2）平衡供需关系。在电力需求高峰时期储存过剩的电能，并在低负荷时释放，有效平衡电力系统的供需关系，减少电网压力，提高供电可靠性。

（3）提高可再生能源利用率。通过捕获并储存可再生能源的超额能量，以备不时之需，既提高了可再生能源的利用率，也减少了对传统能源的依赖。

（4）减少电压波动和闪变。通过快速调节功率，可以平衡系统中各种原因产生的不平衡功率，进而调节频率，补偿负荷波动，降低扰动对电网的影响，同时减少电压波动和闪变等问题。

（5）作为备用电源。在电网发生故障或突发事件时，储能系统可以作为备用电源迅速接管电网运行，确保电力供应的连续性和稳定性。

通过上述方式，储能技术不仅提高了电能质量，还增强了电力系统的可靠性和稳定性，在保障国家能源安全、促进经济持续增长、优化电力营商环境以及支持"双碳"目标等方面都具有重要意义。

在储能系统改善电能质量方面，典型的例子是移动式储能系统的应用。移动式储能系统是一种集储能电池、电能管理系统、整流逆变系统及运载平台等于一体的储能装置，它具有机动灵活、响应快速和维护方便等特点。移动式储能技术主要应用在用户侧，其响应速度可以达毫秒级别，且具备即插即用的功能，具有较强的灵活性和机动性。该系统既可以并联使用，也可以串联使用。

我国配电系统覆盖面很广，且供电用户较为分散。在广大农村等偏远地区，配电网的负荷密度相对较小，供电半径相对较长，位于配电系统末端的用户在用电过程中容易出现电压偏低的电能质量问题，导致这些地区出现电动机烧损、灯光偏暗等情况。为此，随着移动式储能技术的发展，可以在偏远地区配电网的电能质量改善上引入移动式储能装置，利用该装置实现有功功率存储，同时具备可双向充放功率、控制精确、动作迅速和调度灵活等特性，是偏远地区电能质量综合治理的有效手段。

将移动式储能终端应用在偏远地区的电能质量优化中，当配电系统电压偏低时，可使移动式储能终端工作在放电状态，抬高配电系统末端电压；在负荷低谷时段，可使移动式储能终端运行在充电状态，增大配电系统负荷以降低系统电压。将移动式储能装置用于改善地区配电系统电能质量时，需要优化配置移动式储能装置的安装地点及安装容量，如图 8-48 所示。

由图 8-48 可知，当配电网处于正常运行状态时，可利用移动式储能系统进行调频、调压以及调峰等操作。当配电系统处于故障状态时，移动式储能系统可作为应急电源使用。但无论作为何种用途，都需要对安装地点和安装容量进行优化配置，使得移动式储能系统能够发挥最大的作用。

移动式储能系统包含储能电池、电能管理和功率转换等部分，并在能量管理系统中实现对储能系统的有效调度控制，该系统容量通常很小，具有位置灵活、移动方便和便于长途运输等优势。其现场安装操作也很简单，能够快速响应，在可靠性与安全性上均有保障。图 8-49 为移动式储能电站接入配电网和微电网的示意图。在配电网末端，移动式储能电站能够保证供电稳定性与可靠性；在微电网中，移动式储能电站可以与电网进行能量交换，保证电网运行更加稳定。此外，移动式储能电站还具备应急电源功能，可作为重要负荷的备用电源。

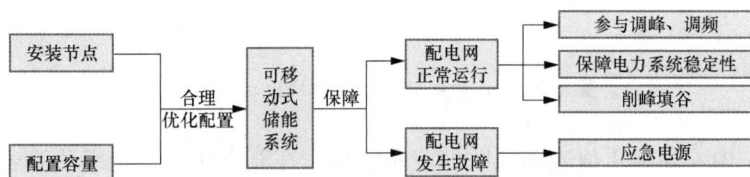

图 8-48　移动式储能系统的优化配置图

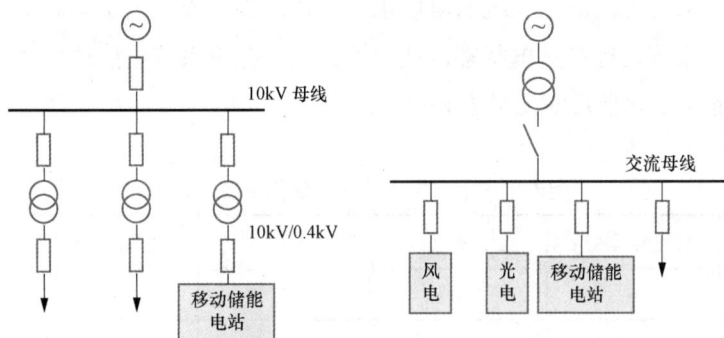

图 8-49　移动式储能电站接入配电网和微电网示意图

以 IEEE 14 节点系统为例，分析利用移动式储能技术改善偏远地区电能质量的应用效果。系统的线路参数、变压器参数和负荷数据均取自该算例的标准数据。负荷特性基于典型日的负荷曲线进行确定，经过对移动式储能系统优化配置模型的计算分析，得到的配电系统移动式储能系统的配置方案见表 8-3。由表 8-3 可知，经过电能质量的优化计算后，系统共在 4 个节点配置了移动式储能系统。将各储能系统作为整体考虑，移动式储能系统在各时段下的输出功率情况如图 8-50 所示。

表 8-3　　　　　　　　配电系统移动式储能系统的配置方案

节点	数目	有功功率（kW）	容量（kW·h）
1	5	50	150
4	5	80	100
6	5	200	300
13	5	500	600

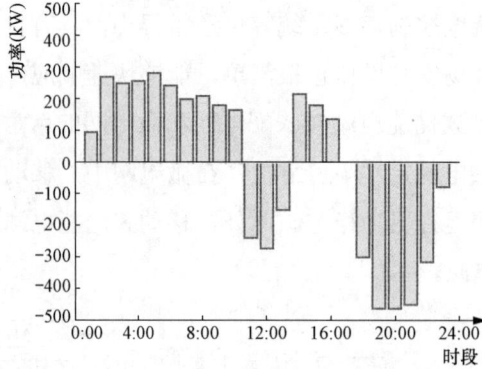

图 8-50　移动式储能系统的输出功率曲线

图 8-50 中，功率正值表示此时储能系统运行在充电状态，功率负值表示此时储能系统运行在放电状态。在 11:00—13:00、19:00—21:00 两个负荷高峰时期，移动式储能系统需要放电，从而提高配电系统的电压水平。在凌晨时段，由于偏远地区的负荷都很小，需要使储能系统运行在充电状态，从而达到优化配电系统电能质量的目的。配电系统节点电压偏移率优化前后对比见表 8-4。

表 8-4　　　　　　　　　　　配电系统节点电压偏移率优化前后对比

节点	优化前（%）	优化后（%）	节点	优化前（%）	优化后（%）
1	6	1	8	4	1
2	4	1	9	5	1
3	5	1	10	5	2
4	5	2	11	4	1
5	4	2	12	4	1
6	5	1	13	6	1
7	4	1	14	5	1

由表 8-4 可知，在应用优化算法前，配电系统中各节点的电压偏移率在 4%～6% 之间。经过优化后，能够将各节点电压偏移率控制在 1%～2% 的范围内，起到了很好的电压稳定和调节的作用，保证了配电系统具有合格的电压质量。

移动式储能技术具有配置地点灵活、控制调节效果好的优点，是今后偏远地区电能质量治理的重要技术发展趋势。利用移动式储能技术，不仅可以有效减轻用户侧的供电压力，降低供电传输损耗，还具有较强的环保性，即不会有任何污染气体的排放，且噪声水平低，改善偏远地区电能质量方面具有显著优势。因此，本节所分析的移动式储能技术，可以应用在实际偏远地区配电系统电能质量综合治理领域中，从而切实提高偏远地区线路的网损率、电压合格率和供电可靠率水平。

8.3.4　在后备电源中的应用

1. 储能作为 5G 基站后备电源的重要性

5G 通信技术具有低延时、高速率和高容量等特点，相较于 4G 技术，它可以提供更优秀的通信质量和更广泛的应用场景，从而推动社会经济的发展。为保证 5G 基站的不间断供电需求，通信运营商（Telecom Service Provider，TSP）一般会为 5G 基站配置储能电池，在市电供电受阻时，能保证为 5G 基站提供暂时的电源供应。因此，5G 基站储能电池与一般储能电池的主要差异在于，其首要任务是作为供电后备，需要在配电网发生故障时为 5G 基站提供不间断供电支持，以确保基站用电设备的可靠供电。

5G 基站主要由通信设备、供电设备和基础设备等组成。其中，供电设备分为外部电源和后备储能。外部电源由市电提供，是基站主要的供电途径；而当与基站连接的配电网发生故障时，后备储能代替外部电源供电，以保证通信设备的稳定运行。通信设备主要包含有源天线单元（Active Antenna Unit，AAU）、基带单元（Base Band Unit，BBU）和传输设备。基础设备包括监控设备和空调设备等。5G 基站的典型结构如图 8-51 所示。

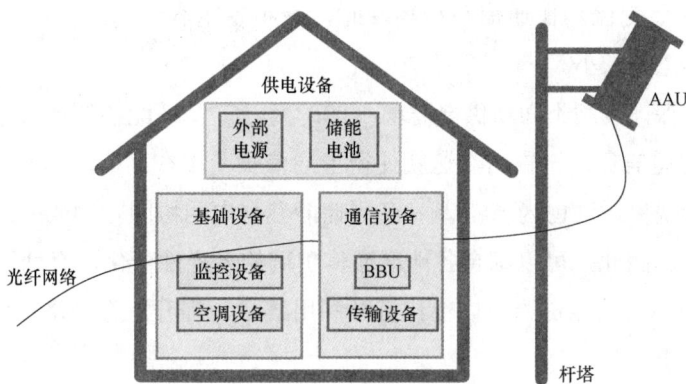

图 8-51　5G 基站典型结构示意图

通信设备是负责接收和发送无线信号的装置，它可以处理信号并连接到 5G 网络，充当移动终端与 5G 网络之间的接口。BBU 负责进行基带数字信号处理，包括快速傅里叶变换/逆变换、调制/解调、信道编码/解码等功能。传输设备的主要功能是接入 5G 网络，并按照规定的协议与 5G 网络进行交互。AAU 的下行功能涉及将数字中频信号通过数模转换模块转换为模拟信号，随后使用射频模块进行信号调制。信号经过功率放大器放大后，由天线阵列发射出去。此外，AAU 的上行功能负责接收空间中的无线电信号，并将其逆向转换为数字信号。

供电设备为 5G 基站通信设备及基础设备提供直流电，它主要依赖外部电源，将配电网的交流电转换为直流电，供应给各类设备。储能电池作为备用供电方式，在配电系统发生故障停电时发挥关键作用。通过储能电池向通信设备供电，可以确保通信服务不中断，从而提高 5G 基站的可靠性。由于传统的铅酸电池能量密度较低，难以满足5G 基站的需求，因此从 2018 年起，5G 基站的储能电池已全面过渡到梯次利用的锂离子电池。

5G 基站的负荷需求可以根据供电形式分为交流负荷和直流负荷。交流负荷主要涵盖了空调器、监控和照明等基础设备，用于维持基站室内环境的正常运行。而直流负荷则是主要负荷来源，包括 AAU、BBU 和传输设备等通信设备。其中，AAU 的耗电量最大，占总用电量的 90%。AAU 的功耗受 5G 基站通信负荷率变化的影响较大，这使得 5G 基站的用电特性显著受到通信负荷波动的影响。

5G 基站通信设备的能耗分为静态能耗和动态能耗两部分。前者是维持基站稳定运行的基础能耗，后者与基站通信负荷量有关。具体数学表达式为

$$L_b(t) = \alpha_b + \beta_b T_b(t) \tag{8-49}$$

式中：$L_b(t)$ 为通信负荷；$T_b(t)$ 为通信负荷率；α_b 和 β_b 为对应的系数。

通信负荷随着通信负荷率的变化而变化，因此 5G 基站备用储能的最小备用容量会随着时间的推移而变化。在通信负荷高峰时，最小备用容量需求大；在通信负荷低谷时，最小备用容量需求小。

然而，为了保证基站不间断供电需求，TSP 为 5G 基站配备的备用储能往往是按照高峰负荷时段的通信负荷设置的，这就使得当通信负荷不在高峰时段时，5G 基站的备用储能存在冗余现象，这也为 5G 基站备用储能参与电网协同互动或电力市场提供了潜在的调度可能性。因此，可以综合各地区通信负荷的多样性变化，有助于更细致、更合理地利用冗余的备用储能资源，以优化资源利用效率，提升运行经济性，同时满足 5G 基站的可靠性要求。

2. 5G 基站云储能系统的优化应用

据工业和信息化部预计，2023 年 5G 基站对备用电池需求量将达到 31.8GW·h，这是一个非常大的储能资源。随着我国配电网日益坚强可靠，在市电正常供电时，通信基站储能电池一直处于闲置状态，这会造成资源的浪费。因此，可以利用碎片化闲置的储能资源，使 5G 基站作为新的储能配置主体参与到配电网的协同互动中，从而实现电网与通信运营商的互利共赢。

5G 基站储能具有数量多、分布广和个体容量小的特点。若由电网直接控制各单个基站储能的充放电行为，会给电网带来过重的计算负担及工作量，同时也削弱了电网利用基站分布式小容量储能的意愿。因此，由电网直接调控基站储能的可行性较低。为解决这一问题，可以在电网与各单个 5G 基站储能之间引入 5G 基站云储能调控平台，该平

台类似中间代理商的角色，形成由电网、云储能调控平台和 5G 基站三个主体构成的 5G 基站云储能系统。该系统利用云储能的形式，将小而分散的 5G 基站储能虚拟聚合，旨在利用先进的通信技术打破物理连接的局限，使电网灵活利用这种容量小、分布广的储能资源成为可能。

在该控制架构下，大量且分散的 5G 基站储能以终端形式接入云储能调控平台，并受其调控进行充放电响应。基站云储能调控平台作为 5G 基站储能和电网之间的交互平台，根据采集终端储能的状态参数制定充放电计划，并将其上传至电力系统调度中心，经电网安全校核并反馈结果后，将具体的充放电策略下达至各 5G 基站，起到了传递信息流的作用。5G 基站储能执行收到的调控指令信息，通过储能的充电与放电实现与电网之间能量流的传递。

基站云储能调控平台实现将分散的 5G 基站储能聚合，以服务电网，其与电网和 5G 基站的交互流程如图 8-52 所示。

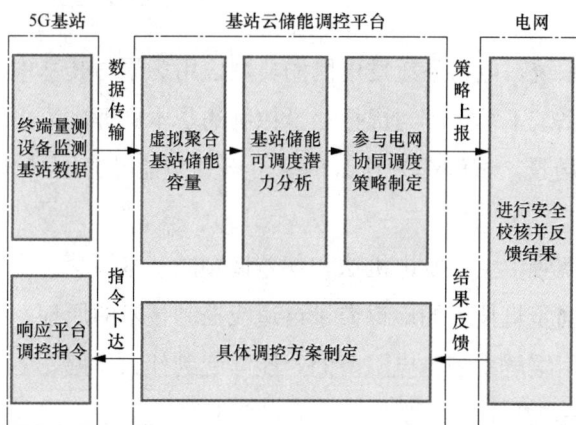

图 8-52　5G 基站云储能系统调控流程图

调控平台运营方在 5G 基站侧安装了终端量测、通信和控制设备，实时监测基站的运行状态、储能设备参数和基站负荷状态等信息，结合各 5G 基站的备用电池需求情况，分析 5G 基站储能的可调度潜力，并据此制定聚合后的基站储能调用出力计划，上报给电网。电网经安全校核后，反馈给调控平台需求指令。调控平台根据这些指令制定具体的调控策略，并下达至各 5G 基站，以控制各基站储能的充放电行为。

小　　　结

储能系统具有能量时移的特殊功能，在新能源电力系统中有着广阔的应用前景。本章主要介绍了电池储能系统在电力系统中的典型应用，涵盖发电侧、电网侧和用户侧三大重点应用场景。在发电侧，储能系统能够发掘能量时移能力，实现削峰填谷，平滑新能源功率波动，跟踪计划输出功率，并改进系统瞬时功率稳定性，提升系统惯性水平与频率调节能力。在电网侧，储能系统能够提升电网平衡调节能力，参与电网侧二次调频，改善系统潮流分布，缓解输电阻塞问题，并提升系统无功支撑和电压调整能力；在用户侧，储能系统能够提升电网运行的经济性与可靠性，通过实施分时电价响应控制策略，提升电网经济性，改善系统供电可靠性和电能质量，并充分利用 5G 基站备用储能资源。了解储能系统在电力系统中的典型应用场景，有助于充分发挥储能的应用潜力，解决新能源并网带来的一系列问题，提升新能源电力系统运行的稳定性、可靠性和经济性，推动"双碳"目标的实施和新型电力系统的构建。

思 考 题

8-1 简述储能系统在电力系统发电侧的典型应用场景与其基本原理。

8-2 简述储能系统下垂控制与虚拟惯量控制的基本原理，给出它们的表达式。

8-3 结合具体场景，试解释为什么储能可以为新能源并网带来的一系列问题提供解决方案。

8-4 简述二次调频中主导发电机法和积差调频的基本概念。

8-5 简述虚拟同步机技术的虚拟惯量自适应控制技术的原理。

8-6 储能是如何缓解系统输电阻塞的？能够起到什么作用？

8-7 画出无功-电压下垂特性曲线，给出储能系统定电压控制和无功-电压下垂控制的控制框图。

8-8 简述峰谷价差套利的基本原理及组成环节。

8-9 简述电能质量的基本概念，以及储能系统在改善电能质量方面的应用。

8-10 你认为分布式储能系统和集中式储能系统未来谁将占据主导地位，为什么？

参 考 文 献

[1] 林楚.《新型电力系统发展蓝皮书》发布制定新型电力系统"三步走"发展路径 [N]. 机电商报, 2023-06-12（A06）.

[2] 郑役军, 郑东冬, 王永梅. 储能 AGC 联合电网调频系统：202022071459 [P].

[3] 任大伟, 侯金鸣, 肖晋宇, 等. 能源电力清洁化转型中的储能关键技术探讨 [J]. 高电压技术, 2021, 47（8）：2751-2759.

[4] 徐若晨, 张江涛, 刘明义, 等. 电化学储能及抽水蓄能全生命周期度电成本分析 [J]. 电工电能新技术, 2021, 40（12）：10-18.

[5] 刘德旭, 杨迎, 黄宏旭, 等. 新型电力系统大规模抽水蓄能调度运行与控制综述及展望 [J/OL]. 中国电机工程学报, 1-19 [2024-09-02].

[6] 万明忠, 王元媛, 李峻, 等. 压缩空气储能技术研究进展及未来展望 [J]. 综合智慧能源, 2023, 45（9）：26-31.

[7] 贾宇.飞轮储能系统充放电控制策略 [D]. 包头：内蒙古科技大学, 2023.

[8] 马瑞, 陈常曦, 王翼, 等. 一种液流电池储能变流装置：CN201320175088.1 [P]. CN203180545U.

[9] 周璇. 锂电池在新能源汽车中的应用 [J]. 南方农机, 2020, 51（22）：140-141.

[10] 刘张超, 谢珂莅, 孟嗣斐, 等. 一种船舶供电系统及方法：CN202310605684.7 [P]. CN116667323A.

[11] 孟翔宇, 陈铭韵, 顾阿伦, 等. "双碳"目标下中国氢能发展战略 [J]. 天然气工业, 2022, 42（4）：156-179.

[12] 程一步, 王晓明, 李杨楠, 等. 中国氢能产业 2020 年发展综述及未来展望 [J]. 当代石油石化, 2021, 29（4）：10-17.

[13] 杨于驰, 张媛. 储能电池技术发展研究浅析 [J]. 东方电气评论, 2022, 36（3）：1-4.

[14] 潘多昭. 一种小容量分散式电池电源管理系统：CN202120294479. X [P]. CN214626415U.

[15] 裴哲义, 范高锋, 秦晓辉. 我国电力系统对大规模储能的需求分析 [J]. 储能科学与技术, 2020, 9（5）：1562-1564.

[16] 张添奥, 刘昊, 陈永翀, 等. 大容量电池储能的本质安全探索 [J]. 储能科学与技术, 2021, 10（6）：2293-2302.

[17] 林晓珊, 李勇. "双碳"背景下的储能技术分析 [J]. 电工技术, 2023（4）：55-57, 130.

[18] 李明, 郑云平, 亚夏尔·吐尔洪, 等. 新型储能政策分析与建议 [J]. 储能科学与技术,

2023，12（6）：2022−2031.

[19] 胡旦，杨智皋，顾正建. 电化学储能系统接入电网现场检测方案［J］. 电池工业，2022，26（3）：126−131.

[20] 高啸天，匡俊，楚攀，等. 化学电源及其在储能领域的应用［J］. 南方能源建设，2020，7（4）：1−10.

[21] 胡余良，李学军，肖冬明，等. BMS 电池管理系统组装测试线的设计［J］. 自动化应用，2020（6）：6−7，10.

[22] 余斌，朱维钧，徐浩，等. 电池储能电站电池管理系统关键技术［J］. 湖南电力，2020，40（5）：55−59.

[23] 王卫国，朱俊飞，丁朝辉. 孤网运行状态下储能系统容量配置研究［J］. 通信电源技术，2020，37（3）：17−18.

[24] 吴钟鸣，杨帆，郭语，等. 典型工况下电动汽车传动系统设计研究［J］. 机械设计与制造，2021（12）：140−144.

[25] 李学斌，赵号，陈世龙. 预制舱式磷酸铁锂电池储能电站能耗计算研究［J］. 南方能源建设，2023，10（2）：71−77.

[26] 唐伟佳，史明明，刘俊，等. 储能电站电池标准与测试探讨［J］. 电源技术，2020，44（10）：1558−1562.

[27] JUANG L W, et al. Implementation of online battery state-of-power and state-of-function estimation in electric vehicle applications[C]. in 2012 IEEE Energy Conversion Congress and Exposition （ECCE），2012：IEEE.

[28] ZHOU, W, et al. Review on the battery model and SOC estimation method[J]. Processes, 2021,9（9）：1685.

[29] ZHAO, X, et al. On full-life-cycle SOC estimation for lithium batteries by a variable structure based fractional-order extended state observer[J]. Applied Energy, 2023, 351：121828.

[30] BUCHICCHIO E, et al. Battery SOC estimation from EIS data based on machine learning and equivalent circuit model[J]. Energy, 2023, 283：128461.

[31] WU L, et al. Physics-based battery SOC estimation methods：Recent advances and future perspectives [J]. Journal of Energy Chemistry, 2023.

[32] FENG X, et al. State-of-charge estimation of lithium-ion battery based on clockwork recurrent neural network[J]. Energy, 2021, 236：121360.

[33] 孟锦豪. 车用锂电池状态参数估计方法研究［D］. 西安：西北工业大学，2019.

[34] SUI X, et al. A review of non-probabilistic machine learning-based state of health estimation techniques for Lithium-ion battery[J]. Applied Energy, 2021, 300：117346.

[35] CHEMALI E, et al. A convolutional neural network approach for estimation of li-ion battery state of health from charge profiles[J]. Energies, 2022, 15（3）: 1185.

[36] UNGUREAN L, MICEA MV, CARSTOIU G. Online state of health prediction method for lithiumion batteries, based on gated recurrent unit neural networks[J]. International Journal of Energy Research, 2020, 44（8）: 6767-6777.

[37] 郭军, 刘和平, 徐伟, 等. 纯电动汽车动力锂电池均衡充电的研究 [J]. 电源技术, 2012, 36（4）: 479-482.

[38] 李索宇. 动力锂电池组均衡技术研究 [D]. 北京: 北京交通大学, 2011.

[39] 雷娟, 蒋新华, 解晶莹. 锂离子电池组均衡电路的发展现状 [J]. 电池, 2007, 37（1）: 62-63.

[40] 常文字. 电池管理系统主动均衡技术研究 [D]. 北京: 中国矿业大学, 2020.

[41] 汪晋安, 许建中. 分布式储能型 MMC 电池荷电状态均衡优化控制策略 [J]. 电力自动化设备, 2022, 43（7）: 44-50.

[42] 王津, 王文斌. 基于 DC/DC 双向变换器的多电池主动均衡技术 [J]. 电机与控制应用, 2022, 49（10）: 40-45.

[43] 周英杰. 基于改进 Buck-Boost 的分层均衡控制电路研究 [J]. 电工材料, 2023（1）: 1-5.

[44] 蔡旭, 李睿. 大型电池储能 PCS 的现状与发展 [J]. 电器与能效管理技术, 2016（14）: 1-8, 40.

[45] 朱明正, 高宁, 陈道, 等. 基于锂电池的储能功率转换系统 [J]. 电力电子技术, 2013, 47（9）: 75-76.

[46] 毛苏闽, 蔡旭. 大容量链式电池储能功率调节系统控制策略 [J]. 电网技术, 2012, 36（9）: 226-231.

[47] 桑顺, 高宁, 蔡旭, 等. 电池储能变换器弱电网运行控制与稳定性研究 [J]. 中国电机工程学报, 2017, 37（1）: 54-64.

[48] 桑顺, 高宁, 蔡旭, 等. 功率-电压控制型并网逆变器及其弱电网适应性研究 [J]. 中国电机工程学报, 2017, 37（8）: 2339-2351.

[49] 蔡旭, 李睿, 李征. 储能功率变换与并网技术 [M]. 北京: 科学出版社, 2019.

[50] 余勇, 年珩. 电池储能系统集成技术与应用 [M]. 北京: 机械工业出版社, 2021.

[51] 张崇魏, 张兴. PWM 整流器及其控制 [M]. 北京: 机械工业出版社, 2003.

[52] 唐西胜, 齐智平, 孔力. 电力储能技术及应用 [M]. 北京: 机械工业出版社, 2019.

[53] 李勋, 朱鹏程, 杨荫福, 等. 基于双环控制的三相 SVPWM 逆变器研究 [J]. 电力电子技术, 2003（5）: 30-32.

[54] 胡枭, 孤岛微电网的储能并联控制技术研究 [D]. 北京: 中国科学院电工研究所, 2014.

［55］ 程军照，李澍森，吴在军，等. 微电网下垂控制中虚拟电抗的功率解耦机理分析［J］. 电力系统自动化，2012，36（7）：27-32.

［56］ 李建林，徐少华，惠东. 百 MW 级储能电站用 PCS 多机并联稳定性分析及其控制策略综述［J］. 中国电机工程学报，2016，36（15）：4034-4047.

［57］ 陈强. 高压直挂大容量电池储能功率转换系统［D］. 上海：上海交通大学，2017.

［58］ 胡家兵，贺益康，王宏胜. 不平衡电网电压下双馈感应发电机网侧和转子侧变换器的协同控制［J］. 中国电机工程学报，2010，30（9）：97-104.

［59］ 赵波，郭剑波，周飞. 链式 STATCOM 相间直流电压平衡控制策略［J］. 中国电机工程学报，2012，32（34）：36-41，48.

［60］ 王志冰，于坤山，周孝信. H 桥级联多电平变流器的直流母线电压平衡控制策略［J］. 中国电机工程学报，2012，32（6）：56-63.

［61］ 季振东，赵剑锋，孙毅超，等. 零序和负序电压注入的级联型并网逆变器直流侧电压平衡控制［J］. 中国电机工程学报，2013，33（21）：9-17,188.

［62］ 陈强. 高压直挂大容量电池储能功率转换系统［D］. 上海：上海交通大学，2017.

［63］ KIM C, et al. Implementation of multifaceted safety indicators-based battery protection system for battery faults and failures[C]. 2024 Fifteenth International Conference on Ubiquitous and Future Networks (ICUFN), 2024：IEEE.

［64］ 李晋，等. 锂离子电池储能安全评价研究进展［J］. 储能科学与技术，2023，12（7）：2282.

［65］ CHEN Y, et al. A review of lithium-ion battery safety concerns：The issues, strategies, and testing standards[J]. Journal of Energy Chemistry, 2021, 59：83-99.

［66］ Cabrera-Castillo E, NIEDERMEIER F, JOSSEN A. Calculation of the state of safety (SOS) for lithium-ion batteries[J]. Journal of Power Sources, 2016,324：509-520.

［67］ GABBAR HA, OTHMAN AM, ABDUSSAMI.M R. Review of battery management systems (BMS) development and industrial standards[J]. Technologies, 2021, 9(2)：28.

［68］ DU. X, et al. Exploring impedance spectrum for lithium-ion batteries diagnosis and prognosis：A comprehensive review[J]. Journal of Energy Chemistry, 2024.

［69］ WANG. Z, et al. Gas sensing technology for the detection and early warning of battery thermal runaway：a review[J]. Energy & Fuels, 2022, 36(12)：6038-6057.

［70］ WANG K, et al. Early warning method and fire extinguishing technology of lithium-ion battery thermal runaway：a review[J]. Energies, 2023, 16(7)：2960.

［71］ TRAN M, et al. A review of lithium-ion battery thermal runaway modeling and diagnosis approaches[J]. Processes, 2022. 10(6)：1192.

［72］ SAMANTA A, CHOWDHURI S, Williamson S S. Machine learning-based data-driven fault detection/

diagnosis of lithium-ion battery: A critical review[J]. Electronics, 2021, 10(11): 1309.

[73] 杜康，刘艳，叶茂. 辅助风电场参与初期黑启动时储能电站容量配置策略 [J]. 电力系统保护与控制，2017，45（18）：7. DOI：10.7667/PSPC161470.

[74] 唐西胜，齐智平，孔力. 电力储能技术及应用 [M]. 北京：机械工业出版社，2019.

[75] 姚文卓，章康，陈梦东，等. 储热参与电网调峰的技术及商业模式分析 [J]. 浙江电力，2024，43（2）：105−114.

[76] 付诗意，吕桃林，闵凡奇，等. 电动汽车用锂离子电池 SOC 估算方法综述 [J]. 储能科学与技术，2021，10（3）：1128−1136.

[77] 严凌霄. 储能系统参与电网辅助调频的优化控制策略研究 [D]. 南京：东南大学，2021.

[78] 朱武，董艺，高迎迎，等. 考虑调频死区与荷电状态的储能参与电网一次调频控制策略 [J]. 科学技术与工程，2022，22（11）：4391−4399.

[79] 陆修焱. 风储联合辅助电力系统一次调频策略研究 [D]. 包头：内蒙古科技大学，2023.

[80] 秦晓辉，苏丽宁，迟永宁，等. 大电网中虚拟同步发电机惯量支撑与一次调频功能定位辨析 [J]. 电力系统自动化，2018，42（9）：36−43.

[81] 崔耕韬. 基于电池储能的电网调频动态模型研究 [D]. 武汉：武汉工程大学，2022.

[82] ROSSO D Del, ECKROAD S W. Energy storage for relief of transmission congestion[J]. IEEE Transactions on Smart Grid, 2014, 5（2）：1138−1146.

[83] 夏道止，杜正春. 电力系统分析 [M]. 3 版. 北京：中国电力出版社，2016.

[84] 文福拴，吴复立，倪以信. 电力市场环境下的发电容量充裕性问题 [J]. 电力系统自动化，2002（19）：16−22.

[85] 程浩忠，周荔丹，王丰华. 电能质量：全国工程专业学位研究生教育国家级规划教材 [M]. 2 版. 北京：清华大学出版社，2017.

[86] 任晓军，吕传柱. 移动式储能电站发展现状和市场前景分析 [J]. 移动电源与车辆，2022，53（2）：52−54，47.

[87] 江卓，夏向阳. 移动式储能电站发展现状及市场前景探析 [J]. 电工材料，2024（1）：38−40.

[88] 李小平，曾少华，李晓东，等. 改善偏远地区电能质量的移动式储能技术分析 [J]. 自动化应用，2023，64（6）：186−188.